第一次検定・第二次検定

管工事
施工管理技士

要点テキスト

一般基礎、電気、建築
空気調和設備
給排水衛生設備
機器・材料、設計図書
施工管理法
関連法規
第二次検定
第一次検定試験問題

市ヶ谷出版社

ま え が き

　管工事施工管理技士の資格制度は，建設業法によって制定されたもので，管工事技術者の技術水準を高めることと，合わせて社会的地位の向上を目的として，2級は昭和47年度から実施されていました。

　令和3年度から，これまでの学科試験が**第一次検定**，実地試験が**第二次検定**として，名称とともに試験の内容も変わります。詳しくは次ページの「令和3年度制定改正について」を読んでください。

　管工事業に携わっている技術者にとって，2級管工事施工管理技士の資格は是非取得したい資格の一つです。毎年の受験者の数と合格率をみると，取得することが容易でないので，受験者の努力が必要となります。はじめの第一歩として，第一次検定に合格して2級管工事施工管理技士補をめざしましょう。

　日々の管工事に関する技術の進歩はめざましいものがあり，管工事技術者が習得しなくてはならない事項も増える一方です。そして，管工事施工管理技術検定試験の出題範囲は，管工事の施工の分野に留まることなく，多岐にわたっているため，ますます学習の範囲も広範囲になっています。

　受験者の多くは初級の技術者であり，現場で忙しく，自分の時間を取ることがとても難しい方々となっています。このような方々が独学で，広範囲にわたる試験勉強をすることは，大変なことであると考えています。

　そこで，**過去の試験問題を徹底的に分析**し，**第一次検定合格のために**，**必要最低限な項目**とは何かを絞り出し，「**要点テキスト**」というものができないものかと考え，執筆したのが本書です。

　本書の各章のはじめに，令和4年度前期および後期試験に出題された問題の出題傾向をまとめてあります。まず，そこをよく読んで，重要な項目から勉強を始めてください。

　各項目をできる限り，**試験で解答を導くための記述のみに凝縮**するように努めました。特に，重要かつ出題の頻度の高い事項は，赤字または赤のアンダーラインで示して，「よく出題される」事項も側注で示し，主な式には網掛けをするなど，学習の効率を高めることに重点をおいて執筆しました。

　本書は，できるだけ早く全体を把握できるよう配慮してありますので，**試験の合格**を目指す受験生の方々にとっては，**必要かつ十分な内容**となっているものと確信しています。

2023年3月

前島　健
阿部　洋

2級管工事施工管理技術検定　令和3年度制度改正について

令和3年度より，施工管理技術検定は制度が大きく変わりました。

● 試験の構成の変更　　　　（旧制度）　　　　→　　　　　　（新制度）
　　　　　　　　　　　　学科試験・実地試験　　→　　　第一次検定・第二次検定
● 第一次検定合格者に『技士補』資格
　　令和3年度以降の第一次検定合格者が生涯有効な資格となり，国家資格として『2級管工事施工管理技士補』と称することになりました。
● 試験内容の変更・・・下記を参照ください。
● 受験手数料の変更・・第一次検定，第二次検定ともに受検手数料が5,250円に変更。

1. 試験内容の変更

　学科・実地の両試験を経て2級管工事施工管理技士となる旧制度から，施工技術のうち，基礎となる知識・能力を判定する第一次検定，実務経験に基づいた技術管理，指導監督の知識・能力を判定する第二次検定に改められました。

第一次検定の合格者には技士補，第二次検定の合格者には技士がそれぞれ付与されます。

第一次検定

　これまで学科試験で求めていた知識問題を基本に，実地試験で出題していた施工管理法の基礎的な能力問題が一部追加されました。

　昨年度の第一次検定は解答形式は，マークシート方式と公表されていて，旧制度の四肢一択形式に加えて，施工管理法の能力を問う問題については，四肢二択でした。

　合格に求める知識・能力の水準は旧制度と同程度となっています。

2. 令和5年度試験への対応の仕方

　制度改正後の試験実施は3年目になり，過去2年間計4回の試験（前期と後期試験）の結果から，制度改正後も改正前の分野と範囲を中心に出題されていることがわかります。

　基礎的な知識を求める問題（四肢択一）は全分野から出題され，施工管理法の基礎的な能力を求める問題（四肢択二）は本書第8章の8・2工程管理，8・5設備施工の範囲から出題されています。これからの試験への対応は，はじめに，6ページの「本書の使い方」を読んで，その後に，本書の内容を学習してください。

試験内容

検定区分	検定科目	検定基準	知識・能力の別
第一次検定	機械工学等	1．管工事の施工の管理を適確に行うために必要な機械工学，衛生工学，電気工学，電気通信工学及び建築学に関する概略の知識を有すること。 2．管工事の施工の管理を適確に行うために必要な設備に関する概略の知識を有すること。 3．管工事の施工の管理を適確に行うために必要な設計図書を正確に読みとるための知識を有すること。	知識
	施工管理法	1．管工事の施工の管理を適確に行うために必要な施工計画の作成方法及び工程管理，品質管理，安全管理等工事の施工の管理方法に関する基礎的な知識を有すること。	知識
		2．管工事の施工の管理を適確に行うために必要な基礎的な能力を有すること。	能力
	法規	建設工事の施工の管理を適確に行うために必要な法令に関する概略の知識を有すること。	知識

（「令和４年度　２級管工事施工管理技術検定　前期第１次検定受検の手引き」より引用，一部加筆）

第二次検定

　後期に行われる第二次検定は，昨年度の場合に，下記の試験内容となっていて，記述式と公表されています。

検定区分	検定科目	検定基準	知識・能力の別
第二次検定	施工管理法	1．主任技術者として，管工事の施工の管理を適確に行うために必要な知識を有すること。	知識
		2．主任技術者として，設計図書で要求される設備の性能を確保するために設計図書を正確に理解し，設備の施工図を適正に作成し，及び必要な機材の選定・配置等を適切に行うことができる応用能力を有すること。	能力

（「令和４年度　２級管工事施工管理技術検定　第二次検定受検の手引」より引用，一部加筆）

本書の使い方

　本書の構成は，第一次検定の流れに沿って，以下のようになっています。ただし，第10章は第二次検定についての章になります。

第1章　一般基礎	第6章　機器・材料
第2章　電気設備	第7章　設計図書
第3章　建築工事	第8章　施工管理
第4章　空気調和設備	第9章　関連法規
第5章　給排水衛生設備	第10章　第二次検定

　本書には，次のような工夫がしてあります。

　(1)　特に，重要な用語は，赤字で示してあります。

　(2)　頻出している文章には，赤のアンダーラインをしました。

　(3)　図解によって**ポイントが一目瞭然**，わかるようにしてあります。

　(4)　**箇条書きを多用**し，**簡潔でわかりやすい表現**を心掛けました。

　本書の内容は，「まえがき」に記述しましたように，試験問題を徹底的に分析した結果，そのエッセンスともいうべきものに凝縮しました。したがって，本書に書かれていることが理解できていれば，必ずや技術検定合格の栄冠を勝ち取れるものと自負しています。

〈全体の勉強の仕方〉

　まず，**本書を熟読**し，**内容を理解**するようにして，その後，問題集などにより，**本試験問題を反復練習**してください。問題集の解説で，理解できない項目があれば，本書に戻って理解を深めてください。

〈合格基準点に達する勉強の仕方〉

　第一次検定の合格基準は問題全体で「得点が60％」と公表されています。

　令和4年度は，試験問題のうち，一般基礎と電気設備および建築工事（6問），機器・材料と設計図書（4問）が**必須問題**でした。第1章から第3章，第6章，第7章は，全体をくまなく，最も重点的な学習してください。

　空気調和設備と給排水衛生設備は合わせて17問中9問，施工管理は10問中8問，関連法規は10問中8問が**選択問題**でした。さらに「基礎的な能力問題」として，施工管理法4問が必須問題でした。**自分の専門分野や得意な分野を中心**にして，確実に得点できるように重点的な学習をしてください。

受験にあたって

① 受験資格

（一財）全国建設研修センターが発行する「受験の手引き（申込用紙に添付）」または「ホームページ」を見て下さい。

② 受験申込について

1 試験日および試験地

試験日は，「第一次検定（前期試験）」が6月4日（日），「第一次検定・第二次検定，第一次検定（後期試験）」が11月19日（日）に行われます。

試験地は，「第一次検定（前期試験）」が札幌，仙台，東京，新潟，名古屋，大阪，広島，高松，福岡，那覇で，「第一次検定・第二次検定，第一次検定（後期試験）」が札幌，青森，仙台，東京，新潟，金沢，名古屋，大阪，広島，高松，福岡，鹿児島，那覇で行われます。なお，第一次検定（後期試験）のみ試験地については，上記試験地に，宇都宮が追加されます。

2 受験申込書の提出期間および提出先

受験申込み受付期間は，「第一次検定（前期試験）」が3月1日〜3月15日，「第一次検定・第二次検定，第一次検定（後期試験）」が7月11日〜7月25日です。

また，受験申込書の提出先は，（一財）全国建設研修センターです。

〒187-8540 東京都小平市喜平町 2-1-2

一般財団法人　全国建設研修センター　試験業務局管工事試験部管工事試験課

TEL：042（300）6855

ホームページアドレス：https://www.jctc.jp/

③ 第一次検定（学科）の傾向と対策

1 出題の分類，出題数および必要解答数

第一次検定は，試験日の午前中に，2時間10分，第二次検定は，午後に2時間かけて行われます。最近の出題数および必要解答数は15ページの表のとおりです。各出題分類の小項目の出題数については，毎年多少異なります。

2 第一次検定の解答時の注意

第一次検定は四肢択一の形式で出題されます（施工管理法の基礎的な能力を求める問題については，四肢択二）。どちらの出題形式も，主として次にあげるいろいろな形式の問い掛けがされています。

・適当でないものはどれか。

・ 誤っているものはどれか。

・ 最も適当でないものはどれか。

・ 正しいものはどれか。

・ 適当なものはどれか。

　正しい，あるいは適当である文が並んでいて，1つ（四肢択二問題は2つ）の文だけ誤っているもの，あるいは適当でないもの，すなわち"まちがっているもの"を探す形式の出題が多いので，文章を正確に読みとることが特に大切です。

　「適当でないものはどれか。」という問い掛けの出題が続くと，そのつもりになって次の出題が「適当なものはどれか。」であっても，問い掛けをよく読まないで，「適当でないものはどれか。」と思って解答してしまう場合もありますので，出題は各問題ごとに問い掛けから最後までよく読むことが大切です。

　このことは非常に簡単なことですが，実際には，問題の流れにのって，つい忘れてしまうので，失敗する例もあるようです。

　時間が限られていますので，混乱しないようにしましょう。

9

目　　　　次

第10章　第二次検定

2級管工事施工管理技術検定試験 年度別出題内容一覧表

分類		令和4年度後期	令和4年度前期	令和3年度後期	令和3年度前期	令和2年度後期
学科試験	一般基礎	1. 空気環境 2. 水の性質 3. 流体の基礎 4. 熱の基礎用語	1. 湿り空気 2. 水と環境 3. 流体の基礎 4. 熱の基礎用語	1. 湿り空気 2. 水の性質 3. 流体の基礎 4. 熱の基礎用語	1. 空気環境 2. 空気環境 3. 流体の基礎 4. 熱の基礎用語	1. 水と環境 2. 空気環境 3. 流体の基礎 4. 熱の基礎用語
	電気設備	5. 記号と名称の組合せ	5. 制御機器・方式と特徴	5. 保護装置等と主な目的	5. 電気工事士の資格	5. 保護装置等と主な目的
	建築工事	6. 鉄筋コンクリート	6. コンクリート打設後の養生	6. 鉄筋コンクリート	6. 鉄筋コンクリート造の鉄筋	6. 鉄筋コンクリート造の施工
	空気調和設備	7. 空気調和方式 8. 暖房の空気線図 9. 熱負荷 10. エアフィルタの種類と用途 11. 放射冷暖房方式 12. パッケージ形空気調和機 13. 換気設備 14. 換気設備	7. 定風量単一ダクト方式 8. 空気線図と結露 9. 熱負荷 10. 空気清浄装置 11. コールドドラフトの防止 12. 吸収冷凍機 13. 換気設備 14. 第3種換気方式の給気口の寸法	7. 変風量単一ダクト方式 8. 冷房の空気線図 9. 熱負荷 10. 空気清浄装置 11. 温水暖房の膨張タンク 12. パッケージ形空気調和機 13. 換気設備 14. 第三種機械換気方式	7. 空調の省エネルギー計画 8. 冷房の空気線図 9. 熱負荷 10. 空気清浄装置 11. 直接暖房方式 12. 吸収冷温水機 13. 換気方式の特徴 14. 換気設備	7. 空気調和方式 8. 暖房の空気線図 9. 冷房の熱負荷 10. エアフィルタの種類と主な目的 11. コールドドラフトの防止 12. ルームエアコン 13. 換気の対象となる室と主な目的 14. 第3種換気方式の給気口の寸法
	給排水衛生設備	15. 上水道施設 16. 下水道一般 17. 給水設備 18. 給湯設備 19. 器具トラップの最小口径 20. 排水・通気設備 21. 屋内消火栓設備 22. ガス設備 23. 浄化槽の処理フロー	15. 上水道一般 16. 下水道一般 17. 給水設備 18. 給湯設備 19. 排水・通気設備 20. 排水設備 21. 屋内消火栓設備 22. ガス設備 23. 浄化槽の浄化原理	15. 上水道施設 16. 下水道一般 17. 給水設備 18. 給湯設備 19. 器具トラップの最小口径 20. 排水・通気設備 21. 屋内消火栓設備 22. ガス設備 23. 浄化槽の処理フロー	15. 給水装置の耐圧性能試験 16. 下水道一般 17. 給水設備 18. 給湯設備 19. 通気設備 20. 排水管径算定法 21. 屋内消火栓設備 22. ガス設備 23. FRP製浄化槽	15. 上水道の水道水の消毒 16. 下水道一般 17. 給水設備 18. 給湯設備 19. 排水設備 20. 排水・通気設備 21. 屋内消火栓設備 22. ガス設備 23. FRP製浄化槽
	機器・材料	24. 空気調和機 25. 設備機器 26. 配管材料と配管付属品 27. ダクトとダクト付属品	24. 設備機器 25. 飲料用給水タンク 26. 配管付属品 27. ダクトとダクト付属品	24. 空気調和機 25. 送風機及びポンプ 26. 配管材料と配管付属品 27. ダクトとダクト付属品	24. 給湯機器 25. 設備機器 26. 配管材料 27. ダクトとダクト付属品	24. 保温材料 25. 飲料用給水タンクの構造 26. 配管付属品 27. 防火ダンパ
	図	28. 機器の仕様	28. 設計図書	28. 設計図書	28. 機器の仕様	28. 機器の仕様
	施工管理	29. 施工計画 30. ネットワーク工程表 31. 検査 32. 安全管理	29. 施工計画 30. ネットワーク工程表 31. 品質検査 32. 安全管理	29. 施工計画 30. ネットワーク工程表 31. 試験・検査 32. 安全管理	29. 施工計画 30. ネットワーク工程表 31. 試験・検査 32. 安全管理	29. 工事完成時の提出図書 30. 設備工事の工程管理 31. ネットワーク工程表 32. 試験・検査 33. 安全管理

分類		令和4年度後期	令和4年度前期	令和3年度後期	令和3年度前期	令和2年度後期
学科試験	設備施工	33. 機器の据付け 34. 配管及び配管付属品の施工 35. ダクト及びダクト付属品の施工 36. 塗装 37. 異種管の接合 38. 測定対象と測定機器	33. 機器の据付け 34. 配管の施工 35. ダクト及びダクト付属品の施工 36. 保温・保冷・塗装 37. 試運転調整 38. JIS規定の配管系識別表示	33. 機器の据付け 34. 配管の施工 35. ダクト及びダクト付属品の施工 36. 塗装 37. 試運転調整 38. 測定対象と測定機器	33. 機器の据付け 34. 配管及び配管付属品の施工 35. ダクト及びダクト付属品の施工 36. 保温・保冷・塗装 37. 機器・配管の試験方法 38. 試運転調整	34. 機器の据付け 35. 機器の据付け 36. 配管及び配管付属品の施工 37. 配管及び配管付属品の施工 38. ダクトの施工 39. ダクト及びダクト付属品の施工 40. 塗装 41. 試運転調整 42. JIS規定の配管系識別表示
	関連法規	39. 労働安全衛生法 40. 労働基準法 41. 建築基準法 42. 建築基準法 43. 建設業法 44. 建設業法 45. 消防法 46. 建設リサイクル法 47. 騒音規制法 48. 廃棄物処理清掃法	39. 労働安全衛生法 40. 労働基準法 41. 建築基準法 42. 建築基準法 43. 建設業法 44. 建設業法 45. 消防法 46. フロン排出抑制法 47. 浄化槽法 48. 廃棄物処理清掃法	39. 労働安全衛生法 40. 労働基準法 41. 建築基準法 42. 建築基準法 43. 建設業法 44. 建設業法 45. 消防法 46. 建築物省エネ法 47. フロン排出抑制法 48. 廃棄物処理清掃法	39. 労働安全衛生法 40. 労働基準法 41. 建築基準法 42. 建築基準法 43. 建設業法 44. 建設業法 45. 消防法 46. 建設リサイクル法 47. 測定項目と法律の組合せ 48. 廃棄物処理清掃法	43. 労働安全衛生法 44. 労働基準法 45. 建築基準法 46. 建築基準法 47. 建設業法 48. 建設業法 49. 消防法 50. 建設リサイクル法 51. 騒音規制法 52. 廃棄物処理清掃法
	基礎的な能力問題	49. 工程表の特徴 50. 機器の据付け 51. 配管及び配管付属品の施工 52. ダクト及びダクト付属品の施工	49. 工程表の特徴 50. 機器の据付け 51. 配管及び配管付属品の施工 52. ダクト及びダクト付属品の施工	49. 工程表の特徴 50. 機器の据付け 51. 配管及び配管付属品の施工 52. ダクト及びダクト付属品の施工	49. 工程表の特徴 50. 機器の据付け 51. 配管及び配管付属品の施工 52. ダクト及びダクト付属品の施工	
実地試験	施工管理	1. 設備の施工要領 2. 換気設備ダクトをスパイラルダクト（200 mm亜鉛鉄板製）での施工 3. 給水管（硬質ポリ塩化ビニル管，接着接合）屋外埋設の施工 4. バーチャート工程表 5. 労働安全衛生法		1. 設備の施工要領 2. 空冷ヒートポンプパッケージ形空気調和機の冷媒管（銅管）の施工 3. ガス瞬間湯沸器（屋外壁掛形24号）を住宅の外壁に設置し，浴室への給湯管（銅管）の施工 4. バーチャート工程表 5. 労働安全衛生法		1. 設備の施工要領 2. 空冷ヒートポンプパッケージ形空気調和機（床置き直吹形）の施工 3. 排水管（硬質ポリ塩化ビニル管，接着接合）屋外埋設の施工 4. バーチャート工程表 5. 労働安全衛生法
	記述経験	6. 工程管理と品質管理		6. 工程管理と安全管理		6. 品質管理と安全管理

2級管工事施工管理技術検定試験　分野別出題数および解答数

分野別		令和4年度後期 出題数	令和4年度後期 解答数	令和4年度前期 出題数	令和4年度前期 解答数	令和3年度後期 出題数	令和3年度後期 解答数	令和3年度前期 出題数	令和3年度前期 解答数	令和2年度後期 出題数	令和2年度後期 解答数
一般基礎	環境	2	4	—	4	—	4	2	4	2	4
	水	—		1		1		—		—	
	流体	1		1		1		1		1	
	熱	1		1		1		1		1	
	湿り空気	—		1		1		—		—	
電気設備	配管・配線および接地工事	1	1	—	1	1	1	1	1	—	1
	動力設備と配線工事	—		1		—		—		1	
建築工事	コンクリートの性状	—	1	—	1	—	1	—	1	—	1
	コンクリート工事	—		1		—		—		—	
	鉄筋コンクリート	1		—		1		—		1	
	鉄筋工事	—		—		—		1		—	
空気調和設備	空調用語	—	9	—	9	—	9	—	9	—	9
	空調計画	—		—		—		—		—	
	空調負荷	1		1		1		1		1	
	湿り空気線図	1		1		1		1		1	
	空気調和方式	1		1		1		1		1	
	空調設備のゾーニング	—		—		—		—		—	
	熱源・熱源機器	—		1		—		1		—	
	パッケージ形空調機	1		—		1		—		1	
	エアフィルタ	1		1		1		1		1	
	吹出口	—		—		—		—		—	
	暖房設備	1		1		1		1		1	
	換気設備	2		2		2		2		2	
	排煙設備	—		—		—		—		—	
給排水衛生設備	上水道	1		1		1		1		1	
	下水道	1		1		1		1		1	
	給水設備	1		1		1		1		1	
	給湯設備	1		1		1		1		1	
	排水・通気設備	2		2		2		2		2	
	消火設備	1		1		1		1		1	
	ガス設備	1		1		1		1		1	
	浄化槽	1		1		1		1		1	
機器・材料	共通機材	2	4	2	4	2	4	2	4	2	4
	空気調和・換気設備用機材	2		1		2		1		1	
	給排水衛生設備用機材	—		1		—		1		1	
設計図書	機器の仕様	1	1	—	1	—	1	1	1	1	1
	公共工事標準請負契約約款	—		1		1		—		—	
施工管理	施工計画	1	8	1	8	1	8	1	8	1	12
	工程管理	1		1		1		1		2	
	品質管理	1		1		1		1		1	
	安全管理	1		1		1		1		1	
	設備施工	6		6		6		6		9	

分野別	令和4年度後期 出題数	解答数	令和4年度前期 出題数	解答数	令和3年度後期 出題数	解答数	令和3年度前期 出題数	解答数	令和2年度後期 出題数	解答数
学科試験 関連法規 労働安全衛生法	1	8	1	8	1	8	1	8	1	8
労働基準法	1		1		1		1		1	
建築基準法	2		2		2		2		2	
建設業法	2		2		2		2		2	
消防法	1		1		1		1		1	
建築物省エネ法	—		—		1		—		—	
廃棄物処理清掃法	1		1		1		1		1	
建設リサイクル法	1		—		—		1		1	
騒音規制法	1		—		—		—		1	
浄化槽法	—		1		—		—		—	
フロン排出抑制法	—		1		1		—		—	
測定項目と法律	—		—		—		1		—	
基礎的な能力問題 工程管理	1	4	1	4	1	4	1	4		
設備施工	3		3		3		3			
学科試験の計	52	40	52	40	52	40	52	40	52	40
実地試験 施工管理 施工上の適・不適および機材の施工上の改善策	1	1			1	1			1	1
機器の据付け	—				—	1			1	1
機器の試運転調整	—				—				—	
配管の施工	1				1				1	
ダクトの施工	1				—				—	
衛生器具の取り付け	—				1				—	
完成検査に必要な書類	—									
バーチャート工程表	1	1			1	1			1	1
労働安全衛生法	1				1				1	
経験記述 工程管理	1	1			—	1			—	1
品質管理	1				1				1	
安全管理	—				1				1	
実地試験の計	6	4			6	4			6	4
合　　計	58	44			58	44			58	44

第1章 一般基礎

━━ 一般基礎の出題傾向 ━━

　第1章からは毎年4問出題されて，全4問が必須問題である。

1・1　環　境

　令和4年度前期（以下4年度前期とする。）は，出題がなかった。令和4年度後期（以下4年度後期とする。）は，空気環境と水環境に関して計2問の出題があった。これらは基礎的なもので，よく出題される内容である。

1・2　流　体

　4年度前期は，水の基礎と流体の性質について計2問，出題された。4年度後期は，流体に関する用語に関して出題された。

1・3　気体・熱・伝熱

　4年度前期は，熱に関する基本事項について出題された。4年度後期は，熱に関する基本事項について出題された。熱の基本事項に関しては毎年よく出題される。

1・4　空　気

　4年度前期は，湿り空気線図を用いた表面結露の条件に関して出題があった。4年度後期は，出題がなかった。

1・1 環　　境

学習のポイント

1. 日射エネルギーの要素などを理解する。
2. 地球環境保全，温暖化防止に関して覚える。
3. 室内空気環境を理解する。
4. 排水の水質と環境項目について理解する。
5. 環境に関して，人体が感じる暖冷房に関する各種指標の違いを理解する。
6. 騒音と NC 曲線について覚える。

1・1・1 日　　射

（1）　太陽の光と熱エネルギー

　太陽の光と熱エネルギーは，電磁波として地上に直射する。太陽光は波長が短い順に，X線＜紫外線＜可視光線＜赤外線　となり，可視光線の波長は紫外線より長く，赤外線より短い。

　紫外線は化学作用が強く細胞の発育・殺菌作用・日焼けなど人間，その他の生物の生育作用に大きな関係があり，その影響は，空気の汚れた都市や日照の少ない北欧や北海道でやや少ない。しかし，紫外線の量が多すぎると皮膚がんなど，人間に有害な影響が出ることが明らかになっている。可視光線は目に光覚を与え，**赤外線**は熱作用をもっている。

　日射の熱エネルギーの総量は，赤外線部，可視光線部の順で，紫外線部は少ない。

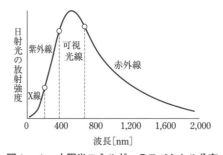

図1・1　太陽光エネルギーのスペクトル分布

（2）　日照と日射

　太陽からの放射熱は W/m^2 で表し，季節により変わる。この放射熱は，大気を通過して地表に到達するまでに大気に吸収され散乱して弱まり，透過して直接地表に到達するものを直達日射という。

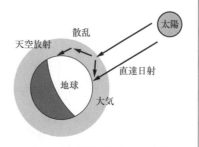

図1・2　直達日射と天空放射

一方，大気中の微粒子で散乱されたものが全天空から放射として地上に来るものが天空日射（放射）であり，地表で受ける全放射熱は直達日射と天空放射であると考えてよい。直達日射と天空放射は昼間のみに存在するが，雲の厚い日には極めて少なくなる。大気に吸収された日射熱は大気の温度を上げ，地表に放射される。

大気の透過率は，太陽が天頂にあるとしたときの地表面の直達日射量と大気層入り口における日射量との比で表され，大気が清浄なところや水蒸気の少ない冬のほうが夏より大きくなる。

1・1・2 気 候

日本は南北に長く，各地の気温に幅がある。気象庁では表1・1に示すように，夏日や真夏日などを定義している。

気温は，地上から約10 km の対流圏においては，100 m 上昇するごとに0.65℃低下する。

また，降水量も梅雨や冬の豪雪地域，台風の影響の大きい地域などによる違いがあり，日本の年間降水量の全国平均は約1,800 mm である。

クリモグラフ（気候図）は日本や諸外国など地域の季節による気象の特色を知るのに便利である。図1・3はクリモグラフのひとつである気湿図を示したものである。

表1・1 気温の特異日

猛暑日	1日の最高気温が35℃以上になる日
真夏日	1日の最高気温が30℃以上になる日
夏 日	1日の最高気温が25℃以上になる日
熱帯夜	夕方から翌日の朝までの最低気温が25℃以上になる夜
真冬日	1日の最高気温が0℃未満になる日
冬 日	1日の最低気温が0℃未満になる日

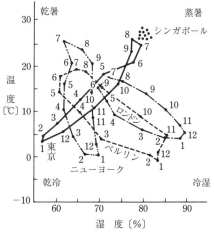

図1・3 クリモグラフ（各月の平均気温
−平均湿度）

1・1・3 地球環境

(1) フロンとオゾン層破壊

フロンは分解すると塩素が発生し，これがオゾン層を破壊する。オゾン層が破壊されると，太陽光に含まれる有害な紫外線がそのまま地表に到達して，生物に悪影響を及ぼす。そのために冷凍機に使われている冷媒用フロンのうち，オゾン層破壊係数の大きな特定フロンの生産は全廃された。

また，指定フロンは特定フロンに比べてオゾン層への影響は小さいが0ではないため，2020年までに補充用を除き指定フロンの生産・輸出入が禁止されている。ルームエアコンやビル用マルチなどパッケージエアコンに使用されている指定フロンは，すでにオゾン破壊係数0のR-410Aが使われるようになっている。

オゾン層破壊係数（ODP）とは物質によるオゾン層破壊強度の違いを，共通化して比較できるようにした値（係数）のことである。

(2) 温室効果ガス

二酸化炭素（CO_2）はオゾン層破壊係数が0であり，地球の温暖化に影響を与える程度を示す地球温暖化係数（GWP）は，メタンやフロンなどの温室効果ガスより小さいが，排出量が非常に多いので，地球温暖化への影響が大きい。

地球温暖化係数（GWP）とは温室効果ガスが地球温暖化に対する影響を，持続時間も考慮して，二酸化炭素CO_2の値を1としたときの相対的な値である。

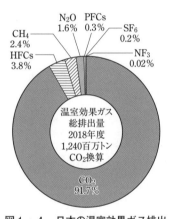

図1・4　日本の温室効果ガス排出量の内訳
（環境省　令和2年版環境白書）

HFC_S：ハイドロフルオロカーボン
CH_4：メタン
N_2O：二酸化窒素
PFCs：パーフルオロカーボン
SF_6：六ふっ化硫黄
NF_3：三ふっ化窒素

(3) 大気汚染

大気汚染の発生の原因は，工場や建物および自動車などの燃料の燃焼によるものが大半である。

(a) 微小粒子状物質

大気中に浮遊している2.5μm以下の小さな粒子（PM2.5）で，従来の環境基準を定めた10μm以下の**浮遊粒子状物質**よりも小さい。

おもに工場から排出される煤塵，ディーゼル車の排気ガス等から発生している。

(b) 硫黄酸化物 SO_x

硫黄酸化物として問題になるのは二酸化硫黄（SO_2）と無水硫酸（SO_3）で，大部分が石炭・石油などの化石燃料の燃焼によって発生する。

エネルギー消費総量の増大とともに，金属の腐食や地球規模の**酸性雨**が森林や湖などの生物に与える影響が問題になっている。

(c)　一酸化炭素 CO

一酸化炭素の発生源のおもなものに自動車の排出ガスがあり，発生源が広く分布しているうえ地表に近いので，交通量が多く地形的に風通しの悪いところは停滞して特に濃度が上がる。一酸化炭素の人体への影響は濃度と呼吸時間の積である。

(d)　窒素酸化物 NOₓ

窒素酸化物は，工場に加えて自動車からの発生が多いが，規制の強化によって抑制の効果が見られる。NO_x は，特殊な条件を伴うと光化学スモッグの発生の原因となる。また，硫黄酸化物と同様に窒素酸化物は酸性雨の原因にもなっている。

(e)　炭化水素，光化学汚染

光化学汚染は，窒素化合物と炭化水素の紫外線などによる光化学反応によって生成され，目や気管支等に障害をもたらす。その汚染度はオキシダントの濃度を指標とし，気象条件に大きく影響される。炭化水素類は，有機溶剤や石油が蒸発する工場やタンクなどから発生し，自動車の排出ガスにも含まれる。

1・1・4　室内空気環境

（1）　人間と環境

室内の空気衛生と温熱の環境基準として建築基準法および建築物における衛生的環境の確保に関する法律（建築物衛生法）では，中央管理方式の

表1・2　室内空気環境管理基準

管理項目	基準値
①浮遊粉じんの量	0.15 mg/m³ 以下
②一酸化炭素の含有量	10 ppm 以下（100万分の10以下），外気が10 ppm 以上は20 ppm 以下
③二酸化炭素の含有量	1,000 ppm 以下（100万分の1,000以下）
④温　度	17〜28℃，冷房時は外気との温度差を著しくしないこと（おおむね7℃以下）
⑤相対湿度	40〜70%
⑥気　流	0.5 m/s 以下
⑦ホルムアルデヒド	0.1 mg/m³ 以下（0.08 ppm 以下）

1 mg＝1,000 μg

（注）　建築物衛生法の基準値として，②は6 ppm 以下（100万分の6以下），外気条件はなし，④は，18〜28℃その他に，総揮発性有機化合物（TVOC）が400 μg/m³ 以下（厚生労働省暫定目標値）⑦は，建築物衛生法の基準値

空調設備のもつべき性能として表1・2の基準が定められており，空調に限らず，一般室内環境の基準となるべきものである。

（2）　室内空気の汚染

人間のいる室内空気は，人体から発生する熱と水蒸気，CO_2 の発生と O_2 の減少，体臭，細菌の放出，生活行為による粉じん，臭気，喫煙，作業による熱，煙やガス，蒸気などにより絶えず汚染されていくものである。室内を清浄に保つには，換気による希釈や排出などにより汚染を十分に除去しなければならない。空気齢とは，室内のある地点における空気の新鮮さの度合を示すもので，空気齢が小さいほど，その地点の換気効率がよく空気は新鮮であるといえる。

次に，大気の組成を表1・3に示す。窒素が最も大きく，次いで酸素である。

表1・3　大気の組成

成　　分	容積比(%)	（空気を1として）比重
窒　　　素　N_2	78.09	0.97
酸　　　素　O_2	20.95	1.11
ア ル ゴ ン　Ar	0.93	1.38
二 酸 化 炭 素　CO_2	0.03	1.53
ネオン Ne その他		

(a)　酸　素 O_2

人体が生命を維持するのに必要な酸素は，大気中に約21%含まれている。これが19%に低下すると，器具が正常でも不完全燃焼が始まって急激に一酸化炭素の発生量が増加し，15%に低下すると火が消えてしまい，人体では脈拍や呼吸数が増加し大脳の機能が低下する。10%で意識不明となり，6%以下では数分間で死亡する。酸素が18%以下を酸欠空気といい，作業環境として不適である。

(b)　二酸化炭素 CO_2

在室者の呼吸や燃焼によって増加し，無色・無臭で，それ自体としては人体に有害ではないが，他の空気汚染と並行することが多い。測定しやすいので古くから空気清浄度の指標とされている。自然の大気中には0.03%程度含まれる。二酸化炭素は空気より重い。

空気中の二酸化炭素濃度が18%程度になると人体に致命的となる。

建築基準法および建築物衛生法では，1,000 ppm（0.1%）以下を室内環境基準と定めている。二酸化炭素の許容濃度は，一酸化炭素より高い。　◀ よく出題される

(c)　一酸化炭素 CO

一般生活の中で普通に行われる炭素を含む物質の燃焼により発生する

可能性がある唯一の極めて<u>有害なガス</u>で，燃焼中の酸素不足や器具不良により発生する。無色・無臭で空気より軽く比重は0.967である。空気中の一酸化炭素濃度が0.16％程度になると20分で頭痛，目まい，吐き気が生じ，2時間で致死，1.28％になると1～3分で致死となる。

　CO_2，CO，その他の微量ガスの測定には，ガス検知管法が簡単で一般的である。

(d)　浮遊粉じん

　室内の浮遊粉じんは，在室者の活動による衣服や紙の繊維，工場の排出ガスやディーゼル車の排出ガスなどを含む外気の大気じん，人間の持ち込む土砂の粒子，喫煙や燃焼によるものなどがあり，空気の乾燥したときに多い。

　建築基準法や建築物衛生法では，<u>室内空気の汚染度を示す指標のひとつ</u>として空気1 m^3 中に0.15 mg以下と質量法で規定され，径10 μm以下を対象としている。無機性のものは肺に蓄積されて障害をきたし，病原性の細菌やかびが付着していることも多い。浮遊粉じんの濃度表示は，個数濃度または重量（質量）濃度を使う。　　　　　　　　◀ よく出題される

(e)　臭　気

　一般に，人間の体臭やオフィス程度の喫煙に対し，25 m^3/人・h以上の換気があれば大抵は対処できるが，不十分であると不快になる。

　人間の感覚量は刺激量の対数に比例することから，臭気濃度を対数で表示したものを臭気強度（指数）といい，<u>臭気は空気汚染を知る指標</u>とされている。　　　　　　　　　　　　　　　　　　◀ よく出題される

(f)　揮発性有機化合物

　近年，新建材の利用が進み，これらの内装仕上げ材や家具から**揮発性有機化合物（VOCs）**が室内へ拡散される室内空気汚染が深刻化している。それらは刺激臭のある無色の気体で，ホルムアルデヒド，トルエン，キシレンなど数種あり，これらを含む建材の使用には，使用量・換気量などで規制されている。また，ホルムアルデヒドの室内濃度が高くなると，眼や呼吸器系を刺激し，アレルギーを引き起こすおそれがあり，これらの<u>揮発性有機化合物は化学物質過敏症やシックハウス症候群の原因物質</u>であり，濃度が100 ppm程度以上になると死に至ることもある。さ　　◀ よく出題される
らに，ホルムアルデヒド及び揮発性有機化合物（VOCS）のうちのいくつかは，発がん性物質の可能性が高い。

　総揮発性有機化合物（TVOC）は，個別物質の指針値とは別に空気質の状態の目安として用いられる。

1・1・5 排水の水質と環境

(1) BOD (生物化学的酸素要求量)

Biochemical Oxygen Demand

河川等公共用水域の水質汚濁の指標として用いられ, 水中に含まれる有機物が微生物によって酸化分解される際に消費される酸素量〔mg/L〕で表され, この値が大きいほど河川等の水質は, 有機物による汚染度が高い。この指標は, 1Lの水を20℃で5日間放置して, その間に微生物によって消費される酸素量として表される。

◀ よく出題される

(2) COD (化学的酸素要求量)

Chemical Oxygen Demand

湖沼や海域の水質汚濁の指標として用いられ, おもに水中に含まれる有機物が過マンガン酸カリウムなどの酸化剤で化学的に酸化したときに消費される酸素量〔mg/L〕で表され, 水中の有機物および無機性亜酸化物の量を示す。室内空気環境を表す指標ではない。

◀ よく出題される

(3) TOC (総有機炭素量)

Total Organic Carbon

排水中の有機物を構成する炭素 (有機炭素) の量を示すもので, 水中の総炭素量から無機性炭素量を引いて求め, 有機性汚濁の指標として用いられる。

(4) (浮遊物質) SS

Susupended Solids

水の汚濁度を判断する指標として用いられ, SSは水中に溶解しないで浮遊または懸濁しているおおむね粒子径1μm以上2mm以下の有機性・無機性の物質で, 水の汚濁度を視覚的に判断する。

◀ よく出題される

(5) ノルマルヘキサン抽出物質含有量

排水中に含まれる油脂類による水質汚濁の指標として用いられ, 水中に含まれる油分等がヘキサンで抽出される量〔mg/L〕で表される。油脂類は比較的揮発しにくい炭化水素, グリースなどである。建築設備においては, 厨房排水などで問題となる。

(6) 窒素・リン

窒素やリンは, 湖沼・海域等の閉鎖性水域において, 植物プランクトンや水生植物が異常発生する富栄養化のおもな原因物質で, 湖沼においてはアオコの, 海域においては赤潮の発生原因となる。

(7) DO

Dissolved Oxygen

水中に溶存する酸素量〔mg/L〕で, 生物の呼吸や溶解物質の酸化などで消費される。

◀ よく出題される

(8) pH (ピーエッチ)

potential of Hydrogen

水素イオン濃度の大小を表す指数のことで, 溶液の酸性やアルカリ性の度合いを示す量である。pH値0 (酸性) からpH値14 (アルカリ性) ま

◀ よく出題される

で規定していて，pH 値 7 は中性である。

◀ よく出題される

　図 1・5 に示すように，pH 値が 1 大きくなると水素イオン濃度は10分の 1 になる。たとえば，常温において，水素イオン濃度が pH 値 4 の硫酸水溶液を蒸留水で100倍に薄めると pH 値 6 の水溶液となる。

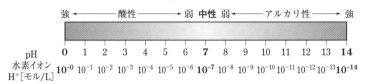

図 1・5　水素イオン濃度と pH 値

（9）　硬度・濁度・色度

　硬度は水中に溶存するカルシウムイオンおよびマグネシウムイオンの量を炭酸カルシウムの量に換算して示したもので，単位は〔mg/L〕で表す。マグネシウムイオンの多い水は，硬度が高い。濁度は水の濁りの程度を示し，水道水の基準は濁度 2 度以下であり10度を超えると濁りが直ぐ解る。色度は水の着色の程度を示し，水道水は色度 5 度以下とされており10度以上でないと着色が判別しにくい。

塩化物イオン濃度は，生活環境の保全に関する環境基準に定められていない。

1・1・6　室内温熱環境

（1）　人　　体

　人体は，空気中から酸素をとり食料を燃料として，仕事と熱を発生させる内燃機関といえる。また成長し代謝が行われて生命を維持し続けていく。

（a）　代謝量と met（メット）

　基礎代謝量は，人体が生命を保持するための最低の必要エネルギーで，人体表面積 1 m^2 当たりの 1 時間の必要熱量を表す（W/m^2）。

　met（メット）は，人体の代謝量を示す単位で，1 met は椅子座安静時における代謝量である。

1 met ＝ 58W/m^2

　作業をしたときのエネルギー代謝量と安静時の代謝量との差を基礎代謝量で割った値を，エネルギー代謝率（RMR）で表し，作業強度や呼吸量，酸素消費量，心拍数と関係する。

RMR：relative metabolic rate

$$エネルギー代謝率 = \frac{作業代謝量 － 安静時代謝量}{基礎代謝量}$$

（b）　着衣量

　人体からの放熱量は室内の温熱状態のほかに着衣の断熱性にも関係して，clo（クロ）で表す。

1 clo ＝ 0.155 m^2·K/W

（2）　温熱環境の評価

　人体の放熱量は，大略で放射が全体の約1/2，対流が約1/3，蒸発が約1/5程度が普通で，この割合があまり大きく崩れると，熱量は平衡しても快感は低下するといわれる。

　人体の温冷感には，空気の温度・湿度・<u>風速（気流）</u>・周壁や物体からの放射温度（表面温度）の4要素と，代謝量・着衣の状態の6要素が関係し，そのうちのいくつかの組合せで表示している。また，放射温度は，<u>平均放射温度</u>という概念で室内の温熱環境を表現している。 ◀よく出題される

（a）　温度・湿度

　最も簡単な温度と湿度の組合せで，夏の冷房期の一般事務所で25～27℃，50%，冬の暖房期で20～24℃，40%が室内設計条件に使用されている。計測には，アスマン通風乾湿計を使用する。 アスマン通風乾湿計：p.12 図1・9(a)

（b）　気　流

　気流速度はある程度ないと，空気のよどみが感じられて不快感を生じることがある。しかし，夏の冷房時に強い気流速度を長時間あたると不快感を生じる。このときの気流をドラフトといい，<u>局所温冷感に影響を与える。</u> ◀よく出題される

（c）　有効温度 ET

Effective Temperature

　<u>有効温度</u>は，乾球温度・湿球温度・気流速度の3つの組合せを，同じ体感を得られる無風で湿度100%のときの空気温度（乾球温度）で表したもので，ヤグロー線図として知られている。周壁の表面温度は，空気温度に等しく放射の影響がないものとして実験され，壁面と空気の温度

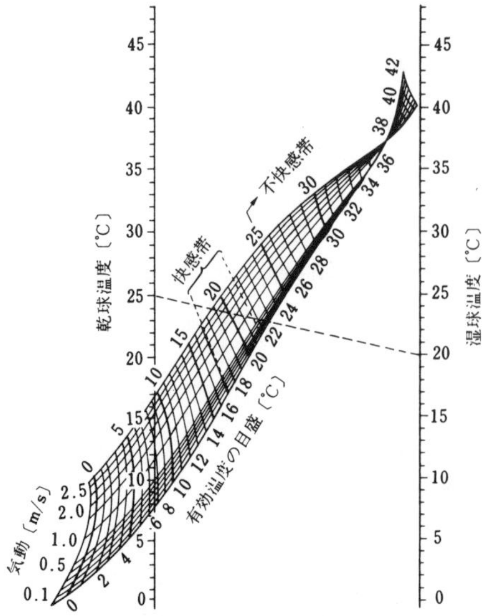

図1・6　有効温度 ET（普通着衣軽作業）を求めるためのヤグロー線図

差が小さいときに使用される（図1・6）。

(d) 修正有効温度 CET

修正有効温度は，乾球温度・湿球温度および気流速度の他に放射の影響を加味したもので，より実感に近い温度である。壁面の暖房用の放熱面からの放射の影響を加味することができる。有効温度に放射温度を加えているので修正有効温度という。

Corrected Effective Temperature

(e) 新有効温度 ET*

有効温度 ET は湿度100％を基準にしているが，<u>新有効温度 ET* は湿度50％・風速0 m/s を基準とし，気温・湿度・気流・放射熱・作業強度（met）・着衣量（clo）の6因子による</u>総合評価値であり，体感温度に近い。

New Effective Temperature

(f) 作用温度 OT

作用温度は，乾球温度，周壁からの放射温度による対流熱伝達率と放射熱伝達率の総合効果を表したもので，実用上は周壁面の平均温度と室内温度との平均値で示される。周壁表面温度と気温の差が比較的大きくて，汗の蒸発の少ない暖房に用いられ，湿度の影響は無視されている。

Operative Temperature

(g) 等価温度 EW

乾球温度と気流速度および周囲の壁からの放射温度を用いて算出する。実用上はグローブ温度計により求められる。

Equivalent Warmth

グローブ温度計：
p.12 図1・9(b)

(h) 予想平均申告 PMV

<u>予想平均申告 PMV は，温熱感覚に関する6要素をすべて考慮した指標である。</u>6要素には，環境側の気温・湿度・放射・気流の4要素と，人体側の代謝量・着衣量の2要素が含まれる。

PMV は，実際の代謝量・着衣条件のもとで，人体と環境との間の熱の不平衡量を快適方程式に基づいて計算し，これを人間の温熱感と対応させ7段階で示したものである。

◀ よく出題される
Predicted Mean Vote

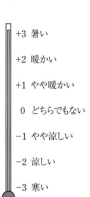

+3 暑い
+2 暖かい
+1 やや暖かい
　0 どちらでもない
−1 やや涼しい
−2 涼しい
−3 寒い

図1・7　PMV の指標

たとえば，ISO では快適範囲として

　−0.5＜PMV＜＋0.5

とし，それ以下では，やや涼しい・涼しい・寒い，以上ではやや暖かい・暖かい・暑いとしている。

一方，予想不満足者率 PPD

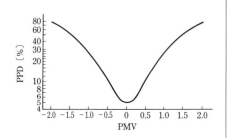

**図1・8　予想平均申告 PMV を関数とした
予想不満足者率 PPD**

Predicted Percentage of Dissatisfied

は，この温熱感で不満足に感じる人（PMV で表すと暑い・暖かい，寒い・涼しいと感じている人）の割合を百分率で示したもので，残りの人は熱的に，中立かやや暖かいまたはやや涼しいと感じている。PMV と PPD の関係を図1・8に示す。したがって，PMV が0に近づくほど快適に感じる人が多くなり，予想不満足者率は減少する。

（i）　**不快指数 DI**　　　　　　　　　　　　　　　　　　　　　　　　Discomfort Index

　不快指数は，暑い季節の不快度を表すため米国で考えられ，乾球温度と湿球温度を組み合わせたもので，気温と湿度の2要素である。80以上では，すべての人が「不快」と感じる。

（j）　**グローブ温度計**

　表面を黒色つや消しにした直径150 mm の薄い中空の銅球の中心に棒状温度計，その他測温体をそう入したもので，約20分で周囲の熱放射と気温に平衡してグローブ温度を示す。図1・9(b)にグローブ温度計を示す。

　グローブ温度計は，周壁からの放射と空気温度の総合効果による等価温度の測定に用いられ，平均放射温度（MRT）を求めることができる。　　　Mean Radiant Temperature

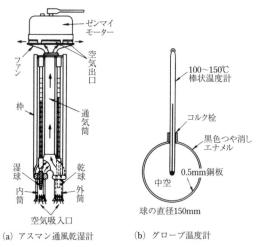

(a) アスマン通風乾湿計　　　　(b) グローブ温度計

図1・9　温熱環境測定器の構造

（k）　**カタ温度計**

　おもに室内気流など微風速の測定に用いる風速計である。

1・1・7　室内騒音

（1）　音　　波

　音は，固体・液体・気体などの媒質中を伝わる粗密波であり，媒質粒子が音波の進行方向と一致して前後に振動する縦波である。

　空気中では，ある点の圧力が交互に大気圧よりも高くなったり低くなったりして，圧力変動の振動によって鼓膜に感覚が生じる。

　音の3要素として，音圧が大きさに，周波数が高低に，周波数分布が音色に対応する。

（2）　可 聴 範 囲

　人間の耳は，20〜20,000 Hz の音を聞くことができ，音の強さに対しては10^{-12}〜10〔W/m^2〕と約13桁の広い範囲にわたって聞くことができる。

（3）　音 の 大 き さ

　音の大きさは，人間の耳に感じる音の感覚量で，周波数によって耳の感度が異なるので，よく聞こえる音と聞こえにくい音がある。大きい音では耳の感度は割合に平坦であるが，小さい音では低音域と高音域が1,000 Hz付近の中音域に比べて感度が低下し，大きな音圧でないと同等に聞こえない。

（4）　吸 音 材

　吸音材には，材料の内部の空気を振動させて，摩擦などによって音のエネルギーを熱に変え，低音域での**吸音率は小さい**が，中・高音域での吸音率は大きいグラスウール，ロックウールなどの多孔性のもの，板を震動させて音のエネルギーを消費させ，200〜300 Hz の低音域での吸音率が大きい合板・プラスチック板などの板振動によるもの，共鳴作用によって音のエネルギーを吸収し，共鳴周波数以外の音に対しては吸音率が小さい孔あき合板・孔あきせっこうボードなどがある。

（5）　騒　　　音

　<u>NC 曲線</u>は，騒音を分析して，周波数別に音圧レベルの許容値を示したもので，<u>騒音の評価として使用</u>されている。NC 曲線の音圧レベル許容値は，図1・10に示すように，周波数が低いほど大きい。

Noise Criteria 曲線

　測定されたオクターブ別の音圧レベルをこの線図にプロットして，各周波数の NC 値を読み取って，その内の最大値を対象騒音とする。

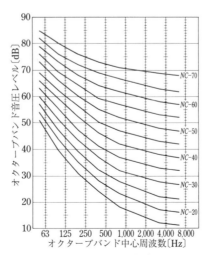

図1・10　ＮＣ曲線

確認テスト〔正しいものには○，誤っているものには×をつけよ。〕

□□(1)　室内空気中の二酸化炭素の許容濃度は，一酸化炭素より低い。

□□(2)　臭気は二酸化炭素と同じように空気汚染を知る指標である。

□□(3)　揮発性有機化合物（VOC）濃度は，室内環境を表す指標の1つである。

□□(4)　浮遊粉じん量は，室内空気の汚染度を示す指標である。

□□(5)　新有効温度（ET*）は，室内空気環境に関係する指標である。

□□(6)　予想平均申告（PMV）は，気温・湿度・放射・気流・着衣量の5要素が含まれる室内環境指標である。

□□(7)　BOD は，水中に含まれる浮遊物質の量を示す指標である。

□□(8)　化学的酸素要求量は，室内環境を表す指標の1つである。

□□(9)　pH は，水素イオン濃度の大小を表す指標である。

□□(10)　NC 曲線は，騒音と関係がある。

確認テスト解答・解説

(1)　×：室内環境基準値は，二酸化炭素が1,000 ppm 以下，一酸化炭素が10 ppm 以下であり，二酸化炭素の許容濃度は，一酸化炭素より高い。

(2)　○

(3)　○

(4)　○

(5)　○

(6)　×：気温・湿度・放射・気流・代謝量・着衣量の6要素全部を考慮した指標である。

(7)　×：BOD は，水中に含まれる生物化学的酸素要求量のことであり，浮遊物質の量を示す指標は SS である。

(8)　×：化学的酸素要求量（COD）とは，汚濁水を酸化剤で化学的に酸化したときに消費された酸素量のことであり，水質の汚濁指標の一つである。

(9)　○

(10)　○

1・2 流　体

┌ 学習のポイント ┐

1. 流体に関する用語を覚える。
2. 水の性質を覚える。
3. ベルヌーイの定理を理解する。
4. ダルシー・ワイズバッハの式を理解する。
5. ウォータハンマについて理解する。

1・2・1　流体の性質

（1）　空気と水

　液体は，気体に比べて圧縮しにくいので，一般に，空気は圧縮性流体と ◀ よく出題される
して，水は非圧縮性流体として扱われることが多い。

（2）　水の性質

　水の沸点は，1気圧のもとでは100℃であるが，気圧が下がると沸点も
下がる。1気圧における水の蒸発潜熱は約2,257 kJ/kg である。また，1
気圧における水の凝固点は0℃であり，その凝固熱は約330 kJ/kg である。

　1気圧のもとで水の温度を1℃上昇させるために必要な熱量（比熱）は，
約4.2 kJ/kg である。

　1気圧における空気の水に対する溶解度は，温度の上昇とともに減少す ◀ よく出題される
る。

（3）　密度と比重

　物質の単位体積の質量を密度といい，ρ〔kg/m^3〕で表す。また，物質
の単位質量の体積を比体積といい，v〔m^3/kg〕で表す。1気圧における
水の密度は，4℃で1,000 kg/m^{3}と最大となり，1気圧における0℃の水
の密度は，0℃の氷の密度より大きく，1気圧のもとで水が氷になると，
その容積は約10%増加する。

　固体や液体の密度と水の密度との比や，気体の密度と空気の密度との比
を比重という。

（4）　水圧と水頭圧

　水中における水の圧力（水圧）は，静止した水面からの深さに比例し
て高くなり，その深さまたは高さを水頭圧ともいい，1気圧は概ね深さ
10 m の水圧に相当する。

　地球上では大気圧（10 m の水圧に相当）があり，圧力計は大気圧との差を示している。これに対して，大気圧のない真空中での圧力を絶対圧という。圧力計が示すゲージ圧は，絶対圧から大気圧を差し引いた圧力であり，単位の Pa（パスカル）は，パスカルの原理から由来している。

　パスカルの原理は，密閉容器内おける流体の一部に圧力を加えると，重力の影響がなければ，その内部の流体すべてに同じ圧力が加わるという基本原理である。

（5）　表面張力・毛管現象

　液体には分子間引力による凝集力により，表面積を最小にしようとする表面張力が働き，液体は無重力ならば球状になる。表面張力は，液体表面上の任意の線の両側に単位長さ当たりに作用する力であるから，単位はN/m である。

　表面張力が付着力より強ければ，ガラス上の水銀のように，相手をぬらさないが，ガラス上の水滴のように付着力が弱ければ，表面に沿って広がり相手をぬらす。

　毛管現象は，細いガラス管を液中に入れると，ぬれの起こる場合には，ガラス管内の液面が外の液面よりも上昇し，その液面は上部に凹となり，ぬれの起こらない場合には，ガラス管内の液面が外の液面よりも下降し，その液面は上部に凸となる現象であり，表面張力によるものである。　　　◀ よく出題される

1・2・2　流体の運動

（1）　粘　　性

　運動している流体内の接近した2つの部分が，摩擦応力により，互いに力を及ぼし合う性質を粘性という。粘性の影響は流体の接する壁面近くで大きくなる。　　　◀ よく出題される

　粘性係数は，流体固有の定数である。液体の粘性係数は，温度が上昇すると減少し，圧力が高くなると少し増加するが，圧力変化がきわめて大きくなければ無視できる。

　気体の粘性係数は，温度が上昇すると増加し，圧力には無関係である。粘性係数は，空気よりも水が大きい値となる。　　　◀ よく出題される

　粘性の流体運動に及ぼす影響は，粘性係数 μ よりも，μ を流体の密度 ρ で割った動粘性係数（動粘度）ν〔m^2/s〕で決定される。

$$\nu = \frac{\mu}{\rho}　　　　\nu：動粘性係数（動粘度）〔m^2/s〕$$

　液体の動粘性係数は，温度が上昇すると減少する（20℃の水で1.0038×

$10^{-6}\,\mathrm{m^2/s}$，60℃の水で$0.475\times10^{-6}\,\mathrm{m^2/s}$）。

気体の動粘性係数は，温度が上昇すると増加する（大気圧における20℃の乾燥空気で$15.15\times10^{-6}\,\mathrm{m^2/s}$，同圧力下における40℃の乾燥空気で$17.04\times10^{-6}\,\mathrm{m^2/s}$）。水や空気などは，ニュートンの粘性法則に従うのでニュートン流体として扱う。

（2）連続の式

管内の流れが定常流であれば，管に直交する任意の断面を通過する流れの状態は時間により変化しないから，2つの断面における流速をv_1，v_2，断面積をA_1，A_2，密度をρ_1，ρ_2とすれば$\rho_1 A_1 v_1 = \rho_2 A_2 v_2 = $一定

流体が非圧縮性の場合は，$\rho_1 = \rho_2$であるから，次の式のようになる。この式を連続の式という。$A_1 v_1 = A_2 v_2$

（3）ベルヌーイの定理

重力だけが作用する場において，粘性もなく圧縮性もない完全流体のダクト内あるいは管内の定常流において，流体のもっている運動エネルギー，圧力エネルギーおよび重力による位置エネルギーの総和は一定である。この定理をベルヌーイの定理という。ベルヌーイの定理は，エネルギー保存の法則の一形式である。

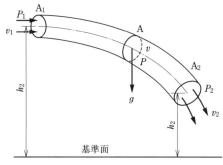

図1・11　管内の流れ

◀ よく出題される

$$\underbrace{\frac{1}{2}\rho v^2}_{動圧} + \underbrace{P}_{静圧} + \underbrace{\rho g h}_{位置圧} = 一定 \quad \Rightarrow \quad 全圧＝動圧＋静圧＋位置圧$$

ρ：流体の密度　〔$\mathrm{kg/m^3}$〕　　v：流体の流速　〔m/s〕

P：圧力　〔Pa〕　　　　　　g：重力の加速度　〔$\mathrm{m/s^2}$〕

h：基準水平面からの高さ　〔m〕

第1項は流速による動圧，第2項は静圧，第3項は位置圧と呼ばれ，これらの合計は全圧と呼ばれる。動圧は速度エネルギーともいう。

静圧は流れに直角な管壁方向に加わり，全圧はダクトや管の断面方向（管軸方向）に加わる。

ベルヌーイの定理を水頭で表すと，次の式になる。

$$\frac{v^2}{2g} + \frac{P}{\rho g} + h = 一定$$

ベルヌーイの定理に摩擦損失圧力ΔPを考慮すると，ダクトあるいは配

管のA，B点間には，次式が成り立つ。

$$\frac{1}{2}\rho v_A{}^2 + P_A + \rho g h_A = \frac{1}{2}\rho v_B{}^2 + P_B + \rho g h_B + \varDelta P$$

（4）　ピトー管

◀ よく出題される

　ピトー管は，流体の流速を測定するもので，静圧と全圧の差から，動圧を求めて流速を算出する。側面に静圧孔が，先端に全圧孔がある管で，図1・12のように設置すると，静圧孔からは静圧が伝わり，全圧孔からは全圧が伝わる。こ

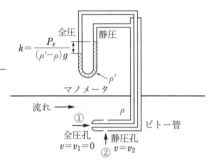

図1・12　ピトー管による流速の測定

れを水銀などの流体の密度 ρ よりも大きい密度 ρ' の液体を入れたU字管（これをマノメータという。）の両端に導入すると，マノメータ両脚内の液体に高さ h の差が生じる。動圧を P_v，静圧を P_s とすれば

$$P_s + P_v + \rho g h = P_s + \rho' g h$$

であるから，

$$P_v = (\rho' - \rho) g h = \frac{1}{2}\rho v^2 \qquad v = \sqrt{\frac{2(\rho' - \rho) g h}{\rho}}$$

となり，流速 v を求めることができ，流速から流量を求めることができる。

（5）　ベンチュリー計（管）・オリフィス流量計

　ベンチュリー計（管）は大口径部①と小口径部②の静圧の差を測って流速を求め，流速から流量を求める計器である。オリフィス流量計は，管路の途中にオリフィス（管路の断面積小さくする）を設け，その前後の管側壁に設けた小穴での静圧差を求め，流量を算出する。

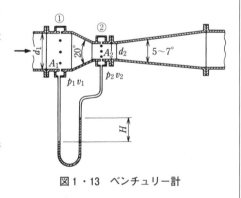

図1・13　ベンチュリー計

1・2・3　管　　路

（1）　層流と乱流

　流体の流れは，図1・14に示すように，流線が規則正しい層をつくって流れる層流と，内部に渦を含んで不規則に変動しながら流れる乱流とに分けられる。

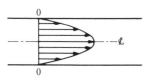 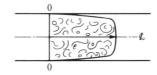

層流：$\dfrac{\text{平均流速}}{\text{中心流速}}=0.5$　　　乱流：$\dfrac{\text{平均流速}}{\text{中心流速}}≒0.8$

図1・14　層流と乱流

　層流と乱流の判定には，レイノルズ数が目安になる。レイノルズ数は無 ◀ よく出題される
次元数で，慣性力の粘性力に対する比である。すなわち，

$$Re = \frac{v\,d}{v}$$

　　　Re：レイノルズ数　　　v：流速〔m/s〕

　　　d：管内径〔m〕　　　v：動粘性係数〔m²/s〕

　上流の乱れ方の前歴にもよるが，実用上の目安としては，$Re<2,300$なら層流域，$2,300<Re<4,000$なら臨界域，$Re>4,000$なら乱流域と考えてよい。

（2）　管路の抵抗，圧力損失

　直管内に流体が流れると，粘性のために流体内部の摩擦や流体と管壁などとの摩擦が生じ，図1・15に示すように，圧力（摩擦）損失が生じる。

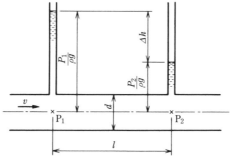

図1・15　管摩擦損失水頭

　摩擦による圧力損失$\varDelta P$の計算には，次の式のダルシー・ワイズバッハの式が用いられる。すなわち，圧力損失$\varDelta P$は，管の長さlおよび動圧$\dfrac{\rho\,v^2}{2}$に比例または速度の2乗に比例し，管の内径dに反比例する。

$$\varDelta P = P_1 - P_2 = \lambda\,\frac{l}{d}\cdot\frac{\rho\,v^2}{2} \qquad \underline{\lambda：管摩擦係数}$$

　管摩擦係数λは，図1・16のムーディ線図によって求める。滑らかな円管の層流域においては，ハーゲン・ポアズイユの式$\lambda=\dfrac{64}{Re}$で求められ，管内面表面の粗さには関係しないが，乱流域においてはレイノルズ数Reと管の相対粗さ$\dfrac{\varepsilon}{d}$から，ムーディ線図によって求められる。εは管内表面の粗さ〔m〕，dは管内径〔m〕である。直管以外の継手などの弁類局部摩擦損失も，動圧$\dfrac{\rho\,v^2}{2}$に比例する。

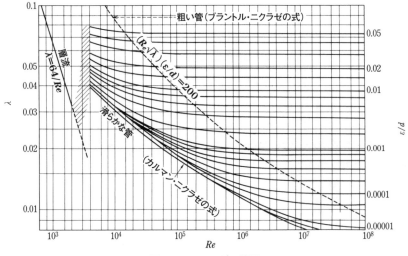

図1・16　ムーディ線図

（3）　ウォータハンマ

　管内を水が流れているときに，管の端にある弁を急閉止すると，流れが急に減少して，同時に急激な圧力の上昇や振動を生ずる。このような現象をウォータハンマ（水撃現象）という。

　ウォータハンマは，管内を流れていた水を急閉止する際に生じるものと，ポンプの揚水管においてポンプ停止時に生じるものとがある。ここでは，前者について記述する。

　管路の流れを急閉止すると，流れていた水の運動エネルギーが水を圧縮して弁直前の水圧を高めるエネルギー，管を膨張させるエネルギー，管を振動させたり騒音を発生させるエネルギーに変わる。弁の閉止によるウォータハンマによる上昇圧力（これを水撃圧という。）は，弁を急閉止する場合と，緩閉止する場合とによって異なり，その大きさは前者の場合のほうが大きい。弁が急閉止されて高くなった水圧は，圧力波となってある速度で管上流へ伝搬し，反射点で反射し，この間を往復して，図1・17に示すように，しだいに減衰する。

　水撃圧は，管材のヤング率が大きいほど，管壁の厚いほど，大きな値になる。たとえば，ダクタイル鋳鉄管は，硬質ポリ塩化ビニル管に比べて管材のヤング率が大きいため，弁の急閉止時に配管にかかる水撃圧は大きくなる。

　ウォータハンマとレイノルズ数，粘性，表面張力は関係がない。

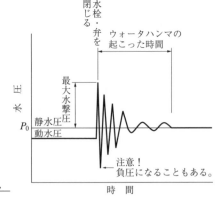

図1・17　弁急閉止の場合の水撃圧

◀ よく出題される

確認テスト〔正しいものには○，誤っているものには×をつけよ。〕

□□(1) 流体は，気体に比べて圧縮しやすい。

□□(2) 1気圧における水の密度は，0℃の氷の密度より大きい。

□□(3) 毛管現象は，液体の表面張力によるものである。

□□(4) 摩擦応力と粘性係数とは，関係がない。

□□(5) 静圧は，全圧と動圧との和である。

□□(6) ピトー管は，全圧と静圧の差を測定する計器で，この測定値から流速を算出することができる。

□□(7) 圧力損失は，管摩擦係数に関係がある。

□□(8) ベルヌーイの定理は，流線上にエネルギー保有の法則を適用したものである。

□□(9) レイノルズ数が大きいと層流域，小さいと乱流域である。

□□(10) 水撃現象とレイノルズ数とは，関係がある。

確認テスト解答・解説

(1) ×：液体（水）は気体（空気）と比較して非常に圧縮しにくく，非圧縮性流体である。

(2) ○

(3) ○

(4) ×：関係がある。

(5) ×：静圧は，全圧から動圧を引いた値である。

(6) ○

(7) ○

(8) ○

(9) ×：レイノルズ数 $Re<2,300$ は層流域，$Re>4,000$ は乱流域である。

(10) ×：関係がない。水撃現象は管路の流れを急閉止するときに起こる現象のことである。

1・3 気体・熱・伝熱

1. 気体の法則を覚える。
2. 熱容量，比熱，相の変化，顕熱と潜熱などの用語を理解する。
3. 熱力学の第一法則，第二法則を覚える。
4. 熱の伝わり方に関する用語とその意味を覚える。

1・3・1　気体と熱

（1）　気体の法則

気体に関する状態式には，ボイルの法則，ボイル・シャルルの法則，ダルトンの分圧の法則など重要な法則がある。

（a）　ボイルの法則

温度を一定に保つとき，気体の圧力 P と体積 V との積は一定である。

$$PV = 一定$$

これをボイルの法則という。

圧力を $P_1 \rightarrow P_2$ に変化すると体積は圧力に反比例して $V_1 \rightarrow V_2$ に変化する。

$$P_1 V_1 = P_2 V_2$$

（b）　シャルルの法則

気体を一定圧力のもとで温度変化させると，その体積は絶対温度 T〔K〕に比例して変化する。この現象は，気体の圧力が低く，温度が高いと，気体の種類に関係なく同じである。

$$\frac{V_1}{V_2} = \frac{T_1}{T_2} \qquad \frac{V_1}{V_2} = \frac{273 + t_1}{273 + t_2}$$

つまり，理想気体の体積は，温度が1℃上がるごとに，0℃のときの体積の約 $\frac{1}{273}$ ずつ増加する。

(c) ボイル・シャルルの法則

ボイルの法則による等温変化と，シャルルの法則による等圧変化を行うと，一定質量の気体の体積と圧力および温度の間の関係を示すことができる。この式によると，気体の体積を一定に保って加熱すると圧力は高くなり，冷却すると圧力は低くなる。

◀ よく出題される

$$\frac{P_1 V_1}{T_1} = \frac{P_2 V_2}{T_2} = 一定 \qquad PV = RT \qquad R：ガス定数$$

(d) ダルトンの分圧の法則

気体はすべて任意の割合で混合する。数種類の気体が，おのおの V の体積をもち，それぞれの圧力が P_1, P_2, P_3, ……であるとすると，一定温度でこれらを混合して体積を V に保ったとき，混合気体の圧力 P は

$$P = P_1 + P_2 + P_3 + \cdots + P_n$$

となる。この P_1, P_2, ……, P_n を各気体の分圧といい，混合気体の圧力は混合前の各気体の分圧の和に等しい。大気は，窒素，酸素，アルゴン，炭素ガス，水蒸気などの混合物である。大気圧中でおのおのの占める圧力を，酸素の分圧，水蒸気の分圧（水蒸気圧）などという。

（2） 熱エネルギー

(a) 熱　量

熱はエネルギーの一形態で，目にも見えず質量もないので，その量を直接計測することは難しい。熱量の単位は物理学では国際単位系（SI）のジュール（J）を用いるが，建築設備の分野ではワット時（Wh）を用いている。

$$1 \text{J} = 2.778 \times 10^{-7} \text{kWh}$$

1 N の力で物体を 1 m 移動したときの仕事量は，1 J である。

(b) 比熱と熱容量

比熱とは，1 kg（質量単位）の物質の温度を 1 K（℃）上げるのに要する熱量である。単位は J/(kg・K)，J/(kg・℃) で表す。

熱容量とは物体の温度を 1 K（℃）上げるのに必要な熱量で，単位は J/K であり，加熱したときの温まりにくさや冷えにくさを表す。したがって，熱容量の大きな物質は温まりにくく冷えにくい。

G〔kg〕，比熱 C〔J/kg・℃)〕の物体を温度 t_1〔℃〕から t_2〔℃〕まで上昇させるのに要する熱量 Q〔J〕は，

◀ よく出題される
K（ケルビン）：絶対温度
の単位　　0℃＝273.15 K
◀ よく出題される

$$Q = G \cdot C(t_2 - t_1)$$

比熱には，定圧比熱 C_p と定容比熱 C_v とがある。固体や液体では温度による容積の変化が少なく C_v と C_p の差はほとんどないが，気体ではその差が大きく，**常に定圧比熱のほうが定容比熱より大きい。** ◀ よく出題される

> 定圧比熱 C_p ＞定容比熱 C_v

その差は気体の種類によって異なる。定圧比熱を定容比熱で除したものが比熱比であり，気体では1より大きい。

(c)　**顕熱と潜熱，相の変化**

物体に熱を加えると，その熱量は内部エネルギーとして物体の温度を上昇し，一部は膨張によって外部に押除け仕事をする。この温度の変化に使われる熱を顕熱といい，温度変化を伴わないで，状態の変化（相変化）のみに費やされる熱を潜熱という。 ◀ よく出題される

物体は一般に固体・液体・気体の3つの状態をもっており，このような状態を相といい，相が変化することを相変化という（図1・18）。

固体から液体に相変化するのは**融解**，液体から固体になるのを凝固，固体から直接気体になる相変化は**昇華**である。 ◀ よく出題される

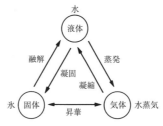

図1・18　状態の変化

0℃の氷に熱を加えると融解が始まり一部が水になるが，氷が全部融け終わるまで0℃の氷水として温度の変化はない。この加えられた熱は潜熱である。全部が水になりそれに熱を加えると，水の温度は上昇し，大気圧の下では100℃に達すると沸騰し始める。水が水蒸気になって，全部蒸発し切るまで100℃の温度は一定である。 ◀ よく出題される

（3）　熱 的 現 象

加熱または冷却によって温度が変化すると，物質を構成する原子や分子の運動エネルギーが増減するために，各種の熱的な現象が起こる。

(a)　**熱膨張**

固体または液体を加熱すると通常は体積の膨張が起こる。等方性を有する物質において，体膨張係数 α は，線膨張係数 β の約3倍になる。常温において鉄とコンクリートの線膨張係数は，ほぼ等しい。

> $$\alpha \fallingdotseq 3\beta$$

(b)　**熱電現象**

　異なった2種類の金属線で回路を作った熱電対において，一方の接点を加熱し他方の接点を冷却すると，その温度差に応じて熱起電力を生じて電流が流れる。これは各金属の電子の自由度が違うので電位差が生じるためである。これをゼーベック効果といい，熱電温度計として使用される（図1・19）。

　熱電対を直列につないだ熱電堆を使った熱流計もある。

$t_1 > t_2$

図1・19　熱電対

　異種金属の回路に直流を流すと，一方の接点の温度が下がり他方は上がる。電流の方向を逆にすると温度の上がり下がりも逆になる。これをペルチェ効果といい，電子冷凍として利用されている。

（4）　熱力学の法則

(a)　**熱力学の第一法則**

　エネルギーには，熱エネルギー，力学的エネルギー，電気的エネルギー，化学的エネルギーなどがあって変換するが，その総和である総エネルギーの保存の原理，すなわち，**エネルギー保存の法則**が熱力学の第一法則であり，いろいろに表現される。

　①　熱と仕事は同じエネルギーである。

　②　機械的仕事が熱に変わり，また，熱が機械的仕事に変わる。

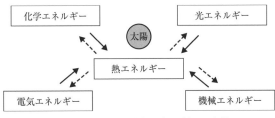

図1・20　いろいろなエネルギーの変換

(b)　**熱力学の第二法則**

　熱力学の第二法則は，エネルギーの変換と移動の方向とその難易を示した経験則であって，次のように表現される。

　①　熱は高温度の物体から低温度の物体へ移動し，低温度の物体から高温度の物体へ自然に移ることはない（クラウジウスの原理）。

◀ よく出題される

　　高温から低温への熱移動は，断熱によってその移動量を少なくすることはできるが，0にすることはできない。また，冷凍やヒートポンプのように，低温部の熱を高温部へ移動させるためには，冷凍機のような機構とその運転のために高品位のエネルギーを必要とする。

②　熱力学の第二法則は，仕事を熱に変えることは容易であるが，熱を仕事に変えるには熱機関のような装置を要し，高温部から低温部に熱が移動する途中でその一部を仕事に変えて取り出すのである。

(c)　**断熱膨張・圧縮**

　気体を断熱膨張させると，圧力および温度は下がる。<u>断熱圧縮すると，圧力および温度は上がる。</u>体積を一定に保ったまま気体を冷却すると，圧力は低くなる。

◀ よく出題される

1・3・2　伝　　熱

（1）　熱の移動

　熱とは，温度の差によって物体から他の物体，または物体の一部から他の部分へ移るエネルギーである。このエネルギーの移動が伝熱現象である。伝熱は伝導，対流，放射の3種類の原理によるが，実際の伝熱はこれらが総合されて起きることが多い。

　伝熱の過程において，物体内の温度の分布が時間によって変化しないで一定の状態が継続する場合を定常な状態，時間的に変化する場合を非定常な状態という。

(a)　**熱伝導**

　<u>熱伝導は，固体内部を分子運動による熱エネルギーが，高温部から低温部に伝わる現象で</u>，伝熱量は，その固体内の温度勾配に比例する。図1・21に示す温度勾配は固体両面の温度差 Δt〔℃〕とその厚さ d〔m〕の比で表す。

　熱伝導は固体内部だけでなく，対流による物質移動が十分に抑制された流体でも起こる現象である。

　固体の内部に気泡・空隙をもつ材料では，その部分では対流や放射が起こって純粋な伝導だけではないが，これらを総合して等価の伝導として取り扱っている。

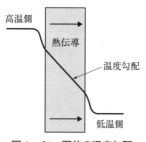

図1・21　固体の温度勾配

　等質な材料の両面が平行な平面壁の表裏に温度差があるとき，壁面に垂直な熱流を考えると，フーリエの法則と呼ばれる熱伝導方程式が成立し，単位面積時間当たりの伝熱量は温度勾配と材料固有の熱伝導率に比例する。

(b)　**対流伝熱と熱伝達**

　流体内の一部の温度が高くなると膨張して密度が小さくなり，そのため浮力によって上昇し，周囲の低温の流体が代わって流入する。流体自身の移動によって熱が運ばれて，同時に流体内部でも熱伝導が起こる現象で，特に固体表面と流体との対流伝熱を熱伝達という。

　温度差での浮力により密度差を生じて起こる場合を自然対流と呼び，外力による流動で流速が大きくて自然対流を無視できる場合を強制対流と呼ぶ。強制対流は，自然対流と比べて熱移動量が大きくなる。

　熱を伝える固体の表面に接する流体の温度は表面温度に等しく，その流体は表面との流体摩擦によりほとんど動けないが，表面から離れるにつれて周囲の液体温度に近づきその運動も自由になる。このように表面の影響を受ける流体の薄層を温度境界層という。また，温度差による熱移動がない表面と流体の間の距離による速度変化に関わる部分の薄層を速度境界層という。

　固体壁とこれに接する流体間における熱伝達による熱の移動量は，固体の表面温度と周囲流体温度との差に比例する。さらに固体壁表面の形状粗さ，寸法，水平との角度や，流体の特性，流れの状態などによっても変化し，このときの状態を熱伝達率と概念で表している。熱伝達率は，固体壁の表面における流体の速度が速いほど大きくなるため，熱の移動量も多くなる。

表1・4　空気と固体表面の熱伝達率

(a)　自然対流における平面壁の場合（放射率0.9）

表面の位置	熱流の方向	熱伝達率〔W/(m²・K)〕
水平	上向	9.3〜10.4
垂直	水平	8.1
水平	下向	5.8〜7.0

(b)　強制対流における平面壁の場合（粗面）

風速〔m/s〕	熱伝達率〔W/(m²・K)〕
3	17.5〜22.3
5	29.0〜34.9
7	40.7〜46.5

(c)　**熱放射**

　熱放射は，物体が電磁波の形で熱エネルギーを放出し，熱吸収して移動が行われるもので，途中に媒体を必要としない。したがって，真空中でも熱放射による熱の移動が生ずる。一般に，赤外線または熱線といわれる0.8〜400μmの波長の電磁波である。　◀よく出題される

　物体から放出される放射の強さと波長は，その物体の表面温度と表面の性状によって定まり，放射のエネルギー量は絶対温度の4乗に比例する（ステファン・ボルツマンの法則）。

　熱放射が物体の面に入射すると一部は反射し，一部は透過し，残りは吸収される。吸収された放射エネルギーによって物体は加熱される。

(d)　熱通過（熱貫流）

　　実際の伝熱では，異なった材
料による平面多層壁を挟んで
両側に流体があり，その温度差
によって流体Aから固体壁に
伝達し，固体壁の内部を伝導

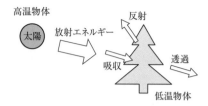

図1・22　熱放射

し，固体壁から流体Bへ伝達して2流体間の伝熱が行われることが多
い。この過程を総称して熱通過または熱貫流という。この伝熱量は両側
の流体の温度差と熱通過率（または熱貫流率）に比例するものとして次
式で表す。

$$Q = K(t_1 - t_2)A$$

　　Q：伝熱量〔J〕

　　K：熱通過率または熱貫流率〔W/(m^2・K)〕

　　A：伝熱に関わる壁の面積〔m^2〕

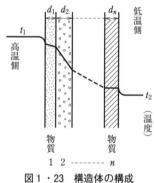

図1・23　構造体の構成

1・3・3　燃　　焼

（1）　燃　　料

　　現在，一般に利用されている石炭・石油・石油ガス・天然ガスなどの化
石燃料は太古の動植物であって，過去の太陽エネルギーの埋蔵物である。
化石燃料は，一般に燃焼やその発停と貯蔵が割合に簡単で，小規模な個々
の熱発生にも対応できるので大量に消費されている。

（2）　発　熱　量

　　燃料を完全燃焼して生じる燃焼ガスを最初の温度まで冷やしたとき，そ
の間に外部へ出す熱量を高発熱量といい，発生した蒸気の潜熱も含まれて
いる。

　しかし，熱機関やボイラでは，元の温度まで下げ，復水するところまで冷して熱を取り出すことは不可能で，排ガスとして水蒸気は煙突から逃げてしまい，その潜熱は利用できない。したがって，高発熱量から燃焼によって生じた蒸気の保有する潜熱を差し引いた熱量を低発熱量といい，実際の利用状態に近いものといえる。

図1・24　高発熱量と低発熱量

（3）　理論空気量

　燃料を燃焼させるには，燃焼の化学反応に必要なだけの酸素量を含む空気量が必要であり，完全燃焼に必要な最少空気量を理論空気量という。

（4）　空気過剰率

　燃焼は酸素と燃料の分子が接触しなければ，反応が起こらない。したがって，限られた燃焼空間と限られた時間の中で両者の接触をよくして，少なくとも燃料の側にあぶれを起こさないで，完全燃焼に十分近づけるためには酸素の量，すなわち空気量を理論空気量以上に増してやることが必要である。この割増しを空気過剰率という。

$$空気過剰率 = \frac{実際の空気量}{理論空気量}$$

　しかし，空気は約21％の酸素と78％の窒素を含み，酸化発熱に関与しない窒素と過剰な酸素は，それを温めるために熱を消費して燃焼ガスの温度を下げるので，燃焼効率を低下させる。したがって，あまり完璧な完全燃焼を求めて過剰空気を増すことは，排ガスによる熱損失が増大する。

　実際に必要な空気量は燃料の種類や燃焼方式などによるが，気体燃料や蒸発しやすい液体の微粒噴霧は空気と混合しやすいので，理論空気量に近い少ない過剰率で完全燃焼するが，表面だけで空気と接触する固体では，多量の過剰空気が必要である。しかし，これも微粉化して接触面積を増せばよくなる。

（5）　燃　焼　ガ　ス

　燃料の燃焼によって生じるガスを燃焼ガスといい，燃料の熱を利用して排出されるものを排ガスという。

　理論空気で燃料を完全燃焼させたときに生じる燃焼ガスを理論燃焼ガス量（理論廃ガス量）という。

　燃焼の発熱量4,186 kJ 当たり，概略1.1〜1.2 m³ の燃焼空気が必要である。

1・3・4　冷凍理論

　冷凍とは，物体や空間を大気などの周囲の温度以下に冷却し，その温度を維持することである。そのためには，低温部から高温な周囲へ熱を移行するための装置や物質を使用し，エネルギーを消費する必要がある。

　一般的に用いられている冷凍方法は，蒸発しやすい液体を低圧低温で気化させ，その蒸発潜熱で冷却するもので，蒸発したガスは圧縮冷却して液化し，循環使用する。圧縮機により機械的エネルギーを利用する蒸気圧縮式冷凍機と熱エネルギーを利用する吸収冷凍機が，最も普通の冷凍方法として使用され，経済的に優れている。

確認テスト〔正しいものには○，誤っているものには×をつけよ。〕

□□(1) 気体の体積を一定に保って冷却すると，その圧力は高くなる。

□□(2) 単位質量の物体の温度を1℃上げるのに必要な熱量を比熱という。

□□(3) 物体の温度を1℃上げるのに必要な熱量を熱容量という。

□□(4) 気体では，定圧比熱より定容比熱の方が大きい。

□□(5) 固体が直接気体になる相変化を昇華という。

□□(6) 熱伝導とは，離れた2つの壁の表面温度が異なるとき，その差によって熱エネルギーが伝わる現象である。

□□(7) 温度変化を伴わずに，物体の状態変化のみに消費される熱を顕熱という。

□□(8) 熱は，低温の物体から高温の物体へ自然に移る。

□□(9) 気体を断熱圧縮しても，温度は変化しない。

□□(10) 熱放射による熱エネルギーの移動には，熱を伝える物質が必要であり，真空中では，熱放射による熱エネルギーの移動はない。

確認テスト解答・解説

(1) ×：その圧力は低くなる。

(2) ○

(3) ○

(4) ×：気体では，定容比熱より定圧比熱の方が大きい。

(5) ○

(6) ×：熱伝導は物体内部を熱エネルギーが移動する伝熱現象である。途中に媒体を必要としない熱の移動は，熱放射である。

(7) ×：顕熱とは，物体の温度変化を伴うために使用される熱をいう。温度変化を伴わずに，物体の状態変化のみに消費される熱は，潜熱である。

(8) ×：熱は高温の物体から低温の物体へ移動するのであって，その逆は自然には起こらない。熱力学の第二法則の内容である。

(9) ×：熱力学における断熱とは，気体の周囲の物質との熱の移動がない状態をいう。気体を断熱圧縮すると，圧縮熱により気体の温度は上昇する。

(10) ×：放射による熱の移動は，その物体間に伝熱のための媒体は必要としない。したがって，真空中であっても，熱放射による熱の移動はある。

1・4 空　　気

学習のポイント

1. 湿り空気とその用語について理解する。
2. 結露現象および空気線図の概念を理解する。

1・4・1　大気の組成

（1）乾き空気

　乾き空気（乾燥空気）とは組成が
安定している N_2, O_2 などを主体と
して，変動しやすい水分を全く含ま
ない空気を想定したもので，地球上
では自然の状態で存在しないが，空
気の状態を示す基準となる。

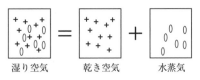

湿り空気　　乾き空気　　水蒸気

図1・25　乾き空気と湿り空気

（2）湿り空気

　湿り空気は乾き空気と水蒸気の混合物であり，大気圧付近では希薄なガ
ス体としてその特性を理想気体として取り扱うことができる。

　湿り空気の熱量の変化では，空気中に含まれた水分の変化によるものが
大きい。

1・4・2　湿り空気の用語

（1）水蒸気分圧

　大気すなわち，乾き空気と水蒸気の混合気体である湿り空気全体の示す
圧力が標準気圧の1気圧 $P = 101.325\ \mathrm{kPa}$ であり，ダルトンの分圧の法則
により，湿り空気の全圧は，窒素の分圧，酸素の分圧などの乾き空気の分
圧と水蒸気の分圧との合計である。

　水蒸気の分圧 p または h は湿り空気中の水蒸気の多少を表す。飽和湿
り空気中の水蒸気の分圧は，その温度の飽和水蒸気圧と同じ p_s または h_s
で表す。

（2）飽和湿り空気

　湿り空気でこれ以上水蒸気を含めない状態のものを飽和湿り空気または

飽和空気という。水蒸気と液体の水が共存する
0〜100℃，また固体の氷と共存する0℃以下
では，温度によって空気中に含有する水蒸気
量（水蒸気圧）に最大限度があり，温度が高い
ほど含有量も多くなり，これを飽和水蒸気量

空気中の水分が結露

図1・26　飽和水蒸気の結露

（飽和水蒸気圧）という。飽和状態を超えた過剰の水分は水滴や氷粒とな
って空気中から凝縮析出し，湿り空気の露点温度より低い物体に接触すれ
ば結露となり，空気中では雲や霧となる。

　飽和湿り空気は，相対湿度は100％であり，その状態の温度を露点温度
といい，乾球温度と湿球温度は等しくなる。飽和湿り空気を加熱しても絶
対湿度は変わらないが，乾球温度は上がる。しかし，冷却すると絶対湿度
は下がり乾球温度も下がる（p.34 表1・5）。

◀ よく出題される

（3）　温度と湿度

（a）　乾球温度（DB）

Dry Bulb Temperature

　乾いた感熱部をもつ乾球温度計の示す空気の温度で，周囲から放射熱
を受けないようにして測る。通常，温度といっているのはこの乾球温度
のことである。

（b）　湿球温度（WB）

Wet Bulb Temperature

　湿ったガーゼで包んだ感熱部をもつ湿球温度計の示す空気温度で，ア
スマン通風乾湿計で測定した温度である。湿球からの水の蒸発潜熱と，
それによって温度が降下した湿球への周囲空気からの熱伝達が平衡する
温度である。

◀ よく出題される

　湿球に触れる風速が5m/s以上あれば十分に温度降下して安定し，
断熱飽和温度とみなしてよい示度が測定できる。湿球温度の等しい空気
のもつエンタルピーはほとんど等しい（蒸発前の水が0℃以上でもって
いたわずかな顕熱が加わるだけである）。

（c）　湿　度

　湿度とは空気中に含まれる水蒸気の質量または割合をいい，液体や固
体として含まれる雲や霧は除外する。この場合に，基準となる気体とし
て，水蒸気を含んだ湿り空気の単位体積・単位質量，水蒸気を全く含ま
ない乾き空気の単位質量などが使用され，容積基準と質量基準に分けら
れる。

　空気調和設備は空気を加熱・冷却・加湿・減湿するものであり，途中
で漏洩しない限り，空調機の入口と出口での乾き空気の質量は変わらな
いから，乾き空気の質量を基準として空気状態の変化を表し，kg（DA）
として表す。

① **絶対湿度**〔kg/kg（DA）〕　乾き空気1kg中に含まれている水 ◀ よく出題される
蒸気の質量 x〔kg〕をいう。湿り空気を加熱しても，絶対湿度は変 ◀ よく出題される
わらないが，加湿すれば絶対湿度は上がる（表1・5）。空気中に
含むことのできる水蒸気量は，温度が高くなるほど多くなる。

② **相対湿度 RH**　湿り空気の水蒸気分圧と，その温度における飽 Relative Humidity
和空気の水蒸気分圧との割合をいい，％で表す。これに対して湿り ◀ よく出題される
空気の絶対湿度と，その温度における飽和湿り空気の絶対湿度との
割合を飽和度といい，常温以下の温度では相対湿度と飽和度が，ほ
ぼ等しくなる。湿り空気を加熱すると相対湿度が下がり，加湿する
と相対湿度は上がる（表1・5）。

③ **露点温度 DP**　空気の温度が低いほど飽和水蒸気圧が小さいか Dew Point Temperature
ら，湿り空気を冷却すると含まれる水蒸気量（絶対湿度）が一定の
まま相対湿度がしだいに増加し，ある温度で相対湿度が100％とな
って飽和する。このときの温度が**露点温度**であり，さらに露点温度
以下に下がると，水蒸気の一部が凝縮液化して結露する。絶対湿度
が等しければ露点温度が等しい。また，露点温度は，その空気と同 ◀ よく出題される
じ絶対湿度をもつ飽和空気の温度である。

表1・5　湿り空気と飽和空気の状態変化

	加熱				冷却				加湿	
	乾球温度	露点温度	相対湿度	絶対湿度	乾球温度	露点温度	相対湿度	絶対湿度	相対湿度	絶対湿度
湿り空気	上がる	同じ	下がる	同じ	下がる	同じ	上がる	同じ	上がる	上がる
飽和湿り空気	上がる	同じ	下がる	同じ	下がる	下がる	同じ	下がる	同じ	上がる

(d)　**比エンタルピーh，全熱量**

常温付近で大気圧の湿り空気は理想気体と考えてよいので，前記のよ
うに，乾き空気と水蒸気の比エンタルピーの和であるから，混合気体で
ある湿り空気のもつ全熱量は，（乾き空気の顕熱）＋（水蒸気の潜熱と
顕熱）である。

比エンタルピーは0℃の乾き空気を原点0とし，1kgの乾き空気が t
〔℃〕まで温度変化する顕熱量，x〔kg〕の水の0℃における蒸発潜熱量，
x〔kg〕の蒸気が0℃から t〔℃〕まで温度変化する顕熱量の和である。

(e)　**熱水分比 u**

空気に熱と水分が加わって比エンタルピーが Δh，絶対湿度が Δx だ
け変化したとき，この比 $\Delta h / \Delta x$ を熱水分比 u といい，h と x の斜交座
標で書かれた湿り空気の $h-x$ 線図上で，空気の状態が変化する方向を
示すことができる。

（f）**顕熱比 SHF**　　　　　　　　　　　　　　　　　　Sensible Heat Factor

　空調計算上で顕熱負荷と潜熱負荷を求めて空気の状態変化方向を表したものであり，顕熱比 SHF により勾配が決まる。顕熱比 SHF は，顕熱の変化量と全熱の変化量との比をいう。

$$顕熱比\ SHF = \frac{顕熱量}{顕熱量+潜熱量} = \frac{顕熱量}{全熱量}$$

1・4・3　湿り空気線図

（1）　湿り空気線図の種類と構成

　湿り空気の状態は，乾き空気 1 kg 当たりに加えられた熱と水分によって変化し，大気圧一定の下では乾球温度・湿球温度・絶対湿度（露点温度，水蒸気圧），比エンタルピーなどのうちのどれか 2 つを知れば他の特性値を求めることができる。この関係を図にしたものが湿り空気線図（h －x 線図）である（図 1・27）。

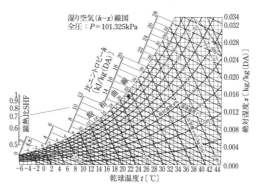

図 1・27　湿り空気線図（h －x 線図）

1・4・4　結　　露

（1）　表面結露

　壁の表面温度が室内空気の**露点温度**以下になると，壁の表面に水蒸気の凝縮を生じて水滴が発生する。したがって，室内側が高温高湿になる暖房時に壁，特に外壁の室内側表面温度が露点温度以下にならないように壁に断熱性をもたせなければならない。また，外壁に面した室の隅の部分は，他の部分より伝熱量が増すため，表面結露が生じやすく，暖房している室内では一般に，天井付近に比べて床付近のほうが結露を生じやすい。

　表面結露の防止には，次のような方法がある。

①　断熱材を用いて，壁体の熱通過率を小さくし，室内側の壁体表面温度を高くする。

②　冬期は室内空気の温度を高くして，室内空気の相対湿度を低くする。

③　冬期は室内空気の気流を確保して，室内側の熱伝達率を大きくし，壁体表面温度を高くする。

④　厨房など水蒸気の発生する部屋は，十分に換気を行い相対湿度を高くしない。

（2）　内 部 結 露

多層壁において，壁の内側表面部分の温度が，その表面に接している空気の露点温度以下（水蒸気分圧の飽和温度以下）になると，内部結露が起きる。そのために壁は湿り，熱伝導率 λ が大きくなって（熱抵抗が減少），表面温度を低下させ，結露がさらに促進される。

内部結露の防止には，次のような方法がある。

①　多層壁の構造体の内部における各点の水蒸気圧を，その点における飽和水蒸気圧より低くする。

②　外壁の室内側に断熱材を設ける場合，防湿層は断熱材の屋外側より室内側に設ける。

③　結露防止の断熱材は，グラスウールよりポリスチレンフォームがよい。

確認テスト〔正しいものには○，誤っているものには×をつけよ。〕

□□(1) 相対湿度とは，湿り空気中に含まれる乾き空気 1 kg に対する水蒸気の質量をいう。

□□(2) 絶対湿度は，湿り空気中の水蒸気の質量と湿り空気の質量の比である。

□□(3) 湿り空気を加熱しても，絶対湿度は変わらない。

□□(4) 湿り空気を加熱すると，乾球温度は上がる。

□□(5) 湿り空気を加湿すると，相対湿度は下がる。

□□(6) 湿り空気がその露点温度より低い物体に触れると，物体の表面に結露が生じる。

□□(7) 飽和湿り空気の乾球温度と湿球温度は等しい。

□□(8) 飽和湿り空気の相対湿度は 0 ％である。

□□(9) 飽和湿り空気の温度を上げると，絶対湿度が下がる。

□□(10) 湿球温度とは，加熱部を水で湿らせた布で包んだアスマン通風乾湿計などで測定した温度をいう。

確認テスト解答・解説

(1) ×：相対湿度とは，湿り空気の水蒸気分圧と，その温度における飽和水蒸気の分圧との比である。

(2) ×：絶対湿度とは，湿り空気中に含まれる乾き空気 1 kg に対する水蒸気の質量である。

(3) ○

(4) ○

(5) ×：湿り空気中の水蒸気の質量が増えて，相対湿度が上がる。

(6) ○

(7) ○

(8) ×：相対湿度は100％である。

(9) ×：空気の温度を上げても湿り空気中の水蒸気の質量に変化がないので，絶対湿度は変わらない。

(10) ○

第2章　電気設備

電気設備の出題傾向

　第2章からは毎年1問出題されて，1問が必須問題である。

2・1　概　説

2・2　配線・配管および接地工事

2・3　電動機および保護・進相用コンデンサ

　4年度前期は，電気設備に関する機器又は方式の特徴に関しての出題があった。4年度後期は，電気設備の記号とその名称の組合せについて出題された。

2・1　概　　　説

1. 電気設備の基礎および基本事項を覚える。

2・1・1　電気設備に適用すべき法規・規格等

　管工事施工管理技術として直接関連がある電力関係の法規は，電気事業法・電気用品安全法・電気工事士法の電力三法であり，関連法規として情報・防災，その他の法規がある。また，規格としては日本工業規格 JIS がある。

　電気事業法では，発電から送配電・変電を経て建物内の電力消費の機械器具に至る一連の施設を電気工作物という。また，「維持および運用を総括的に規制し，公共の安全を確保する」ことを目的としている。

　電気設備関係では，その安全確保のため「電気設備技術基準」（以下，「電技」という。），「電気設備技術基準の解釈」（以下，「電技解釈」という。）があり，各基準や施工方法を定めている。

　また，新技術の開発と社会情勢の変化に追従する民間電気技術規程として㈳日本電気協会の「内線規程」がある。

　一般用電気工作物における電気工事（露出型コンセントを取り換える作業などの軽微な工事は除く）の作業に従事する者は，電気工事士法に規定する資格が必要である。電線管に電線を収める作業，電線管とボックスを接続する作業や接地盤を地面に埋設する作業などは，資格が必要な作業である。

　船舶や車輌，航空機の中に設置されるものは，電気工作物ではない。

2・1・2　基礎および基本事項

（1）　電　　　圧

　電位差ともいう。電場または導体内の2点間の電気的な位置エネルギーの差のことである。たとえば，水は落差があるときは，高所から低所へ流れるが，電気も同様で，電流が電位の高いほうから低いほうへ流れる。そのときの電位差を電圧といい，実用単位はボルト〔V〕で表す。電気設備で使用する電圧は，表2・1に示すように，低圧・高圧・特別高圧に分けられ，受電・配電電圧として使用している。また，蓄電池に電気機器を接

続したとき，一定方向に継続した電流が流れる。これを直流といい，電力会社の発電機から一般の需要家に供給される電流は，交流である。現在，わが国の商用電源としての交流は50 Hz（ヘルツ），中部以西では60 Hz の異なった周波数の交流電力となっている。

表2・1　　　　　　　　　　　　（電技第2条）

	直　　　流	交　　　流
低　　圧	750 V 以下	600 V 以下
高　　圧	750 V を超え7,000 V 以下	600 V を超え7,000 V 以下
特別高圧	7,000 V を超える	7,000 V を超える

（2）　電　　流

　負荷に電源を供給すると電流が流れる。これは，電圧や負荷容量によって電流の流れる量が異なる。電流とは，電荷が連続して移動する現象で，物質中の自由電子が外部からの電場の働きを受けることによって生じる。電流の強さは，導線の断面を単位時間中に通過する電子の数である。実用単位はアンペア〔A〕で表す。

　機器や電線などには，安全と温度上昇を見込んだ容認できる最大の電流があり，これらは導体の大きさや絶縁などの安全を考慮して定めてあり，これを許容電流という。

（3）　電 気 方 式

　電気方式には，表2・2に示すような方式がある。

　電力会社より，一般的に契約電力で50 kW 未満は低圧，すなわち，単相2線100 V か，単相3線100/200 V か，三相3線200 V で供給し，50 kW 以上は高圧6.6 kV で供給し，2,000 kW 以上（地区により多少異なる。）は特別高圧20 kV か60 kV で供給される。

　単相2線式100 V は，100 V 負荷の末端では必ずこの方式で供給され，小規模需要もこの方式で供給される。また，街路灯（防犯灯）など単独契約の小規模のものも，すべてこの方式である。

　単相3線式100 V/200 V は，一般には単三といわれ，これ3本の配線で供給され，線間電圧は200 V であり，対地電圧は100 V である。

　一般動力用として，三相3線式200 V が供給される。

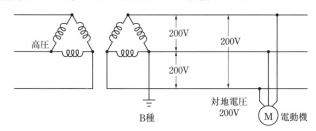

図2・1　三相3線式200 V の電気方式

表2・2　電気方式と用途

電 気 方 式	特 徴 お よ び 用 途
単相2線式　100 V	対地電圧　100 V，白熱灯・蛍光灯・家庭用電気機械器具の回路
単相2線式　200 V	対地電圧　100 V，単相電動機・大形電熱器・蛍光灯の回路
単相3線式　100/200 V	対地電圧　100 V，負荷の大きい住宅・商店・ビルなどの電力使用量の大きい幹線回路
三相3線式　200 V	対地電圧　200 V，0.2 kW 以上37 kW 以下の電動機・大形電熱器などの回路
三相4線式　240/415 V	対地電圧　240 V，特別高圧スポットネットワーク受電などの大形ビルの幹線回路
三相3線式　3.3 kV	3 kV 級高圧電動機の回路，一部地域の自家用施設への電力会社よりの高圧引込み線（現在は，ほとんど使用されていない）
三相3線式　6.6 kV	6 kV 級高圧電動機の回路，大部分の地域の自家用施設への電力会社よりの高圧引込み線
三相3線式　22 kV・66 kV	契約電力2,000 kW 以上の自家用施設への電力会社の特別高圧引込み線

　6 kV（あるいは6.6 kV）三相3線式は，上記のように，契約電力で50 kW 以上の需要家には，この電圧で供給され，各負荷の所要電圧（100 V あるいは200 V）に変圧するため，変電設備が必要である。

　400 V 級は三相4線415/240 V の配電方式で，動力（電動機など）は三相3線415 V，電灯（放電灯など）は単相240 V で供給する方式で，大規模の建物内の配電方式として使用されている。また，400 V 級は特別高圧の受電の場合の利点が多くあり，したがって，20 kV を400 V 級にするものが主体である。ただし，現在，電力会社よりの供給としては，400 V の電圧は使用されていない。

（4）　電力および電力量（W と VA）

　電力とは，電圧・電流（電気エネルギー）がなしうる機械的，熱的，化学的な仕事率をいい，単位時間内に電気装置に供給される電気エネルギー，あるいは単位時間内にほかの形のエネルギーに転換する電気エネルギーをいう。電圧〔V〕×電流〔A〕× $\cos\theta$（力率）＝電力〔W〕として表される。たとえば，白熱灯や電熱器は $\cos\theta$（力率）が1なので，**電圧〔V〕×電流〔A〕＝電力〔W〕**で，蛍光灯などは力率が0.65〜0.95（低力率0.65，高力率0.9以上）なので，電圧〔V〕×電流〔A〕×0.65〜0.95＝電力〔W〕である。電気設備の負荷は，特殊なものを除き W で表される。また，電圧〔V〕×電流〔A〕＝VA で表されるものに，変電機器類（変電機器類（変圧器・蓄電器，その他））および特殊機器・器具がある。

（例題）　単相2線式200 V回路に接続されている電熱器（消費電力4 kW）に流れる電流値と抵抗値を計算せよ。消費電力などはすべて実効値とする。

（解答）　電圧，電流，抵抗，消費電力をそれぞれ V, I, R, W とすると
$W = V \times I$ から

$$I = \frac{W}{V} = \frac{4,000〔\mathrm{W}〕}{200〔\mathrm{V}〕} = 20〔\mathrm{A}〕$$

また $V = I \times R$ から

$$R = \frac{V}{I} = \frac{200〔\mathrm{V}〕}{20〔\mathrm{A}〕} = 10〔\Omega〕$$

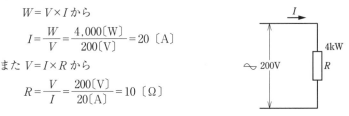

　また，力率（$\cos\theta$）について簡単に説明すると，交流では電圧も電流も一定の波形に従って変化するので，電圧と電流とのタイミングが合わないと，電圧があっても電流が0の場合もある。したがって，交流では，電流が進むとか，遅れるとかが起こると，実際に役に立つ電力と役に立たない電力，すなわち，無効電力が出てくる。一般にコイル関係機器（変圧器・電動機など）は，巻線の中に電磁的に蓄えられたエネルギーが電源に返還される。これは，電流が減少すると電源に戻るような形になるので，電圧と電流に位相のずれができる。

　直流では，電圧よりも電流が進むとか遅れるとかはなく，電力＝電圧×電流で表される。ただし，交流では電圧も電流も交流波であるから，瞬間にその大きさの値が違う。瞬間電力を P とすれば，$P = ei$〔W〕となる。実際に役に立つ電力は**実効値**といい，直流に匹敵するのは e の実効値，i の実効値で，e と i が同相のとき，その電圧の実効値の積になる。したがって，そのとき実際に役に立つ電力は $P_a = E \cdot I$〔W〕として表される。しかし，電圧と電流の間に相差角があると，実際に役に立つ電力は少ない値になってしまう。このように，実際に役に立つ電力の減少の割合を，**力率**（power factor）という言葉で表される（入力に対しての出力の割合からみて）。

2・2　配線・配管および接地工事

学習のポイント

1. 電気配線工事方法の種類，特に金属管および合成樹脂工事の施設基準について理解する。
2. D種接地工事，および省略することができる場合について理解する。

2・2・1　配線・配管（電線路）

　電気設備の低圧屋内配線は，電技解釈に施工方法，資材その他規制について定められている。その他 JIS による電線の規格，内線規程など詳細が述べられ，規程されている。

　低圧屋内配線（以下低圧配線という）について，そのポイントを表2・3に示す。

表2・3　低圧屋内配線の施設場所による工事の種類

施設場所の区分		使用電圧の区分	がいし引き工事	合成樹脂管工事	金属管工事	*1 金属可とう電線管工事	金属線ぴ工事	金属ダクト工事	バスダクト工事	*2 ケーブル工事	フロアダクト工事
展開した場所	乾燥した場所	300 V 以下	○	○	○	○	○	○	○	○	
		300 V 超過	○	○	○	○		○	○	○	
	湿気の多い場所または水気のある場所	300 V 以下	○	○	○	○				○	
		300 V 超過	○	○	○	○				○	
点検できる隠蔽場所	乾燥した場所	300 V 以下	○	○	○	○	○	○	○	○	
		300 V 超過	○	○	○	○		○	○	○	
	湿気の多い場所または水気のある場所	—		○	○	○				○	
点検できない隠蔽場所	乾燥した場所	300 V 以下		○	○	○				○	○
		300 V 超過		○	○	○				○	
	湿気の多い場所または水気のある場所	—		○	○	○				○	

展開した場所：室内，機械室など露出した場所

点検できる隠蔽場所：点検口のある天井内やシャフト内

点検できない隠蔽場所：床下や天井内で点検できない場所

（備考）○は，使用できることを示す。
　　　＊1　電線管は2種の場合を示す。
　　　＊2　電線の種類がケーブルと3種・4種キャップタイヤケーブルの場合を示す。
　　　（電技解釈156条の抜粋）

　表2・3による工事方法の種類が電気設備におけるすべてであって、これ以外の工事方法では施工できない（特認申請により許可を受ければ、特殊な方法の工事でもできることもある）。また、おもに電動機負荷関係の配線は、ケーブル工事と電線管工事が多い。

（1）　金属管配管工事の特徴・利点

①　電線が機械的に完全に保護される。

②　ショート（短絡）による火災の起こる心配が少ない。

③　完全なる接地工事が行われていれば、リークが生じた場合でも感電する心配が少ない。

④　工事を耐水的にできる。

⑤　建築の工事が施工されている間には配管だけを行い、配管工事ができ上がってから適当なとき電線をそう入すればよいので、電線の被覆の損傷がない。

⑥　後日、電線の引き換えにも容易に入れ換えることができる。

（2）　金属管配管工事の注意点

　金属管工事の注意点は、次のような事項があげられる。

①　交流回路の往復線は同一金属管内に収めること。同一の管内に収めると電磁的平衡を保つので安全である。三相3線、単相2線などを1本ずつとか別の管内に入れてはならない。

②　電気方式の異なる回路を同一金属管内に収めないこと（同一変圧器の場合はよい）。

③　同一金属管内に収める電線は10本以内にすること。10本以上入れると電線自体の温度上昇が大きくなる。

④　<u>金属管内に接続点を設けてはならない。</u>

⑤　金属管の屈曲をできるだけ少なく、かつ、できるだけ緩やかにすること。

　①について、交流回路の往復線を別の管内に入れると、交流による磁束が金属管で強められ、また電流の増減による磁束もあり、その磁束が管を切り、管に電圧が起きて電線管に電流が流れる。その結果、管内の電線が過熱し、電線の許容電流が低下、電力の損失も大きくなり、電圧降下も増大する。同一管内に入れば各電線の電流によって生じる磁束は互いに打ち消し合うので、配管には電圧は起こらない。

　③について、10本以上入れると電線による温度上昇が大きくなり、電線の許容電流が低下、電力の損失も大きくなり、電圧降下も増大する。また後日引換えにも困難である。

（3）　合成樹脂管工事

　　合成樹脂管は，軽量で加工が容易であり，施工性に優れている。工期の短縮や経済的にも安価であり，多く使用されている。

　　合成樹脂管の種類は，管の種別によって次のような電線管がある。

①　合成樹脂製可とう管（PF 管）

②　CD 管

③　硬質塩化ビニル電線管（VE 管）

　　PF 管はポリエチレン，ポリプロピレン等を主材とした内管に，耐燃性材料の外管を重ねて耐燃性（**自己消火性**）をもたせた複層管，耐燃性材料で作った単層管のものがあり，ともに**可とう性**がある。

　　CD 管はポリエチレン，ポリプロピレン等で作られており，**オレンジ色**に着色してあり，自己消火性はなく可とう性がある。

　　硬質塩化ビニル電線管は，可とう性がなく衝撃性のものもある。

　　合成樹脂管工事の特徴は，次のとおりである。

①　軽量であり，耐食性・絶縁性に優れている。

②　特に，PF 管および CD 管は，軽量・長尺で運搬が容易であり，可とう性に富み，加工はナイフだけで対応できるので，作業が容易である。

③　非磁性体であり，電磁的平衡の配慮が不要である。

④　非導電体であり，接地線を施す必要がないが，接地線としては利用できない。

⑤　金属管工事に比較して経済的である。

⑥　機械的強度が劣るために，工事中多くの養生・点検を必要とする。

⑦　寒暖による膨脹係数が大きく，管の硬さが変わる。

⑧　金属管に比較して熱的強度（不燃・準不燃など）がないので，使用上の制限がある。

⑨　CD 管は，天井内などを直接ころがして施設してはなならず，コンクリートに埋設して施設する。

⑩　合成樹脂管内と金属管内に収める電線は，IV 電流（600V ビニル絶縁電線）または，EM-IE 電線（600V 耐熱性ポリエチレン絶縁電線）であること。

> JIS C 8411合成樹脂製可とう電線管では，PF 管と CD 管のどちらも合成樹脂製可とう管と規定している。

2・2・2　接地工事

　　電線および配線を保護する金属部，機械器具の金属製外箱は，電気回路の絶縁低下や劣化など高圧回路との接触による火災，もしくは**感電事故を防止するために接地を行う**（地格保護）。また，漏電遮断器（ELCB）の設置も感電事故防止のためである。漏電遮断器の設置が必要な回路は，飲料用冷水器回路，し尿浄化槽回路，屋外コンセント回路，湿気の多い地下室

などに設置した給水ポンプなどがある。

（1）　金　属　管

　低圧屋内配線は使用電圧より区分される。

　①　300 V 以下の金属管………D 種接地工事

　②　300 V を超える金属管……C 種接地工事

　したがって，使用電圧が400 V の低圧回路の金属管にはC 種接地工事，300 V 以下の低圧回路の金属管にはD 種接地工事を施すことが必要である。

（2）　機械器具の金属製外箱など　　　　　　　　　　　　　　　　電技解釈第29条

　機械器具の鉄台，金属製外箱および鉄枠などは，使用電圧によって，接地工事を施さなければならない。

　①　300 V 以下の低圧用の機械器具 ………D 種接地工事

　②　300 V を超える低圧用の機械器具 ……C 種接地工事

　③　高圧・特別高圧用の機械器具…………A 種接地工事

　したがって，三相200 V の電動機の鉄台には，少なくともD 種接地工事を施す必要がある。

（3）　接地工事の省略　　　　　　　　　　　　　　　　　　　　　電技解釈第29条

　電動機の鉄台，手元開閉器や制御盤の金属製外箱，コンデンサのケース，金属管などの接地については，接地工事の省略の特例がある。

　①　低圧用の機械器具で，その電路に電気用品安全法の適用を受ける　　電技解釈第36条

　　　漏電遮断器を施設する場合（冷水器などがこれに該当）

　②　使用電圧が直流300 V 以下または交流対地電圧150 V 以下の回路で

　　　使用するものを乾燥した場所に施設する場合

　③　低圧用の機械器具を乾燥した木製の床・畳・合成樹脂製タイル・石

　　　・リノリウムなどの絶縁性のものの上で取り扱うように施設する場合

　④　機械器具を人が触れるおそれがないように，木製の架台などの絶縁

　　　性のあるものの上に施設する場合

　⑤　鉄台または外箱の周囲に作業者のために適当な絶縁台を設ける場合

　⑥　電気ドリルなど電気用品取締法の適用を受ける二重絶縁構造の機械

　　　器具を施設する場合

　⑦　低圧用の機械器具で，その電路の電源側に絶縁変圧器（2 次電圧

　　　300 V 以下，定格容量3 kVA 以下に限る。）を施設し，非接地式電路

　　　とする場合

（4）　測　定　器

　各種の測定器を次に示す。

　①　接地抵抗値は，アーステスタを用いて測定する。

　②　絶縁抵抗値は，絶縁抵抗計（メガー）を用いて測定する。

電気設備

2·3 電動機および保護・進相用コンデンサ

1. 誘導電動機の特性と文字記号について覚える。
2. 電動機の保護装置と文字記号について覚える。
3. 電動機の起動方式の特徴を覚える。
4. 回路の力率改善と進相用コンデンサについて理解する。

2·3·1　動力設備

（1）　電動機の種類

　電動機は電源の種類により，図2·2のように，交流を電源とする交流電動機と直流を電源とする直流電動機に大別される。

　ビル用の動力源としては，一部の高速エレベータなどに使用されている直流電動機を除き，種類が多く，構造が簡単で，価格が安く，保守管理が容易な三相誘導電動機が最も多く使用されている。

　三相誘導電動機のうち，かご形電動機は小容量の送風機やポンプに広く用いられている。

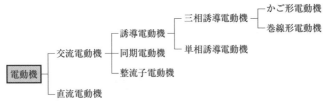

図2·2　電動機の種類

（2）　電動機の特性

（a）　極数と同期速度

　固定子にできる磁界は，いくつかの磁石を組み合わせたようなもので，その磁石に相当した極を電動機の極数という。

　極数は，2〜10極（標準）までが採用されている。

　同期速度とは，回転磁界の回転する速度をいう。

　同期速度　$N_s = \dfrac{2 \times 60 \times 周波数}{極数（\text{pole}）}$ 〔回転/分，rpm〕

実際に回転する速度は，同期速度よりいくぶん低く，その程度を滑り（スリップ：slip）といい，同期速度と回転子速度との差の同期速度に対する比で表す。

$$滑り \quad S = \frac{n_s - n}{n_s} \times 100 \quad [\%]$$

$$n_s：同期速度 \qquad n：回転子速度$$

滑りSは無負荷の場合は0に近く，したがって，無負荷の回転数はほぼ同期速度に等しい。定格電圧，定格周波数のもとでは，負荷がかかると，回転速度は滑りのため同期速度より遅くなる。

(b) 誘導電動機の回転速度

誘導電動機の回転子は，固定子巻線に三相交流が流れて励磁された回転磁界を切って回転力を生ずる。外部に機械力を取り出すために，回転磁界の回転数（同期速度）よりも少し遅れた速度で回転する。回転子の回転速度と同期速度の差が同期速度に対する比を滑りという。回転数N，同期速度N_o，滑りSとすると，

$$S = \frac{N_o - N}{N_o} \qquad N = N_o(1 - S)$$

$$同期速度 \quad N_o = \frac{120f}{p} \quad [rpm] \qquad p：極数 \qquad f：電源周波数$$

誘導電動機の回転数は，電動機の極数に反比例し，電源の周波数に比例する。したがって，極数を4極から2極にすると，同期速度と回転数が2倍になる。

(c) 電動機の絶縁種別

電気機器の絶縁の種別は，許容温度上昇限度よりY種からC種まで，表2・4のように，7種類に区別されるが，一般に低圧電動機はE種（120℃），高圧電動機はB種（130℃）が用いられる。

表2・4 電動機の絶縁種別

絶縁種別	許容温度上昇限度〔℃〕
Y 種	90℃
A 種	105℃
E 種	120℃
B 種	130℃
F 種	155℃
H 種	180℃
C 種	180℃ 超過

(d) 回転方向

三相誘導電動機については，電動機への電源(三相, R, S, T)接続を二相変えると，磁界が変わり，回転方向が変わる。

(e) 誘導電動機の特性

汎用誘導電動機は，その電気的特性がJISにより規定されている。

電気設備

電気的特性は，電源電圧や周波数の変動によって影響を受ける。電源電圧±10％，電源周波数±5％が実用範囲である。また，<u>電源の電圧が低下すると始動トルクが減少</u>して，負荷が大きいと始動不能などになる。

（3）　電動機の保護

幹線から分岐して電動機に至る分岐回路には，原則として1台の電動機以外の負荷を接続させない。ただし，定格電流の限度および過負荷保護装置などの施設のある場合は，2個以上の電動機などを1つの分岐回路に施設することもできる。

（4）　保　護　装　置

電動機を保護するため，保護装置が使用される。

(a)　ヒューズ

<u>ヒューズ（F）</u>には，つめ付ヒューズ・筒形ヒューズ・栓形ヒューズなどがある。

また，A種，B種に分かれていて，動力回路保護を目的とする場合は，B種ヒューズを使用しなければならない。

(b)　電磁開閉器

<u>電磁接触器と過負荷継電器（サーマルリレー）の組合せで，電動機の過負荷保護</u>を行う。

(c)　配線用遮断器

配線用遮断器は，ヒューズのように，過電流によって溶断したとき取り換えるという手間をかけずに，再投入できる利便性がある。

<u>配線用遮断器は，過電流負荷に対してはバイメタル要素で，短絡保護のための短絡電流に対しては電磁力で動作する</u>ものが多いが，半導体による電子式制御回路を内蔵し，限流遮断特性をもたせたものもある。

（5）　低圧三相誘導電動機の分岐回路の例

図2・3の記号の名称と意味を次に示す。

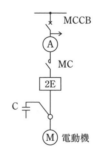

図2・3　低圧三相誘導電動機の分岐回路

<u>MCCB</u>：配線用遮断器，回路保護を目的としたもので，幹線または分岐回路の電路保護に使用

A：電流計：回路に流れる電流の大きさを測る計器

MC：電磁接触器，電磁石の吸引力により接点を開閉するもので，電動機の過負荷保護に使用

2E：過負荷・欠相保護継電器，電動機の過負荷または欠相を生じたとき，主回路を解放する保護継電器。2Eの他に，3Eリレー（保護継

電器）があり，回路の逆相（反相）を保護できる。

C：低圧進相コンデンサ，電圧に対して電流が遅れる位相差による力率の
　　低下を防止するための力率改善に使用（高圧進相コンデンサは
　　SC）

M：電動機

　なお，この他に用語名称と記号の組み合せとして，漏電遮断機（ELCB）
がある。

2・3・2　誘導電動機の起動方式とその特徴

　電動機は起動の際，非常に大きな始動電流を必要とするので，種々の起
動器を使って始動電流を少なくする。

（1）　全電圧始動方式（直入れ始動方式）

　全電圧を直接電動機にかけ，起動させる方法である。

① 始動電流は，全負荷電流（または定格電流）の5～7倍の電流が流
　れる。

② 小容量のかご形誘導電動機に多い。普通かご形5.5 kW（3.7 kW）
　以下，特殊かご形11kW 以下。

③ 始動電流が大きいため，配線系統の電圧降下が大きい（電源設備が
　小さい場合など）。

④ 最近は製作，その他の技術が進歩したので，相当大容量のものまで
　直入起動が採用されるようになった（消火ポンプなどは多少容量が大
　きくても，直入起動が多い）。

（2）　減電圧起動（かご形誘導電動機）

　かご形誘導電動機の減電圧起動方式として，起動器を使用する。スター
デルタ始動は，始動時の電流を抑制できる。

（3）　進相用コンデンサの設置

　誘導電動機は誘導負荷なので，力率が悪く，力率改善用の進相用コンデ
ンサを設置する必要がある。

　進相用コンデンサの設置方法には，一括して変電設備に高圧コンデンサ
を設ける場合と，電動機ごとに低圧コンデンサを取り付ける場合とがあり，
低圧需要家では後者の場合が原則となっている。

　また，既設の交流電気回路に，新たに進相コンデンサを設ける場合の
力率改善の効果としては，電線路および変圧器内の電力損失の軽減，電圧　◀ よく出題される
降下の改善，電力供給設備余力の増加による基本料金の割引などがある。

　進相用コンデンサは，欠相保護のためではない。

この場合，注意することは次のとおりである。

① コンデンサは，手元開閉器よりも負荷側に取り付けること。絶対に電源側に取り付けてはならない。

② 本線から分岐し，コンデンサに至る電路には，開閉器などを装置しないこと。

2・3・3 制御と監視

電動機の速度を一定に保ったり，または，回転速度を回転計発電機などで検出し，これをフィードバックして電源電圧を制御し，自動的に電動機の回転速度を一定にしたり，2台以上の電動機の速度を揃えたりする働きを，**自動制御**という。また，エレベータやビル内の設備動力をプログラム制御や追従制御で行うものも自動制御といっている。

また，水槽の水位を検出して，ポンプの発停や満減水警報を行う液面制御もある。図2・4は高置タンクの液面制御の例である。

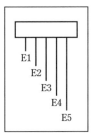

E1：満水警報用電極棒

E2：揚水ポンプ停止用電極棒

E3：揚水ポンプ始動用電極棒

E4：減水警報用電極棒

E5：中立線用電極棒

図2・4　高置タンクの液面制御の例

確認テスト〔正しいものには○，誤っているものには×をつけよ。〕 （1〜3節の問題）

□□⑴ 建築設備に使用される電動機の電源は，単相2線式200Vが多い。

□□⑵ 漏電遮断器は，感電防止対策のために設置する。

□□⑶ アーステスタは，接地抵抗を測定する計器である。

□□⑷ 三相誘導電動機において，小容量の送風機やポンプには，普通かご形電動機が広く用いられる。

□□⑸ 三相電動機で，電源3本の結線のうち2本を入れ替えても電動機の回転方向は変わらない。

□□⑹ 三相誘導電動機の電源電圧を降下させると，電動機の始動トルクは減少する。

□□⑺ 配線用遮断器は，短絡保護が主な目的であり，過負荷による過電流を遮断する。

□□⑻ 三相誘導電動機を定格電圧で始動させたときの始動電流は，全負荷時の定格電流と同じである。

□□⑼ 感電事故の予防は，交流電気回路に設けた進相コンデンサによる力率改善の効果と関係がある。

□□⑽ 進相コンデンサは，欠相保護のため設置する。

確認テスト解答・解説

⑴ ×：電動機の電源は，三相3線式200Vが多い。

⑵ ○

⑶ ○

⑷ ○

⑸ ×：電源3本の結線のうち2本を入れ替えると，電動機の回転方向が変わる。

⑹ ○

⑺ ○

⑻ ×：電動機を定格電圧で始動させたときの始動電流は，全負荷電流（定格電流）の5〜7倍になる。

⑼ ×：感電事故を予防するためには，漏電遮断器を用いる。進相コンデンサは，力率改善の効果を目的として回路内に設置する。

⑽ ×：欠相保護には，過負荷欠相運転防止継電器を用いる。進相コンデンサは，力率改善の効果を目的として回路内に設置する。

第3章 建築工事

建築工事の出題傾向

　第3章からは毎年1問出題されて，1問が必須問題である。

3・1　建築工事

　4年度前期は，コンクリート打設後の初期養生について出題された。

　4年度後期は，鉄筋コンクリートの特性について出題された。

3・1　建 築 工 事

> 学習のポイント

> 鉄筋とコンクリートのそれぞれの役割と特徴を覚える。

3・1・1　鉄筋コンクリート工事

（1）　鉄筋コンクリート造

　鉄筋コンクリート構造は，一般に，柱や梁を剛接合するラーメン構造が多く剛性が高い。ラーメン構造とは，柱・梁の各節点が剛に接合されて一体となっている骨組みをいう。<u>コンクリートは引張強度が小さいので，鉄筋は主に引張力を，コンクリートは圧縮力を負担</u>している。 ◀ よく出題される

（2）　型 枠 工 事

(a)　用　語

型枠とは，コンクリートを打設するための枠である。

(b)　型枠の取りはずし

　コンクリートを打設したら，できるだけ早期に型枠を取りはずし，次に転用するように計画するのが最も経済的である。しかし，コンクリートの強度が十分出ないうちに型枠を解体すると，構造上の重大欠陥の原因となるため，建築基準法やJASSで，型枠の最少存置期間を規定している。

　① 存置期間中の平均気温が高ければ，型枠の解体を早めることができ，また，<u>平均気温が低いほど型枠の最小存置期間が長くなる。</u> ◀ よく出題される

　② 基礎・梁側・柱・壁の垂直面に使用する型枠は，最初に解体することができる。

　③ 梁下の支柱は，設計基準強度（4週強度：28日）が発現するまで，解体してはならない。

（3）　鉄 筋 工 事

(a)　用　語

① **主　筋**　　軸方向力または曲げモーメントを負担する鉄筋をいう。

② **帯筋（フープ筋）・あばら筋（スターラップ筋）**　　<u>柱主筋の外側に巻く鉄筋を帯筋，梁主筋の外側に巻く鉄筋をあばら筋</u>といい，いずれも<u>柱や梁のせん断力に対する補強筋</u>である。柱の場合，連続した鉄筋 ◀ よく出題される

で帯状に巻く鉄筋を，スパイラルフープ筋という。

③　**異形鉄筋**　節やリブがあり，コンクリートとの付着強度が丸鋼よりも大きく，一般的には末端にフックを設けなくてもよいため，通常は丸鋼よりも異形鉄筋が使用される。

④　**スペーサ**　型枠と鉄筋の間に入れて，間隔を確保するサイコロ状などの仮設材をいう。

(b)　**鉄筋の加工**

①　鉄筋の切断は，シャーカッタ（手動の鉄筋切断機）または鋸を用いて行うのを原則とする。やむを得ずガス切断による場合は，急激な加熱による材質の変化をできるだけ少なくするように注意する。

②　鉄筋の折曲げ加工は冷間加工とし，熱を加えない。

③　あまり急角度に曲げると，鉄筋に割れなどが生ずる危険がある。

④　丸鋼の末端にはコンクリートから抜け出さないようにフックを設けるが，異形鉄筋ではコンクリートとの付着がよいため，一般的にはフックを設けない。しかし，次のような場合には異形鉄筋でもフックを設ける必要がある。

　　　・柱および梁（基礎梁を除く。）の出隅部の主筋

　　　・煙突の鉄筋

(c)　**鉄筋の継手**

①　鉄筋は引張り材であるが，コンクリートとの付着があるため単に重ね合わせただけでも，鉄筋を接合したのと同様の効果がある。

②　継手の位置は，引張り応力が最も小さくなるような部分を選定するとともに，できるだけ部材の一部に集中しないようにする。

(d)　**鉄筋に対するコンクリートのかぶり厚さの確保**（図3・1）

鉄筋のコンクリートに対するかぶり厚さは建築基準法に定められ，鉄筋のかぶり厚さは，土に接する基礎や外壁などの部分および高熱を受ける部分を，その他の柱，梁などの部分に比べて大きくしなければならない。かぶり厚さはスペーサで確保し，その必要な理由には，次のようなものがある。

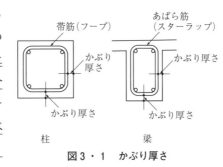

図3・1　かぶり厚さ

◀ よく出題される

一般に，かぶり厚さが大きくなると，鉄筋コンクリート（建築物）の耐久性が高くなる。

◀ よく出題される

①　**耐火性能**　鉄筋は火災にあうと280℃程度で軟化して，強度が

急激に低下する。一方，コンクリートは500℃で強度が約2/3程度となるので，かぶり厚さを確保することにより，鉄筋を火災から守る役割がある。

②　**鉄筋の錆の問題**　コンクリートは，アルカリ性であるため内部の鉄筋が錆びることはないが，コンクリートが中性化するに従って，錆が発生しやすくなる。いったん鉄筋に錆が発生すると，体積が膨張してコンクリートにひび割れを生じさせ，空気や水分が侵入してますます鉄筋の腐食を増大させる。

③　**コンクリートと鉄筋の付着強度の問題**　鉄筋とコンクリートは，一体となってその特性を現している。鉄筋とコンクリートとが別々に作用すると，鉄筋コンクリートとしての特徴がなくなってしまう。

④　**施工上の問題**　コンクリート中の骨材が，鉄筋と型枠との間に引っ掛かってジャンカを発生させないようにするためにも，かぶり厚さが必要である。ジャンカは，コールドジョイントとともに鉄筋の腐食の原因になりやすい。

（4）　**コンクリート**

（a）　**コンクリートの材料**

コンクリートとは，骨材（砂・砂利）にセメントペースト（セメントを水で溶いた糊）を接着材として固めたものである。

①　**セメント**　主としてポルトランドセメントが使用される。

セメントは風化すると，著しく強度が低下する。セメントの風化とは，使用前のセメントが空気中の湿気を吸収してしだいに粒状化し，さらに塊状となる現象をいう。

高炉セメントB種は，普通ポルトランドセメントに比べ強度低下の発現が遅い。

②　**骨　材**　粒径5mm以上のものを粗骨材（砂利），5mm以下のものを細骨材（砂）という。

一般に，比重は2.6〜2.7であり，比重が小さい骨材ほど，強度は小さく，かつ，吸収率が大きくなる傾向があるため，強度・耐久性の点で好ましくない。

③　**水**　水は清浄であって，有害量の油分・酸・アルカリ・塩類・有機物などを含まないものであること。

④　**混和材料**　AE剤：コンクリート中に混和すると微細気泡を発生し，ワーカビリティをよくする材料である。

（b）　**硬化前のコンクリートの性質**

①　**水セメント比**　水セメント比とは，打込み直後のコンクリート

コールドジョイント：コンクリート打設中に，先に打ち込まれたコンクリートが固まり，後から打ち込んだコンクリートと一体化しないでできた継目のことで，漏水や鉄筋の腐食の原因になりやすい。

JIS A 0203 コンクリート用語では，5mm網ふるいに質量で85％以上とどまる骨材を粗骨材，10mm網ふるいを全部通り，5mm網ふるいを質量で85％以上通る骨材を細骨材という。

に含まれるセメントペースト中のセメントに対する水の質量比であり，水の質量をセメントの質量で割った百分率で表す。ゆえにコンクリートの強度は水セメント比によって決定され，<u>水セメント比が大きくなると，コンクリートの圧縮強度は小さくなり，</u>中性化の速度が速くなる。

▶ よく出題される

② **ワーカビリティ**　均質なコンクリートを打設するためには，施工中に材料が分離することなく，軟らかさをもっていることが必要である。この施工のしやすさを，**ワーカビリティ**という。

　ただし，フレッシュコンクリートの製造時の定められた水量以上に水を加えると，打設時のコンクリートの軟らかさを表す**スランプ**は大きくなるが，水セメント比が大きくなり，コンクリートの強度が低下するので絶対に行ってはならない。

③ **コンシステンシー**　コンクリートの軟度をコンシステンシーといい，ワーカビリティに最も影響を与える。

④ **スランプ試験**　コンシステンシーは，図3・2に示すスランプ試験で測定する。スランプ試験とは，水平に設置した厚鉄板の上に図3・3に示すスランプコーンを置き，これにコンクリートをコーンの高さの約1/3ずつまで3回に分けて入れ，各回ごとに突き棒で10回（硬練りでは25回）突く。最終回が突き終わったら頂部を平らに均し，直ちにスランプコーンを静かに鉛直に引き上げ，コンクリートの中央部の下がりを測定してスランプとする（図3・2）。

<u>スランプ値が大きいほどワーカビリティのよいコンクリートである。</u>ただし，スランプ値を大きくすれば付着強度が低下し，乾燥収縮によるひび割れが増加する。

▶ よく出題される

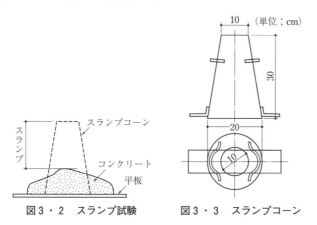

図3・2　スランプ試験　　図3・3　スランプコーン

⑤ **ブリージング**　コンクリートは打込み後，比較的軽い水あるいは微細な物質などが上昇し，比較的重い骨材やセメントは沈下する。

この水の上昇する現象をブリージングといい，ブリージングに伴ってコンクリート表面は沈下する。

⑥　**レイタンス**　　ブリージングによって浮上した微細物質などは，その後コンクリートの表面に薄い層をつくって沈積する。これをレイタンスという。この物質は，強度も付着力もきわめて小さいため，必ず除去しなければならない。

(c)　**硬化したコンクリートの性質**

①　**質　量**　　コンクリートの単位容積質量は，使用骨材によって決まる。普通コンクリートは $2.3\,t/m^3$ で，鉄筋コンクリートは $2.4\,t/m^3$ である。

②　**強　度**　　コンクリートは，引張り・曲げ・せん断強度に比べて圧縮強度が約10倍大きいため，構造上はもっぱら圧縮強度が利用される。

また，コンクリートの強度はセメントペーストの強度に支配され，セメントペーストの強度はその濃度すなわち水セメント比で決まる。

③　**線膨張係数**　　コンクリートの線膨張係数は使用骨材によって異なるが，普通コンクリートでは $1\,℃$ につき $7\sim13\times10^{-6}$ であり，鉄筋とほぼ同じである。　　◀ よく出題される

④　**耐火性**　　コンクリート造は鉄骨造より耐火性があるが，長時間高温にさらされると強度・弾性が低下する。

普通コンクリートでは，$300\sim350℃$ 以上に加熱されると強度は著しく低下し，$500℃$ では常温強度の約60％以下に低下する。弾性係数の低下はそれ以上で，$500℃$ では常温の10〜20％となる。このため，一般のコンクリートでは $500℃$ 以上に加熱されたものを，構造材として再使用することはきわめて危険である。

⑤　**中性化**　　初期のコンクリートは pH12 強の強アルカリ性であるため，鉄筋に対して防錆の効果がある。しかし，日時の経過とともに空気中の二酸化炭素および湿分の作用を受け，表面から徐々にアルカリ性をなくして，中性化する。中性化が進むと鉄筋に対する防錆効果がなくなり，鉄筋が腐食して鉄筋コンクリートとしての用をなさなくなる。　　◀ よく出題される

(d)　**コンクリートの打設**

①　コンクリートの打設前に，型枠内の清掃を行う。

②　型枠が乾燥している場合には，散水して型枠を湿潤状態にする。ただし，寒冷期で水が凍るおそれのある場合には，散水してはならない。

③ 打設時にコンクリート内の骨材が分離しないようにする。

　ア　低い位置からコンクリートを落とす。

　イ　全体が均一な高さとなるように水平に打ち込み，十分突き固めてから次のコンクリートを打設する。

　ウ　打ち込む位置の近くにコンクリートを流す。1箇所に多量に打ち込んで，バイブレータ等を用いて横流ししない。

④ コンクリート打設中に，先に打ち込まれたコンクリートが固まり，後から打ち込んだコンクリートと一体化しないでできた継ぎ目をコールドジョイントといい，コンクリート打設時に，締め固め不足やセメントと骨材の分離などで内部に空隙ができることをジャンカという。どちらも，鉄筋の腐食の原因になりやすい。

◀ よく出題される

(e)　養　生

① 十分に湿気を与えて養生した場合のコンクリートの強度は，材齢とともに増進する性状がある。

② 冬期の打込み後のコンクリートは，凍結を防ぐために保温養生を行い，打込み後少なくとも5日間以上は，コンクリートの温度を2℃以上に保つ。

③ 夏期の打込み後のコンクリートは，急激な乾燥を防ぐために湿潤養生を行う。タンピングを十分に行い，コンクリート面からの水分の急激な蒸発を避けるために，散水養生やシート養生を行う。

◀ よく出題される

タンピング：コンクリート打込み直後に，タンパ（平らな板状の器具）でコンクリート表面を締め固めること。

④ 硬化中のコンクリートに振動を加えると，亀裂等が入り，所定の強度が出現しない。硬化中のコンクリートは，振動等を与えないように注意する。

◀ よく出題される

（5）　建物各部の留意事項

① 構造体に作用する荷重及び外力は，固定荷重，積載荷重，風圧力及び地震力とする。また，実況に応じて，土圧，水圧などの外力もある。

② バルコニーなど片持ち床版は，設計荷重を割増すなどにより，版厚及び配筋に余裕を持たせる。

③ 柱には，原則として，配管等の埋設を行わない。

④ 梁貫通孔は，せん断力の大きい部位を避けて設け，必要な補強を行う。

3・1・2　梁　貫　通

（1）　梁の貫通孔のサイズと間隔・位置

　　図3・4に，梁の貫通孔の位置と大きさを示す。

① 梁の貫通孔の径が，梁せいの1/10以下の場合は原則として補強を必

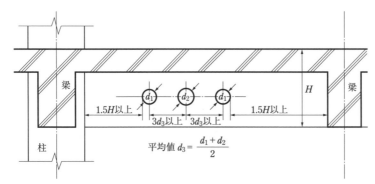

図3・4 梁の貫通孔の位置と大きさ

要としない。また，孔径が150 mm 以上の場合は，補強が必要である。

② 貫通孔が円でない場合は，外接円に置き換える。

③ 補強筋は原則として，主筋の内側に設ける。

④ 貫通孔の大きさは，原則として梁せい H の1/3以下とする。

⑤ 梁せいに対する上下方向の位置は，梁せいの中心付近の位置とする。

⑥ 貫通孔が2つ以上並ぶときは，隣り合う孔の間隔は，両者の孔径の合計の1/2を平均値とし，その数値の3倍以上離す。

⑦ 梁および柱の仕口は構造的に応力がかかる部位であるため，柱または大梁の面から梁せいの1.5倍以上離す。

3・1・3 反力と曲げモーメント

（1） 反 力

構造物に作用する力（自重・積載荷重・風圧力・積雪荷重・地震力など）を総称して，**荷重**という。図3・5(a)のような梁に荷重 P_1, P_2 が加わる場合，これらの荷重に抵抗するためには，梁をささえる支点A，Bには，荷重と大きさが等しく反対方向の抵抗力が働く。この抵抗力を反力といい，水平方向に働く反力 H，垂直方向に働く反力 R と曲げようとする力に対する反力 M の3つがある。

（2） 支 点

支点には，ピン（回転端），ローラー（移動端）および固定の3つがある。

① ピン支点 支点が動かずに自由に回転できる。反力は水平方向と垂直方向の2つがある（図3・5(a)①，(b)①）。

② ローラー支点 ピン支点の上部をレールに乗せたようなもので，水平方向には，自由に動く。したがって，反力は，垂力方向だけである（図3・5(a)②および図(b)②）。

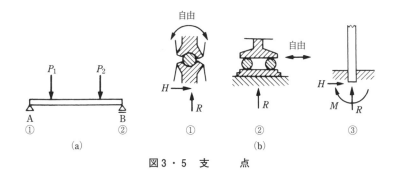

図3・5　支　　点

③　固　定　移動も回転も起こさないような支点を固定という。支点での反力は，水平方向，垂力方向および回転の3つである（図3・5(b)③）。

（3）　曲げモーメント

外力を受けて部材が曲げられるとき，回転しようとする力が働く。この曲げようとする力を曲げモーメントといい，適当な尺度で図示したものを曲げモーメント図という。曲げられたとき，中立面を境として一方が引張り側となり，他方が圧縮側となる。曲げモーメント図は引張り側となるほうに図をかくようにする。

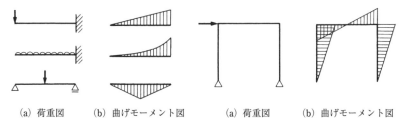

(a)　荷重図　　(b)　曲げモーメント図　　(a)　荷重図　　(b)　曲げモーメント図

図3・6　荷重図と曲げモーメント図の例

確認テスト〔正しいものには○，誤っているものには×をつけよ。〕

□□(1) 一般に，水セメント比が大きくなると，コンクリートの強度は大きくなる。

□□(2) コンクリートのスランプ値が大きくなると，ワーカビリティーが悪くなる。

□□(3) 鉄筋とコンクリートの線膨張係数は異なる。

□□(4) 鉄筋コンクリートは，おもに鉄筋が圧縮力を負担し，コンクリートが引張力を負担する。

□□(5) 常温では，コンクリートの圧縮強度と引張強度は，ほぼ等しい。

□□(6) あばら筋は，梁のせん断力に対する補強筋である。

□□(7) コンクリートは，空気中の酸素により表面から次第に中性化する。

□□(8) 型枠の最小存置期間は，平均気温が低くなると，長くなる。

□□(9) 夏期の打込み後のコンクリートは，急激な乾燥を防ぐために湿潤養生を行う。

□□(10) 鉄筋のかぶり厚さが大きくなると，一般的に，鉄筋コンクリートの耐久性が高くなる。

確認テスト解答・解説

(1) ×：水セメント比とは，コンクリート中の水（W）とセメント（C）の質量比であり，W/Cで表す。この数値が大きいほどコンクリートの強度は小さくなる。

(2) ×：セメント質量に対して水の質量が多くなるとスランプ値が大きくなり，コンクリートの流動性がよくなるのでワーカビリティーがよくなる。

(3) ×：常温では線膨張係数は両者ともほぼ等しい。

(4) ×：鋼材は引張り力にも圧縮力にも強いが，鉄筋は圧縮力には簡単に座屈してしまう。一方コンクリートは，圧縮力には強いが，引張り力は圧縮力の1/10程度と小さい。

(5) ×：コンクリートの引張強度は，圧縮強度の約1/10である。

(6) ○

(7) ×：コンクリートは強アルカリ性であり，空気中の二酸化炭素により中性化する。

(8) ○

(9) ○

(10) ○

第4章　空気調和設備

空気調和設備の出題傾向

第4章からは毎年8問が出題されて，第5章と合わせて9問を選択する。

4・1　空調負荷

4年度前期は，熱負荷について出題された。4年度後期は，熱負荷に関する基本事項が出題された。熱負荷は毎年出題されている。

4・2　空調装置容量と空気線図

4年度前期は湿り空気線図を利用した窓ガラスの表面結露温湿度条件について出題された。4年度後期は暖房時の湿り空気線図における状態変化について出題された。空気線図を利用する問題は，毎年のように出題されている。

4・3　空気調和方式

4年度前期は，定風量単一ダクト方式，吸収冷凍機の特徴，空気清浄装置の問題が各1問，計3問出題された。4年度後期は，各種空気調和方式の特徴，エアフィルタの種類と用途，パッケージ形空気調和機に関しての問題が各1問，計3問出題された。毎年複数問が出題される。

4・4　暖房設備

4年度前期は，コールドドラフトの防止に関する問題出題された。4年度後期は，放射冷暖房方式の特徴について出題された。

4・5　換気設備

4年度前期は，換気設備全般，第3種換気方式の給気口の寸法を求める計算問題に関してが各1問，計2問出題された。4年度後期は，換気方式の特徴全般に関して問題が計2問出題された。

4・6　排煙設備

4年度前期，後期ともに出題がなかった。25年度以降は，出題されていない。

4·1 空調負荷

学習のポイント

1. 室内環境基準の数値を覚える。
2. 冷房負荷の種類と顕熱・潜熱の別および暖房負荷について覚える。

4·1·1　設計条件

　事務所建築物の一般的な室内条件は，夏季は乾球温度（DB）で26℃前後，相対湿度50％前後，冬季はDBで22℃前後，相対湿度40％前後である。なお，建築基準法および建築物における衛生的環境の確保に関する法律（建築物衛生法）に示される中央管理方式の空気調和設備における室内環境基準は，1·1「環境」表1·2　室内空気環境管理基準（建築物衛生法）を参照のこと。

（1）　設計外気温湿度

　設計外気温湿度は，それぞれの地域の気象条件によって異なり，過去の気象統計から求めたTAC温度を用いる。冷房計算用の外気温度としてTAC温度を用いる場合，超過確率を小さくとるほど，設計外気温度は高くなる。また，暖房計算用の外気温度にTAC温度を用いる場合，超過確率（危険率）を小さくとるほど，設計外気温度は低くなる。設計外気湿度も温度と同様である。

TAC : Technical Advisory Committee

　TAC温度で超過確率2.5％というのは冷房計算用の場合，夏4か月（6月～9月）の全時間2,928時間のうちから2.5％，つまり73.2時間は設計条件として決めた外気温度より高くなることを意味する。

（2）　地中温度

　主として暖房負荷計算に必要な要素である。

　地階では地中からの熱取得はマイナスになる（建物から地中に放熱する。）ので，冷房負荷計算においては考慮しない。

4·1·2　冷房負荷

（1）　冷房負荷

　冷房負荷には，乾球温度の変化をもたらす顕熱負荷と，湿球温度または

絶対湿度を変化させる潜熱負荷がある。潜熱負荷は，冷房時に除湿により取り除かれる熱負荷である。

顕熱負荷 q_{SH}〔W〕と潜熱負荷 q_{LH}〔W〕の合計が全熱負荷であり，全熱負荷に対する顕熱負荷の比を顕熱比 SHF という。

$$顕熱比 \; SHF = \frac{q_{SH}}{q_{SH}+q_{LH}}$$

冷房負荷の種類を表4・1に示す。

そのうち〇印が付いている負荷だけが，送風量に関係するものである。

表4・1　冷房負荷の種類と送風機風量との関係

負荷の種類	s：顕熱 l：潜熱	送風量に関係
構 造 体 負 荷	s	〇
ガ ラ ス 面 負 荷	s	〇
人 体 負 荷	s	〇
	l	
照 明 負 荷	s	〇
Ｏ Ａ 機 器・室 内 器 具 負 荷	s	〇
	l	
す き 間 風 負 荷	s	〇
	l	
外 気 負 荷	s	
	l	
ダ ク ト 負 荷	s	〇
送 風 機 負 荷	s	

◀ よく出題される

（2）構造体負荷

外壁・天井・床などの構造体を通して侵入する顕熱負荷 q_s〔W〕は，構造体の面積，内外の温度差，熱通過率（熱貫流率）によって，次式のように計算される。

$$q_s = A \cdot K \cdot \varDelta t \; 〔W〕 \tag{4・1}$$

A：構造体を熱が通過する部分の面積〔m²〕，

$\varDelta t$：構造体の両側の温度差

K は熱通過率〔W/(m²・K)〕で構造体を形成する層の材料，厚み，外壁か内壁かなどによって決まってくる値で，図4・1の構成の場合，次式で計算される。

$$K = \cfrac{1}{\cfrac{1}{\alpha_i}+\cfrac{d_1}{\lambda_1}+\cdots+\cfrac{d_n}{\lambda_n}+\cfrac{d_a}{\lambda_a}+\cfrac{1}{\alpha_0}} \tag{4・2}$$

d：物質1，2，……，n それぞれの厚さ

λ_a：空気層の相当熱伝導率〔W/(m・K)〕

d_a：空気層の厚さ〔m〕

α_0：構造体外表面の熱伝達率〔W/(m²・K)〕

λ：物質1，2，……，n それぞれの熱伝導率〔W/(m・K)〕

α_i：構造体内表面の熱伝達率〔W/(m²・K)〕

$t_0, \; t_1$：それぞれの側の温度

式（4・1），式（4・2）からわかる

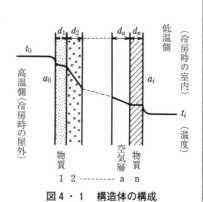

図4・1　構造体の構成

空調設備

ように，

  ① 　熱通過率 K が大きいほど熱をよく通す。

  ② 　構造体の材質が同じ場合は，厚さの薄いほうが熱通過率 K は大き
　　くなり，熱をよく通す。（断熱性能が悪い。） ◀ よく出題される

  ③ 　同じ構造体でも熱通過率 K の値は，夏より冬が大きい。

  ④ 　同じ構造体でも熱通過率 K の値は，内壁より外壁が大きい。

  （③と④：表面熱伝達率 α は，風速が速いと大きな値をとるためで，風速は外壁の夏3 m/s，冬6 m/s，内壁がほぼ無風に近い値のため。）

　熱の伝わり方を示す熱伝導率 λ は，材質によって異なる。たとえば，コンクリートと木材では熱の伝わりやすいコンクリートの熱伝導率 λ のほうが大きい。

　また，構造体の構成材料として断熱材や空気層を入れた場合の熱通過率 K の値は，これがない場合の熱通過率 K と比べてかなり小さくなる。

（3）　実効温度差

　外壁・屋根など日射の当たる構造体は，日射の影響により外側の表面温度が非常に高くなるので，それを考慮に入れた温度差を実効温度差という。

　実効温度差は，式（4・1）の $\varDelta t$ に，代入することによって計算され，構造体，全日射量・外表面熱伝達率・外表面放射率および時刻などにより変わってくる。

　冷房時の構造体外壁の熱負荷計算において，日射や夜間放射の影響を考慮する場合は，実効温度差を用いる。

（4）　窓ガラスからの日射負荷と伝熱負荷

　ガラス面からの日射負荷は顕熱のみで，室内外の温度差によるガラス面通過熱負荷と，透過する太陽放射によるガラス面日射熱負荷に区分して計算する。 ◀ よく出題される

  ① 　窓ガラスの外側と内側の温度差による熱負荷は，式（4・1）によって計算する。A はガラスの面積〔m²〕，K はガラスの熱通過率〔W/(m²・K)〕，$\varDelta t$ は外気温と室内温度の差である。窓ガラスに対しては，実効温度差は使用しない。

  ② 　窓ガラスを通過する太陽放射熱を図4・2に示す。窓面にブラインドを設けると，日射による熱取得は少なくなる。 ◀ よく出題される

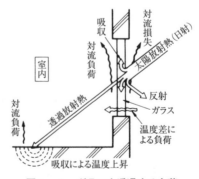

図4・2　ガラスを透過する負荷

ブラインドを設けた場合の太陽放射による熱取得の，ブラインドを設けない場合の熱取得に対する割合を，遮蔽係数と呼び，ブラインドの種類やガラスの種類により異なった値を示す。外側にブラインドを設けた場合は，ブラインドからの対流負荷がないので，内側に設けた場合より負荷が小さくなる。二重サッシ窓では，ブラインドを室内側より二重サッシ内に設置するほうが日射（熱）負荷は小さくなる。直射日光を受けない北側や日影の窓ガラスからも，天空放射による透過熱がある。一般に，ガラス面からの負荷のほうが，外壁からの負荷より大きい。

（5）　人体による熱負荷

室内にいる人間も冷房負荷となる。人体からの熱負荷には顕熱負荷と潜熱負荷がある。この値は人種，性別，年齢，運動の程度，室内の乾球温度により異なった値となる。　◀ よく出題される

この値は，室内温度が下がると顕熱発生量は大きくなり，潜熱発生量は小さくなるが，全熱量はほとんど変わらない。

（6）　照明器具による負荷，OA 機器負荷

この負荷は顕熱のみであり，その発生熱量は照明器具によって異なる。　◀ よく出題される

事務機器や OA 機器は，顕熱負荷のみである。その他の室内発生熱負荷としては，室内に設置されている電気器具やガス器具などがある。　◀ よく出題される

（7）　すき間風による熱負荷

外気が窓や扉のすき間から侵入したすき間風は，顕熱および潜熱の負荷となる。このすき間風は，空調を行っている場合は，外気も強制的に空調機へ導入し，温度・湿度を調整して室内へ給気しているので，一般的には室内圧力は屋外より高くなっているとみなせる。したがって，すき間風負荷の侵入はないものと考えて処理することが多い。

（8）　外気による負荷

導入外気は，顕熱と潜熱の負荷となる。送風量算出には関係ないが，冷却コイル容量決定に関する負荷である。空調の要素のひとつである空気の清浄度を調整するものとして，新鮮空気の導入は不可欠である。　◀ よく出題される

（9）　その他の負荷

その他として，ダクトや送風機による熱負荷がある。この負荷量は，室内顕熱負荷の10〜20％程度と見込む。

空調設備

4・1・3 暖房負荷

（1） 暖房負荷

構造体や窓ガラスをはさんだ両側の空気温度差 $\varDelta t$ により，式（4・1）で計算される。

冷房負荷計算と違う点は，構造体負荷は構造体の両側の空気温度の差に実効温度差は用いない。また，日射や室内発生熱による影響は暖房負荷としては安全側なので，通常は考慮しない。一般的に，最大熱負荷計算には，外気温度の時間的変化を考慮しない。 ◀ よく出題される

方位係数とは，外表面からの熱損失分を方位により割増しするものである。

（2） すき間風による熱負荷

空調では室内を正圧（プラス圧）にしているので，冷房計算ではすき間風の侵入はゼロとしていることが多い。しかし，暖房，特に直接暖房ではすき間風は考慮しなければならない。

（3） 土中からの熱負荷

暖房負荷計算の場合は，一般に，土間床・地中壁からの熱負荷は無視できないので計算する。

4・1・4 送 風 量

空調における必要送風量 Q 〔m³/h〕は，顕熱負荷と室内空気と吹出し温度差から求められ，次式で計算する。

$$Q = \frac{3{,}600 q_{\text{SH}}}{c_{\text{P}} \cdot \rho \cdot (t_{\text{R}} - t_{\text{C}})} \qquad (4 \cdot 3)$$

$$= \frac{3{,}000 q_{\text{SH}}}{t_{\text{R}} - t_{\text{C}}} \ \text{〔m³/h〕}$$

q_{SH}：室内顕熱負荷〔kW〕

c_{P}：空気の定圧比熱（一般値として約1.0 kJ/(kg・K)）

ρ：空気の密度（一般に1.2 kg/m³ を使用）

t_{R}：室内空気の乾球温度〔℃〕

t_{C}：コイル出口空気の乾球温度〔℃〕

空調では一般に，冷房時の送風量と暖房時の送風量は同一とし，冷房負荷を基に算出した風量で暖房するので，暖房時は t_{R} と t_{C} の温度差で調整する。したがって，温度差 $t_{\text{R}} - t_{\text{C}}$ を大きくすれば，送風量 Q が小さくなる。一般には10〜11℃程度にとることが多い。

確認テスト〔正しいものには○，誤っているものには×をつけよ。〕

□□(1)　熱通過率は，その値が大きいほど，断熱性能がよい。

□□(2)　構造体の材質が同じであれば，厚さの薄いほうが熱通過率は小さくなる。

□□(3)　窓ガラスの熱負荷計算には，実効温度差を用いない。

□□(4)　窓ガラスに，ブラインドを使用した場合は，冷房負荷は小さくなる。

□□(5)　顕熱比 SHF は，潜熱負荷と顕熱負荷の比である。

□□(6)　日射負荷は，顕熱のみである。

□□(7)　照明器具による熱負荷には，潜熱と顕熱がある。

□□(8)　北側や日陰の窓ガラスは，日射負荷はない。

□□(9)　外気負荷は，潜熱のみである。

□□(10)　暖房負荷計算では，一般に，日射量や室内発生熱量は無視する。

空調設備

確認テスト解答・解説

(1)　×：熱通過率が大きいほど，熱の移動がしやすい。したがって，断熱性能が悪い。

(2)　×：同一材料では，厚さの薄いほうが，熱通過率は大きくなる。

(3)　○

(4)　○

(5)　×：全熱負荷と顕熱負荷の比である。

(6)　○

(7)　×：照明器具による熱負荷は，顕熱だけである。

(8)　×：天空放射があるので，日射負荷が発生する。

(9)　×：外気負荷は，顕熱と潜熱がある。

(10)　○

4・2 空調装置容量と空気線図

学習のポイント

1．冷房時・暖房時の空気の状態点と空気線図上の作図の各点との関係を理解する。
2．結露に関する湿り空気の状態変化については，1・4・4結露（p.35）を再度学習する。

4・2・1　基本的な状態変化

（1）　基本的な変化

代表的な湿り空気の状態変
化を図4・3に示す。

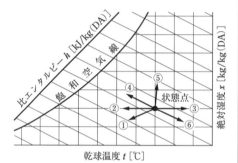

図4・3　空気線図上の状態変化

① 冷却減湿　　空気の
露点温度以下になるので，
乾球温度と絶対湿度は下
がる。一般に行われてい
る冷却方法である。

② 冷　却（顕熱冷却）
露点温度以下の冷却ではないので，乾球温度は下がり，絶対湿度が一
定である。熱交換器の表面温度が，冷却される湿り空気の露点温度よ
り高い場合などの現象である。

③ 加　熱　　電気ヒータなどで加熱すると，絶対湿度は一定のままで
乾球温度が上がる。そのために，相対湿度は下がる。

④ 水噴霧加湿　　絶対湿度は上がるが乾球温度は下がる。断熱変化の
場合，比エンタルピーは一定（湿球温度もほぼ一定）の変化をする。

⑤ 蒸気加湿　　乾球温度はほぼ一定，絶対湿度と比エンタルピーが上
昇する。

⑥ 化学吸着吸収剤による除湿　　絶対湿度は下がる，乾球温度は上が
る。

（2）　空気の混合による状態変化

A点の空気 V_A〔m^3〕とB点の空気 V_B〔m^3〕を混合したときの空気 V
$= V_A + V_B$〔m^3〕の状態点は，図4・4に示すC点になる。

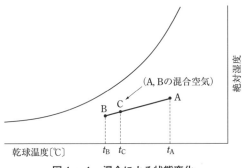

図4・4　混合による状態変化

4・2・2　冷房時の空気の状態変化

　図4・5に示す空調装置による空気の状態変化を，図4・6の空気線図に示す。

　図4・5の各点は，図4・6の同番号の各点に対応する。図において，

　　点①：室内空気

　　点②：冷却コイルの出口空気（室内への冷却空気）

　　点③：外気

　　点④：冷却コイル入口空気（室内還気と外気との混合空気）

をそれぞれ示している。

　点④は，導入外気量が多くなると，①－③線上を③の方向に移動する。

◀ よく出題される

図4・5　冷房装置の例

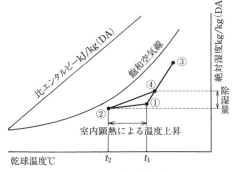

図4・6　冷房時の基本パターン

　また，室内冷房負荷の顕熱比 SHF が大きくなると，②－①の勾配は小さくなる（水平に近づく）。

　送風量 Q は，

$$Q = \frac{q_{SH}}{0.33 \times (t_1 - t_2)} \ [\mathrm{m^3/h}]$$

q_{SH}：室内顕熱負荷〔W〕

t_1：①点の空気の乾球温度

t_2：②点の送風空気の乾球温度

4・2・3　暖房時の空気の状態変化

　図4・7に示す空調装置による空気の状態変化を，空気線図上に示すと図4・8のようになる（水加湿）。

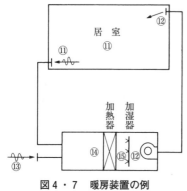

図4・7　暖房装置の例　　　　**図4・8　暖房時の基本パターン（水加湿）**

◀ よく出題される

　図において，

　　点⑪：室内空気

　　点⑫：加湿器出口空気（室内への暖房空気）

　　点⑬：外気

　　点⑭：加熱コイル入口空気（室内還気と外気との混合空気）

　　点⑮：加熱コイル出口空気

　点⑫の加湿器出口空気の状態点は室内暖房負荷 q_H〔W〕と冷房風量 Q から，次のように求められる。

$$(t_\mathrm{F} - t_\mathrm{R}) = \frac{q_\mathrm{H}}{0.33Q}\ \text{〔℃〕}$$

　　t_R：点⑪の空気の乾球温度

　　t_F：点⑫の空気の乾球温度

　蒸気加湿の場合は図4・9に示すようになる。

　状態点の番号は，水加湿と同じである。⑮−⑫は，実用上は乾球温度一定と見なしてもよい。

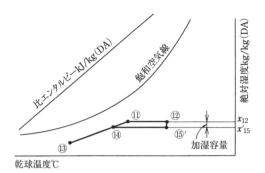

図4・9　暖房パターン（蒸気加湿）

確認テスト〔正しいものには○，誤っているものには×をつけよ。〕

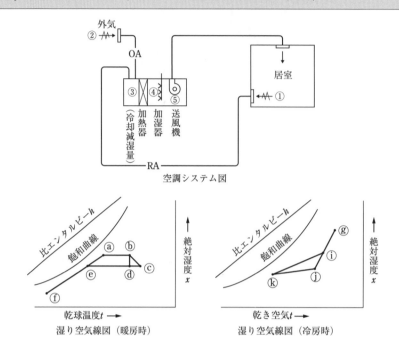

空調システム図

湿り空気線図（暖房時）

湿り空気線図（冷房時）

　上記の空調システムに対応する空気線図に関して，次の問に○，×で答えよ。

（暖房時）

□□(1)　①は，ⓐの状態点で示されている。

□□(2)　②は，ⓑの状態点で示されている。

□□(3)　③は，ⓒの状態点で示されている。

□□(4)　④は，水噴霧加湿の場合，ⓒの状態点で示されている。

□□(5)　④がⓓに対応するのは，加湿方式が蒸気の場合である。

□□(6)　⑤は，ⓑの状態点で示されている。

（冷房時）

□□(7)　ⓖは，冷房時の外気状態である。

□□(8)　ⓘは，冷房時の冷却器入口空気の状態を示している。

□□(9)　外気取入量が多くなると，ⓘがⓙに近づく。

□□(10)　ⓚは，冷房時の吸込み空気の状態点を示している。

確認テスト解答・解説

(1)　○

(2)　×：②は，外気ⓕに対応している。

(3)　×：③は，混合空気ⓔに対応している。

(4)　○

(5)　○

(6)　○

(7)　○

(8)　○

(9)　×：①が，外気ⓖに近づく。

(10)　×：ⓚは冷房時の吹出し空気の状態を示している。

4・3 空気調和方式

学習のポイント

1. 直だき冷温水機の特徴を整理して覚える。
2. 冷熱源については，6・2・3冷凍機（P167），6・2・4冷却塔（P170）もあわせて理解する。
3. 各種空調方式の特徴（メリット・デメリット）を整理して覚える。
4. 自動制御の各方式の違いを整理して覚える。

4・3・1　冷凍サイクル

（1）　冷凍サイクル

　蒸気圧縮式冷凍機の冷凍サイクルはモリエ線図で表すと，次のようになる。

　この4つの過程で冷媒が圧縮機の機械的エネルギーを入力として，液→気→液→気の状態変化を繰り返すことにより，低温の物体から熱を奪って高温部に放出するものである。

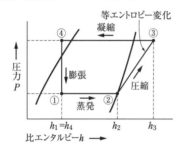

①－②－③－④基準サイクル

図4・10　モリエ線図上の冷凍サイクル

①→②	蒸発過程	低温低圧の液化冷媒が蒸発器で水や空気などから熱を奪い（水などは冷却される），気化して低温低圧のガスになる。
②→③	圧縮過程	蒸発した低温低圧ガスを圧縮機によって高温高圧のガスにする。
③→④	凝縮過程	高温高圧のガスを凝縮器で冷却して顕熱と凝縮潜熱を放出させて液化し，中温高圧の液にする。
④→①	膨張過程	中温高圧の液を膨張弁やキャピラリーチューブなどの絞り抵抗体を通過して低圧部に導き，低圧低温の液にする。

冷凍機の凝縮温度と蒸発温度の温度差は，水ポンプの揚程に相当するから，蒸発温度が高くなれば冷凍能力は大きくなって圧縮動力は小さくなり，蒸発温度が低くなれば冷凍能力は小さくなって圧縮動力は大きくなる。したがって，できるだけ蒸発温度を高く，凝縮温度を低くすれば同じ冷却熱量に対する圧縮動力を減少させることができる。つまり，冷凍効率は大きくなる。

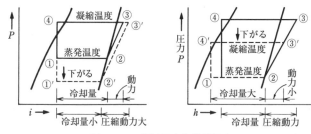

図4・11　凝縮温度と蒸発温度

（2）　ヒートポンプ

　ヒートポンプとは，冷凍サイクルの高温高圧側の凝縮器からの放熱を加熱源として利用するものである。燃焼や電熱のように熱を発生させるものではなく，そのままでは加熱源として使用できない低温の水や空気を，冷凍機を使って蒸発器でさらに冷却し，採集した熱エネルギーを熱力学的に濃縮昇温し，高温側の凝縮器から吐き出した熱を利用するものである。

（3）　冷凍・ヒートポンプの成績係数（COP）

Coefficient of
Performance

　冷凍機の成績係数は，蒸発器で奪う熱量（冷凍能力）$h_2 - h_1$ と，圧縮機が消費する動力（入力）$h_3 - h_2$ との比である。少ない動力で温度差に逆らって多くの熱量を移動させれば，この値は大きくなり，運転効率がよいことになる。

　これは，図4・10のモリエ線図上の冷凍サイクルで，

　　低温側の冷却力を利用する冷凍の場合は

$$冷凍機の\ \mathrm{COPc} = \frac{h_2 - h_1}{h_3 - h_2}$$

　高温側の加熱力を利用するヒートポンプの場合は $h_1 = h_4$ であるから

$$ヒートポンプの\ \mathrm{COP_H} = \frac{h_3 - h_4}{h_3 - h_2} = \frac{(h_3 - h_2) + (h_2 - h_4)}{h_3 - h_2}$$

$$= 1 + \frac{h_2 - h_4}{h_3 - h_2} = 1 + \mathrm{COP_C}$$

　冷凍機の $\mathrm{COP_C}$ に1を加えたものが，ヒートポンプの $\mathrm{COP_H}$ となる。

（4）　吸収式冷凍機

　吸収式冷凍機は，冷媒（水を使用）を蒸発・凝縮させるのに，圧縮機の代わりに水蒸気をよく吸収する吸湿剤（臭化リチウム）の溶液の濃度差を，入力には機械的エネルギーの代わりに熱エネルギーを使用するものである。

　真空容器の中で水蒸気を，吸湿力の強い臭化リチウムの濃溶液で吸収して水蒸気圧を低くし，冷媒としての水を活発に蒸発させ，このとき機外で使う冷水を冷却する。蒸発器・吸収器・凝縮器・再生器を冷媒（水または水蒸気）が循環する。容量制御は，加熱量を加減して吸収液の濃度を変えて行う。薄くなった吸収液は再生器で加熱し，水を蒸発させて濃度を上げる。

（5）　冷　　媒

　冷凍機に用いる冷媒は次のような性質が要求される。

① 低温でも大気圧以上の圧力で蒸発し，比較的低圧で液化すること。

② 蒸発潜熱が大きく，液体の比熱が小さいこと。

③ 粘性が小さく伝熱が良く，表面張力も小さいこと。

④ 化学的に安定していて，分解しにくいこと。

⑤ 金属に対して腐食性がないこと。

⑥ 引火性・爆発性がないこと。

⑦ 無害で悪臭がないこと。特にフロン系冷媒は，オゾン破壊係数が0で，地球温暖化係数が小さいこと。

⑧ 安価なこと。

　アンモニアは，毒性や可燃性はあるが，蒸発潜熱が大きく熱伝導率も高いなど熱力学的に優れた特性を有する**自然冷媒**である。水も自然冷媒で，吸収式冷凍機の冷媒に用いられる。

4・3・2　熱源設備の方式とエネルギー

（1）　熱　源　方　式

　空調の熱源方式としては，使用エネルギーによる分類，採熱源や放熱先による分類などがある。

　エネルギーとしては，電気・ガス・油あるいはそれらの組合せなどにより分類される。採熱源としては，空気・水または燃焼により熱を取り出し，その熱を水に与えるか，空気に与えるかなどの組合せにより分類することができる。

（2）　直だき冷温水機，ボイラなどの特徴

直だき吸収冷温水機と吸収冷凍機の特徴は，遠心冷凍機など圧縮式冷凍機と比較すると，次のようになる。

① 得られる冷水温度はやや高い。

② 振動・騒音が小さい。

③ 電力の消費量が小さい。

④ 冷房立上り時間が長い。

⑤ 機内の圧力が低く，大気圧以下のため，圧力による破裂等のおそれがない。

⑥ 冷却塔の能力が大きい。

⑦ 法令上の運転資格者（ボイラ技士）が不要である。

空気熱源ヒートポンプは，燃焼を伴わないので大気汚染防止効果があり，出火の危険も少ないため，保守管理が容易である。ヒートポンプ用の圧縮機には，大形ではスクリュー型が，小形ではスクロール型などが使用される。

また，ボイラ用の燃料は，排ガス中の SO_x 量，NO_x 量を抑えるために，A重油より灯油が望ましい。

（3）　蓄　熱　槽

蓄熱槽を利用すると熱源機器（冷凍機やヒートポンプ）の容量をピーク負荷より小さくすることができる。機器容量は蓄熱運転時間を長くするほど小さくできる。水蓄熱槽を使用したシステムの例を図4・12に示す。

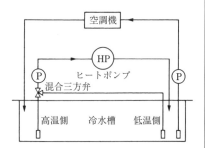

図4・12　水蓄熱槽システム

蓄熱槽を利用するメリットは，次のとおりである。

① ピークカットによる熱源機器容量の低減

② 熱源機器の運転負荷の均一化により，機器の効率を向上

③ 運転時や時刻を自由に選択でき，電気の契約容量の低減も可能

④ 深夜電力の使用が可能

これに対して，デメリットは次のとおりである。

① 水槽の建設費がかかる。槽の上面を含めすべての面に断熱が必要

② 開放水槽は，ポンプの水頭増加により動力が増大

水蓄熱方式に対して氷蓄熱方式の特徴は，次のとおりである。

① 水蓄熱に比べ氷の融解潜熱も利用するため蓄熱槽を小さくできる。

② 水蓄熱に比べ冷媒の蒸発温度が低いので冷凍機の成績係数（COP）が小さくなる。

③ 5℃以下の低温の冷水が出せるので，水蓄熱方式に比べ温度差が大きくとれ，搬送動力の低減が可能である。

4・3・3 空調計画

（1） ゾーニング

空調をいくつかの区域（ゾーン）に分けることを，ゾーニングと呼んでいる。空調方式を決定するとき，ゾーンの区分を考慮することは重要である。

ゾーニングは，負荷の特性が相違する部分などを異なったゾーンにする必要がある。

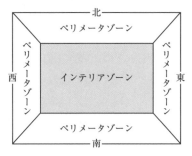

図4・13 ゾーニング

一般的には，次のようにゾーニングする。

① インテリアゾーンとペリメータゾーンは，**負荷傾向別ゾーニング**とする。

② **北側事務室と南側事務室などは方位別ゾーニングとする。**時刻別の日射負荷が他の方位と異なる。

③ 同じ方位でも，用途が異なる**食堂と一般事務室は負荷傾向別ゾーニング**とする。

④ **電算機室と一般事務室は空調条件別ゾーニングとする。**室内温湿度条件が異なる。

⑤ 事務室と会議室は**使用時間別ゾーニング**とする。空調運転時刻が違う部屋である。

（2） **省エネルギー計画**

空調設備の省エネルギー計画については，次のような項目がある。

① **成績係数が高い機器を採用**する。

② 熱源機器は，部分負荷性能の高いものにする。

③ 熱源機器は，複数台に分割する。

④ 空気調和機や送風機，ポンプにインバータを導入する。

⑤ 予冷・予熱時に外気を取り入れないように制御し，冷暖房時には必要以上に外気導入量を多くしない。

⑥ **ユニット形空気調和機に全熱交換器を組み込む**など熱回収を行う。ただし，便所や湯沸し室の排気は利用しない。

⑦ 冷房時に，冷却減湿・**再熱方式**の湿度制御は行わない。

4・3・4　空調方式

空調方式のおもな特徴は，次のとおりである。

水－空気方式に対して全空気方式は，

①　送風量が大きいので，冬期，中間期に外気冷房が可能である。

②　機器やエアフィルタなどの保守管理が簡単である。

③　高度の空気清浄・臭気除去および騒音処理が可能である。

一方，水－空気方式の利点は，

①　ダクトが小さくなり，納まり上有利である。

②　個別制御が可能となる。

（1）　定風量単一ダクト方式

送風空気の温度・湿度を室内の熱負荷に応じて変化させ，常に一定風量 ◀ よく出題される
を各室に送風して空調を行うもので，特徴は次のとおりである。

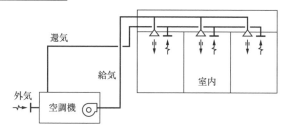

図4・14　定風量単一ダクト方式

①　負荷傾向のほぼ等しい複数の室を1台の空気調和機で空調する場合
に適している。したがって，各室ごとの運転・停止はできず同一系統 ◀ よく出題される
に熱負荷特性の異なる室がある場合に適さない。

②　各室ごとの温度・湿度制御はできない。

③　換気量が十分確保できるので，室内の気流分布や清浄度を保ちやす ◀ よく出題される
い。

④　中間期に外気冷房が可能である。

⑤　部屋の用途変更，負荷の増加などへの対応が難しい。

⑥　ダクト併用ファンコイルユニット方式に比べて，一般に送風量が多い。

⑦　一般に空調機は機械室に設置されるので，維持管理が容易である。

（2）　変風量単一ダクト方式（VAV方式）

同一系統の複数室において，室内温度を温度検出器（サーモスタット）
により検出し，各室の負荷変動に応じて変風量（VAV）ユニットの吹出 ◀ よく出題される
し風量を変化させて，室温を制御する方式である。空調機の送風量を過小
にしない範囲での送風温度は一定である。

空調設備

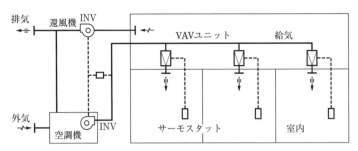

図4・15　変風量単一ダクト方式

変風量単一ダクト方式の特徴は，次のとおりである。

① 　部屋ごとに個別制御が可能である。

② 　定風量単一ダクト方式に比べ，室の間仕切り変更や負荷変動への対応が容易である。

③ 　送風機・還風機の回転数をインバータ（INV）で制御するため，定風量単一ダクト方式に比べ，搬送動力が小さくなる。　　　　　◀ よく出題される

④ 　低負荷時には送風量が少なくなり，室内の気流分布が悪くなるので温度むらを生じやすくなり，湿度制御も十分に行われない。

⑤ 　室内の気流分布が悪くならないように最小風量設定が必要となる。

⑥ 　低負荷時には送風量が少なくなるため，外気量を確保するための対策が必要である。

⑦ 　個別またはゾーンごとに湿度や清浄度の調整はできない。

⑧ 　同時に冷房と暖房はできない。

⑨ 　変風量（VAV）ユニットの発生騒音に注意が必要である。

⑩ 　不在室や不在時間帯に空調停止のため，VAVユニットは全閉機能付がある。

（3）　ダクト併用ファンコイルユニット方式

　ファンコイルユニットを各室に設置し，室内空気を吸引し冷風または温風にして吹き出す方法で，室内空気を循環して，室ごとの温度を制御する方式で，空気と水を熱媒体としている。

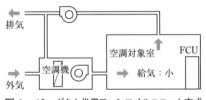

図4・16　ダクト併用ファンコイルユニット方式　　◀ よく出題される

　一般に，ペリメータ負荷を処理するように窓側にファンコイルユニットを設置し，内部発熱負荷はダクトからの送風で処理するように計画されることが多い。また，室内の換気上必要な最小限の外気もダクトにより各室へ供給する。このため，ダクトは全空気式のダクトに比べてサイズが小さく，ダクトスペースが小さいので，納まりの点で有利であるうえ搬送動力　　◀ よく出題される

も小さい。しかし，外気冷房には適さない。

（4） パッケージ空調方式

パッケージ形空気調和機
を用いる方式には，各種の
方式がある。

パッケージ形空気調和機
は，圧縮機・凝縮器・蒸発
器・送風機・エアフィル
タ・加湿器が組み込まれた
ユニットで，住宅用の小形
ルームエアコン，マルチパ
ッケージ方式，ガスエンジ

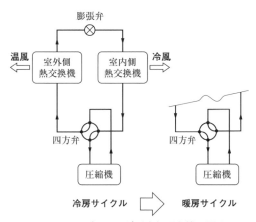

図4・17　パッケージ形空気調和機の原理

ンヒートポンプ方式などがある。ヒートポンプ方式には凝縮器の冷却方式
の違いで，空気源ヒートポンプ方式と水熱源ヒートポンプ方式がある。大 ◀ よく出題される
型のものは，350 kW（100冷凍トン）程度になる。

凝縮器の部分は，圧縮機と一体で屋外機として屋外に設置し，送風機な
どの部分は，蒸発器と一体にして室内機として屋内に設置するものが多い。

圧縮機は，全密閉形のスクロール形，ロータリー形などを使用している。

(a)　ルームエアコン

ルームエアコンは，ほとんどがヒート
ポンプ形であり，手軽に冷暖房が可能に
なるため，その普及は著しい。一般には，
室内に壁掛形が多い。

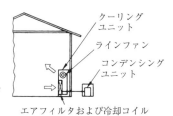

図4・18　セパレート形クーラ

(b)　マルチパッケージ方式

マルチパッケージ方式は，1台の空冷ヒートポンプ屋外機と複数の屋 ◀ よく出題される
内機を冷媒配管で結んだ方式である。

① 屋内機ごとに運転・停止が可能である。

② 1台の屋外機で冷房運転と暖房運転を同時に行うことができるも
のがある。

③ 加湿器を組み込んだ屋内機もある。 ◀ よく出題される

(c)　ガスエンジンヒートポンプ方式

ガスエンジンヒートポンプ方式は，圧縮機の駆動機としてガスエンジ ◀ よく出題される
ンを使用するものである。

① エンジンの排熱を暖房に利用する。 ◀ よく出題される

② 電動式のものに比べ寒冷地においても暖房能力が高い。

(d)　パッケージ形空気調和機に共通の特徴

空調設備

① 外気温度が高くなるほど冷房能力は小さくなり，外気温度が低い
ほど暖房能力は小さくなるので，成績係数が低下する。 ◀ よく出題される

② 暖房時の加湿対策が必要となる。マルチパッケージ方式は，冷房
時の湿度制御は行わない。 ◀ よく出題される

③ 暖房時は，外気温度が低い時に屋外機の熱交換器に霜が付着する
ことがある。 ◀ よく出題される

④ 屋外機と屋内機のどちらでも，高い位置に設置することができる
が，高低差には制限がある。

⑤ 中央熱源方式や他の空気調和方式（ユニット形空気調和機）に比
べて機械室面積が小さくなる。 ◀ よく出題される

⑥ 冷媒は，一般に，オゾン層破壊係数が0の代替フロンHFC系混
合冷媒が使われ，「フロン類の使用の合理化及び管理の適正化に関
する法律」の対象となっている。

オゾン層破壊係数：1・1・
3（1）(p.4) 参照

⑦ 冷媒の種類と容量により，高圧ガス保安法による設置届が必要と
なる場合がある。

⑧ 空冷式は，冷媒配管が長くなると，能力が低下するので，冷媒量
を増加させる。ただし，冷媒配管の長さには制限がある。

⑨ インバータを搭載したものは，圧縮機の回転数を変化させること
で冷暖房能力を制御できる。

⑩ 電動式は燃焼を伴わないので大気汚染防止効果があり，出火の危
険性も少なく保守管理が容易である。

⑪ 天井カセット形は，ドレン配管の自由度を高めるため，ドレンア
ップする方式が多い。

⑫ ルームエアコンを廃棄する場合，特定家庭用機器再商品化法（家
電リサイクル法）に基づき処理する必要がある。

⑬ 外気を取り入れる場合，全熱交換ユニット等を使用することが多
い。

（5） エアフィルタ

(a) 性　能

エアフィルタの性能は，定格風量における，**粒子捕集率**と圧力損失につ
いて表示される。

粒子捕集率は，粉じんの場合，エアフィルタの上流側と下流側の粉じん
濃度（または粉じん量）の測定法によって，次の4種類の表示方法がある。

① 質量法：粗じん用プレフィルタなど大粒径の粒子除去に用いる。

② 計数法（$0.4\,\mu$m粒子）：中高性能用フィルタ用

③ 計数法（$0.3\,\mu$m粒子）：HEPAフィルタ用

④　計数法（0.5～1.0μm粒子）＋オゾン発生量：電気集じん器

これらの4種類の表示方法は，同一エアフィルタに対しても異なった値を与えるので，粒子捕集率がどの方法で表示されているのか注意する必要がある。

(b)　ろ過式エアフィルタ

ろ材として，ガラス繊維・合成樹脂繊維，無数に細孔のあるビニルスポンジなどが使用される。ガラス繊維など繊維系のろ材は，繊維の太さや充填密度などにより集じん効率が異なってくる。

<u>ろ材の特性は，難燃性または不燃性であること，吸湿性が低いこと，空気抵抗が小さいこと，粉じん保持容量が大きいこと，腐食及びかびの発生が少ないことなどが必要である。</u>　◀ よく出題される

自動巻取形エアフィルタは，図4・19に示すように，ロール状に巻いたろ材を，タイマまたはろ材の前後の差圧により電動機で自動的に移動させる形式のもので，最も多く使用されている。<u>一般空調</u>での少し粗大な粉じん除去に，多く使用されている。

HEPA フィルタ（高性能）は，適応粒子は0.3μmであり，粒子捕集率は計数法（DOP 法）で99.97～99.9995％と，優れた集じん効率をもった高性能フィルタであり，ごく微細な粉じんの除去や<u>高度な清浄度が必要なクリーンルーム</u>などの最終段に使われる。しかし，このフィルタに直接汚染空気を通すとすぐ目詰りが生じるので，プレフィルタとして自動巻取形フィルタや電気集じん器などを併用する。

その他，ろ過式フィルタは，ユニットフィルタ・パネル形フィルタ・バッグ形フィルタなどとしても使われている。

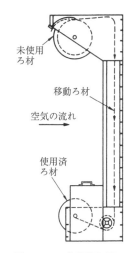

◀ よく出題される

図4・19　自動巻取形エアフィルタ

(c)　静電式集じん器

一般に<u>電気集じん器</u>といわれ粉じんの除去に用いられるもので，電離部で<u>空気中の比較的微細な粉じんを⊕に荷電させ，集じん部で⊖極板に付着</u>捕集する2段荷電式のものと，じんあい粒子そのものは荷電しないで，電気の誘電現象によりろ材表面に高電圧の静電気を起こし，じんあいを吸着させるものとがある。前者を電気集じん器，後者を誘電ろ材形集じん器と区別している。電気集じん器の性能は，荷電部の電圧が高いほど集じん効率は高くなるが，空気中のイオン濃度は増加する。一般空調用に使用される。

⒟　**活性炭フィルタ**

　空気中の有害ガス，特に SO_2 や臭気を除去するのに用いられるもので，一般のじんあい除去を目的としたものではない。CO や NO など分子量の小さいガスは，ほとんど吸着できない。

◀ よく出題される

4・3・5　自 動 制 御

（1）　自動制御の種類

　自動制御の種類は，信号の伝達および操作動力源に何を用いるかによって自力式，電気式，電子式，空気式および電子・空気式に分類される。これらは一般にフィードバック制御で行う。なお，シーケンス制御は，設定した順序で，機器などの状態を段階的に設定していく方式である。

　①　**自力式**　　電気や空気などが不要で検出部で得た力が直接調節部および操作部に伝えられて制御動作を行うもので，ボールタップなどがある。制御精度はあまりよくないが設備費は安い。

　②　**電気式**　　信号の伝達および操作の動力に電気を用いる。あまり精度を必要としない制御に多く使われる。

　③　**電子式**　　調節機構に電子増幅機構をもち，検出信号を増幅して操作信号に変換し，操作部を動作させる方式である。高精度な制御や複雑な制御が可能で，制御系の追従が速い。電気式に比べて高価である。

　④　**ディジタル式**　　調節部にマイクロプロセッサを使用し，複雑で高度な演算処理を行うことが可能である。

　⑤　**空気式**　　信号の伝達や操作に圧縮空気を使用するもので，大きな操作動力が得られる。適用としては，防爆の必要な場所などにも使用される。空気源のためにエアコンプレッサ装置が必要となり，割高となる。

（2）　自動制御システムの例

　代表的な自動制御の例は次のとおりである。

　①　室内温度を検出して，VAV ユニットの風量を制御する。

　②　室内温度を検出して，冷温水コイルの制御弁を制御する。

　③　室内の湿度を検出して，加湿器を制御する。

確認テスト〔正しいものには○，誤っているものには×をつけよ。〕

□□(1) 直だき吸収冷温水機の冷房電力消費量は，圧縮式冷凍機に比べて大きい。

□□(2) 定風量単一ダクト方式は，送風量を一定にして，送風温度を変化させる方式である。

□□(3) 定風量単一ダクト方式は，同一系統に熱負荷特性の異なる室がある場合に適している。

□□(4) 変風量単一ダクト方式は，一般に，負荷の変動に対して，給気温度を変化させる。

□□(5) 変風量単一ダクト方式は，一般に，送風機の動力費が節約できる。

□□(6) ダクト併用ファンコイルユニット方式は，インテリアの負荷をファンコイルユニットで処理する。

□□(7) マルチパッケージ形空気調和機には，1台の室外機で冷房運転と暖房運転を同時に行うことができるものがある。

□□(8) ガスエンジンヒートポンプは，エンジンの排熱を利用できないので寒冷地に適さない。

□□(9) 北側事務室と南側事務室のゾーニングは，方位別ゾーニングとする。

□□(10) ろ過式エアフィルタのろ材は難燃性又は，不燃性であること。

空調設備

確認テスト解答・解説

(1) ×：吸収冷凍機は，蒸気や高温水を加熱源としているので，電力消費量は，圧縮式冷凍機に比べて小さい。

(2) ○

(3) ×：定風量単一ダクト方式は，同一系統に熱負荷特性の異なる室がある場合に適さない。

(4) ×：給気温度を一定にして各室ごとに送風量を変化させる。

(5) ○

(6) ×：インテリアではなく，ペリメータの負荷をファンコイルユニットで処理する。

(7) ○

(8) ×：エンジンの排熱を利用できるので，寒冷地に適している。

(9) ○

(10) ○

4・4　暖房設備

> 学習のポイント
>
> 1. 温水暖房と蒸気暖房の相違や特徴を理解する。
> 2. 放熱器の設置位置やコールドドラフト発生との関連を理解する。
> 3. 膨張タンクの種類と目的を理解する。
> 4. 放射冷暖房の長所・短所を理解する。

4・4・1　暖房方式

暖房方式の種類は，次のように分類される。

$$
暖房 \begin{cases} 温風暖房 \\ 直接暖房 \begin{cases} 放射暖房 \begin{cases} 低温放射暖房 \\ 高温放射暖房 \end{cases} \\ 対流暖房 \begin{cases} 蒸気暖房 \\ 温水暖房 \end{cases} \end{cases} \end{cases}
$$

暖房ではその快感度は重要で，特に対流暖房では放熱器の表面温度が高いほど，室内上下の垂直温度変化が著しくなる。したがって，熱媒に蒸気を使用するよりも，普通，温水を使用するほうが表面温度が低いので，快感度は良好である。

4・4・2　蒸気暖房と温水暖房の比較

（1）　熱　容　量

蒸気暖房は，蒸気圧力100 kPa 以下の低圧蒸気が使用され，蒸気の凝縮の潜熱を利用する方式である。温水暖房は，一般に50〜80℃ の温水が使用され，温水の温度降下に伴う顕熱を利用する方式である。　◀ よく出題される

水1 kg で暖房に利用できる熱量は，蒸気のほうが10倍以上である。そのために，温水暖房の装置の熱容量は，蒸気暖房と比べ非常に大きいので，予熱時間が長い。

蒸気暖房では，装置の熱容量が小さいためにウォーミングアップの時間が短く，すぐ暖房の効果が効き始める。反対に，運転を止めると蒸気ではすぐ暖房の効果もなくなるが，温水では加熱を止めてもしばらくは暖房効果を維持することができる。　◀ よく出題される

（2）　暖房の制御性

　蒸気では，主として凝縮の潜熱を利用するため，放熱器入口弁による放熱量の調整は困難である。したがって，一般に二位置制御になる。温水は顕熱利用なので，循環水量を一定にして，その温度を負荷に対応して変化させたり，逆に，温水温度を一定にして，循環水量を変化させるなど，蒸気暖房に比べ室内の温度制御が容易である。

◀ よく出題される

（3）　ボ　イ　ラ

　蒸気は空気よりも密度が小さいが，温水は密度が非常に大きい。したがって，鋳鉄製ボイラは，ボイラー構造規格により，温水の場合は圧力0.5 MPa 以下，温度120℃以下，蒸気の場合は圧力0.1 MPa 以下の制限がある。

（4）　適用上の特徴

　蒸気暖房では，配管設備に蒸気トラップや減圧弁のような器具を多く使うが，これらの故障も多いうえ，凝縮水の流れの問題から凹凸の多い複雑な配管方法には不適当である。これに対して温水暖房は，空気抜きや排水時の水抜きに注意すれば，配管上の凹凸は特に支障にはならない。

　また，蒸気暖房の還り管は炭素鋼鋼管を使用すると内部が腐食する例が多い。これに対して，温水暖房の配管の耐食性は，一般的に，蒸気暖房に比べて優れている。

（5）　放熱面積

　同じ負荷の場合，温水暖房は蒸気暖房に比べて所要放熱面積が大きくなり，配管径も大きくなる。

（6）　コールドドラフトの防止

　暖房での良好な室内温熱環境を保つには，室内空気の温度分布をよくすると同時に，コールドドラフトを防止しなければならない。コールドドラフトとは外壁面や窓ガラスで冷やされた冷たい空気が床面に沿って流れ込む現象をいう。留意事項としては次のような点がある。

①　暖房負荷となる外壁面からの熱損失を，断熱材を使用するとか，窓ガラスを二重にするなどして極力減らす。

◀ よく出題される

②　屋外からのすき間風を減らすように，建築構造を気密にする。

③　放熱器は，図4・20のように，負荷の多い窓側に配置して対流効果を上げ，コールドドラフトをできるだけ防止する。

◀ よく出題される

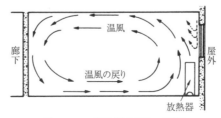

図4・20　放熱器の正しい配置

④　自然対流形の放熱器では，

放熱器の表面温度と室内温度の差を少なくする。

⑤　ファンコンベクタや温風暖房など強制対流方式では，送風温度をあまり高くするのは避け，送風量をできるだけ多くする。

⑥　蒸気暖房は温水暖房よりも上下温度差が大きくなりやすいので，対流形放熱器は，蒸気よりも温度の低い温水のほうがよい。

4・4・3　蒸気暖房

　蒸気暖房は，使用蒸気圧により高圧蒸気暖房・低圧蒸気暖房に分類される。高圧蒸気暖房は，一般に0.1 MPa を超える蒸気，0.1 MPa 以下の蒸気を使用するのを低圧蒸気暖房と呼んでいるが，一般に0.05 MPa 程度以下の場合が多い。

　蒸気配管は，蒸気の流れの方向により，上向き給気と下向き給気がある。上向き給気は，熱の損失により生じた凝縮水が逆流してスチームハンマを起こしやすいので，下向き給気に比べて一般に配管サイズが大きくなる。

4・4・4　温水暖房

　温水暖房は一般に，温水を循環ポンプによって強制的に循環させて暖房を行うもので，配管が複雑な場合にも適する。循環ポンプにはインラインポンプや渦巻ポンプを用いることが多い。

　温水暖房では，膨張タンクを設けるのが特色である。**膨張タンク**には，大気と絶縁された**密閉式**と大気に開放された図4・21に示す**開放式**とがある。開放式膨張タンクは，装置の最高部に設置しなければならない。開放式膨張タンクに接続する膨張管は，ポンプの吸込み側の配管に接続する。開放式にボイラなどの逃し管を接続する場合は，メンテナンス用バルブを設けてはならない。

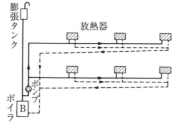

図4・21　開放式膨張タンクの例

　密閉式膨張タンクは，任意の場所に設置できるが，逃し弁又は安全弁など安全装置と配管系への補給水配管が必要である。密閉式膨張タンクには，一般にダイヤフラム式やブラダー式が用いられ，タ

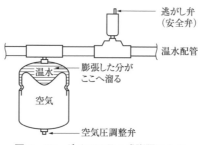

図4・22　ダイアフラム式膨張タンク

ンク内に加圧された空気を封入している（図4・22）。

膨張タンクを設ける目的は，次のとおりである。

① 装置内全水量の温度変化に伴う水の膨張・収縮に対して，圧力の変動を吸収するために設ける。

② 開放式は，装置内空気の排出口となり，また，装置内の水の減少に対して補給水を供給する。

◀ よく出題される

放熱器には，強制対流型と自然対流型があり，その特徴を次に示す。

① 強制対流型放熱器は，伝熱面積当たりの加熱量が大きいため，自然対流型放熱器に比べて，空気加熱用熱交換器を小型にできる。

② 強制対流型放熱器は，自然対流型放熱器に比べて，暖房開始から所定の室内温度に達するまでの時間が短い。

③ 強制対流型放熱器は，熱媒は温水又は蒸気であり，放熱量は熱媒温度，流量及び風量により変化する。

④ 強制対流型放熱器は，熱媒の温度を高くすると，室内の温度分布の不均一を生じることがある。

4・4・5 放射冷暖房

　放射暖房は，室内に設けた放熱器から放射による熱を利用する暖房方式で，床暖房もこれに含まれる。

　放射暖房では，室内空気の乾球温度だけでなく，室内の平均放射温度と気流の速度を加味した効果温度により，快感の指標を決める。

　平均放射温度（MRT）は，室内の壁・床・天井などパネル面を含んだ室内表面の平均温度であり，このMRTが高いと，図4・23のように，室

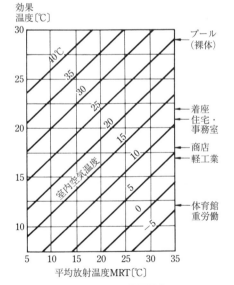

図4・23 効果温度

内空気温度がある程度低くても，高い暖房効果が得られる。

　低温放射暖房は，38～55℃の温水コイルまたは電熱線を床などに埋設し，加熱パネルとして暖房する。パネル背面は，熱損失を防ぐために断熱処理をする。床の表面温度は30℃程度で，これ以上高くすると不快感を伴う。

空調設備

天井を加熱パネルにするときは，天井高さによっては床パネルより温度を高めることができるので，パネル面積は少なくてすみ，室の上下方向の温度差も変わりはない。しかし，あまり温度が高いと不快となる。

低温放射暖房の特徴は，次のとおりである。

長所

①　室内空気の垂直方向の温度むらが少なく，室内気流を生じにくいので優れた快感性を示す。 ◀ よく出題される

②　放熱器や配管が露出しないので，部屋の利用度が高く，幼児や老人に対して火傷などの危険性も少ない。

③　天井の高い劇場，大会議室，ホール・工場などの暖房の補助手段として優れている。

④　平均放射温度を上げることによって室内空気温度を低く設定できるので，建物の熱損失を少なくすることができる。

短所

①　他の暖房方式と比較して設備費が高い。

②　故障時の修理や故障箇所の発見が困難である。

③　熱容量が大きく，予熱時間が長くなるので間欠運転には適さない。

放射冷房は，冷温水パネルや冷却パネルに冷水を送水して室内を冷房する方式である。この場合，冷却パネルの放熱面温度を下げすぎると，放熱面で結露が生じる。天井や床設置の放射冷房の場合，一般に，冷水は18℃程度の中温度として冷却パネル面に結露しないようにしている。また，天井などに水配管を必要とし，水損事故のリスクがある。

放射冷房は室内空気温度を高めに設定しても，温熱感的には快適な室内空間を得ることができる。

確認テスト〔正しいものには○，誤っているものには×をつけよ。〕

□□(1) コールドドラフトの防止には，暖房負荷となる外壁面からの熱損失をできるだけ減少させる。

□□(2) コールドドラフト防止としては，強制対流形放熱器は，廊下側の床に配置するのがよい。

□□(3) 温水暖房の配管径は，一般的に，蒸気暖房に比べて小さくなる。

□□(4) 蒸気暖房は，蒸気の凝縮潜熱を利用している。

□□(5) 暖房でウォーミングアップが早いのは，蒸気暖房より温水暖房である。

□□(6) 温水暖房は，蒸気暖房に比べて，室内温度制御が容易である。

□□(7) 低温放射暖房は室内の垂直方向の温度むらが大きい。

□□(8) 低温放射暖房について，暖房の快適性は，対流形の蒸気暖房や温水暖房に比べ非常によい。

□□(9) 温水暖房における密閉式膨張タンクは，必ず，配管系の最上部に設ける。

□□(10) 開放式膨張タンクは，装置内の空気の排出口として利用できる。

空調設備

確認テスト解答・解説

(1) ○

(2) ×：外壁側の窓下に配置するのがよい。

(3) ×：温水暖房は温水の温度降下に伴う顕熱を利用し，蒸気暖房は蒸気の潜熱を利用するので。水の質量当たりに利用できる熱量は蒸気のほうが多い。したがって，配管径は温水暖房のほうが大きくなる。

(4) ○

(5) ×：ウォーミングアップは，熱容量の小さい蒸気暖房が早い。

(6) ○

(7) ×：高温放射暖房に比べて，垂直方向の温度むらは小さい。

(8) ○

(9) ×：密閉式は任意の位置でよく，開放式は最上部に設ける。

(10) ○

4·5 換 気 設 備

学習のポイント

1. 自然換気の原理を理解する。
2. 機械換気設備の種類と適用する室を覚える。
3. 火気使用室における必要換気量を算出できるようにする。
4. ガラリの開口面積の求め方を覚える。

4・5・1　自然換気設備と機械換気設備

（1）　自然換気設備

　建築基準法でいう換気設備の種類には，**自然換気設備**と**機械換気設備**がある。給気口と排気筒付きの排気口をもつものは，給気口・排気口の位置や排気筒の立上がり高さについても，それぞれ規定がある。給気口は，なるべく低い位置に，排気口は高い位置に設け，図4・24に示すとおりである。さらに，排気筒の有効断面の算定にあたっては，排気筒の曲がりと延長を考慮して計算式が決められている。

　<u>自然換気は，風力または温度差による浮力によって生じる</u>ので，排気筒の場合はその頂部および排気口を除き，開口部を設けてはならない。

◀ よく出題される

　風力による場合は，建物の風の当たる面では風がせき止められて空気の圧力が高くなるが，風下側では圧力が負圧となるので，風の当たる面とその反対側に開口部がないと，換気効果は悪くなる。

　浮力による場合は，（室内空気温度）＞（外気温度）であれば，密度差によって浮力が生じ，外気が建物下部開口部から侵入し，建物内の空気は上部の開口部から屋外へ排出される。季節により外気温度が変化するため，<u>夏期より冬期のほうが換気量も多くなり換気効率がよい。</u>

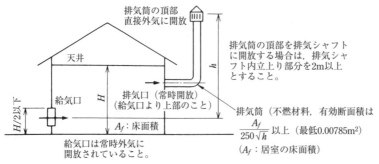

図4・24　自然換気設備の構造

（2）　機械換気設備

　機械換気設備は給気ファン・排気ファンのうち，いずれか一種以上を設け，強制的に換気を行うもので，その組合せにより図4・25に示すように，第一種，第二種，第三種機械換気と称している。その特徴は，下記のとおりである。

① **第一種換気**　　給気・排気ともそれぞれ専用の送風機を設ける方式であり，確実に換気量が期待できる。

　室内の圧力は正圧でも負圧でもどちらにも計画が可能である。営業用厨房では，厨房の燃焼用空気を確保したうえで，厨房内の臭気が客席へ拡散しないように排気量を給気量より大きくして室内を負圧とし，換気効果を果たすことができる。熱源機械室（吸収冷温水機などの設置室），ボイラ室や発電機室も燃焼用空気のための給気ファンと，発熱除去用の排気ファンにより確実な換気ができる。 ◀ よく出題される ◀ よく出題される

② **第二種換気**　　送風機によって強制給気を行い，室内を正圧に保ち，排気は排気口から排出する方式であり，臭気や有害ガスを発生する室の換気には適さない。したがって，他室の汚染した空気の侵入を嫌う室や，燃焼空気を必要とする室の換気に適している。 ◀ よく出題される

③ **第三種換気**　　送風機によって強制排気を行い，室内を負圧に保ち，給気は給気口から流入する方式である。室内が負圧になるので，便所や更衣室，浴室，湯沸し室のように，臭気または水蒸気を室外に拡散させない効果がある。また，有害なガスが発生する部屋や喫煙室など局所換気の場合にもよく用いられる。局所換気は，汚染空気を汚染源の近くで捕そくする換気で，全般換気に比べて換気量が少なくてよい。 ◀ よく出題される

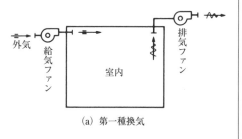
(a) 第一種換気

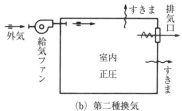
(b) 第二種換気

　実験室に設置するドラフトチャンバ内の圧力は，室内より負圧にする。排気フードを設ける場合は，できるだけ汚染源に近接して汚染源を囲むように設ける。 ◀ よく出題される

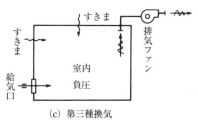
(c) 第三種換気
図4・25　機械換気の種類

空調設備

（3）　換気の留意事項

①　ダクト途中での漏れによる汚染に，注意をしなければならない。図
4・26(a)は好ましくないので，図(b)のように，<u>排気ファンは排気ガラ
リの近くに設け，ダクト内の正圧部分を短くして，室内を通すダクト
は負圧部分にする</u>ことが望ましい。　　　　　　　　　　　　　◀ よく出題される

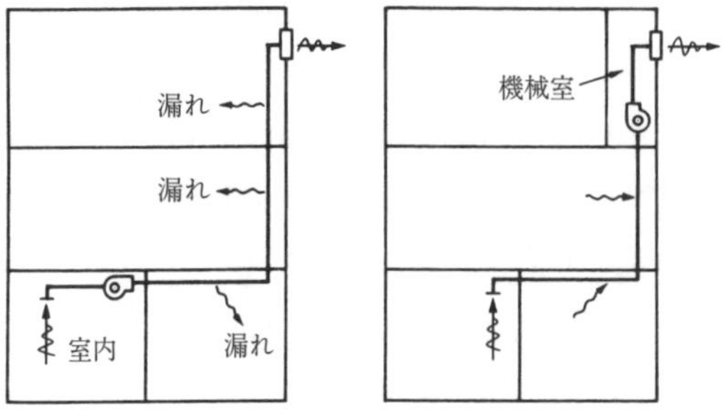

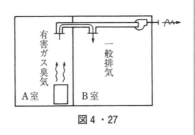

図4・26　排気ファンの位置

②　図4・27のように，A室とB室
を同一排気系統にすると，排風機
が停止しているとき，ダクトを通
じてA室の臭気や有害ガスがB室
へ流れ込み，汚染を引き起こすお
それがある。したがって，このよう

図4・27

な<u>汚染空気の排気は，一般系統と切り離して単独排気する</u>必要がある。　◀ よく出題される
　汚染源や使用勝手の異なる換気も，それぞれ他と独立した換気系統
とする。

③　図4・28のような換気設備の構造の場合の
取扱いは，<u>立上がりダクトの高さが2m以
上あれば「衛生上有効な換気を確保する設
備」と認められる</u>。

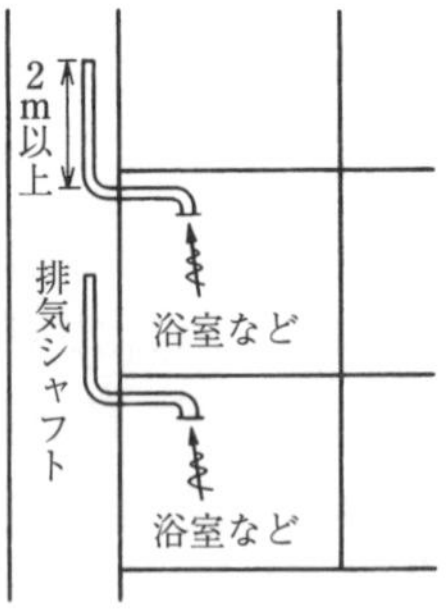

④　<u>車庫や駐車場の排気は，再循環してはなら
ない</u>。

⑤　外気取入れ口の位置は，排気や外気，煙突
などからの汚染空気や燃焼排ガスのショート

図4・28

サーキットがないように注意しなければならない。また，砂じんや車
からの排ガスなどの汚染物質を吸い込まないように，外気取入れ口を
できるだけ地上から高い位置に設ける。

⑥　給気口や排気口には，雨水またはねずみ・虫・ごみなど，衛生上有
害なものを防ぐための設備をしなければならない。

⑦　<u>燃焼器具が密閉式の場合は，燃焼に必要な空気を室内に供給しなく
てもよい。</u>

⑧　換気回数（回／h）とは，換気量を室容積で除した値である。

⑨　必要換気量とは，室内の汚染物質濃度や室温を許容値以下に保つために取り入れる外気量である。そのために，外気の二酸化炭素濃度なども考慮する必要がある。

⑩　シックハウスを防ぐには，室内の TVOC（総揮発性有機化合物の濃度）を許容値以下に保つ必要がある。

⑪　駐車場の換気には，第一種機械換気の誘引誘導換気方式がある。

⑫　無窓の居室の換気は，第一種機械換気方式である。

⑬　汚染源が固定していない窓は，全体空気の入替えを行う全般換気とする。

⑭　エアカーテンは，出入口に特別な気流を生じさせて，外気と室内空気の混合を抑制する。

（4）　中央管理方式の空気調和設備における居室の換気

1・1「環境」表1・2 (p.5) 参照

居室における換気の主な目的は，室内空気の浄化であり，建築基準法では，次のように居室の空気環境を定めている。

浮遊粉じんの量は0.15 mg/m³ 以下，一酸化炭素の含有率は10/100万以下（10 ppm 以下），二酸化炭素（炭酸ガス）の含有率は1,000/100万以下（1,000 ppm 以下），温度は17～28℃，相対湿度は40～70％，気流は0.5 m/s 以下，ホルムアルデヒドは0.1 mg/m³ 以下（0.08 ppm 以下）とする。

4・5・2　機械換気設備による有効換気量

（1）　排気フードによる換気

開放式燃焼器具を設けた台所において機械換気を行う場合，所定の排気

四，イ，(イ)および(ロ)：昭和45年 建告 第1826号「換気設備の構造を定める件」第3 調理室に設ける換気設備第四号イの(イ)，(ロ)による。

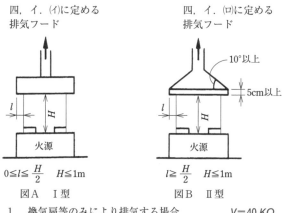

四，イ，(イ)に定める
排気フード

四，イ，(ロ)に定める
排気フード

10°以上

5cm以上

火源　　　火源

$0 \leqq l \leqq \dfrac{H}{2}$　$H \leqq 1\text{m}$　　$l \geqq \dfrac{H}{2}$　$H \leqq 1\text{m}$

図A　Ⅰ型　　　　図B　Ⅱ型

1. 換気扇等のみにより排気する場合　　　$V = 40\,KQ$
2. 図Aに示す排気フードⅠ型を有する場合　$V = 30\,KQ$
   図Bに示す排気フードⅡ型を有する場合　$V = 20\,KQ$
3. 煙突を設ける場合　　$V = 2\,KQ$
   1. 2. 3. において，
   V＝有効換気量〔m³/h〕
   K：燃料の単位燃焼量当たりの
   　　理論廃ガス量〔m³/(kW・h) または m³/kg〕
   Q：燃料消費量〔kW または kg/h〕

◀ よく出題される

図4・29　排気フードの換気基準

フードを設けることにより換気量を低減することができる。

　排気フードよる換気の基準は，次の図4・29に示すとおりである。

（計算例）　図4・30のような開放式の燃焼器具がある室における，建築基準法上の最小換気量を求める。ただし，燃焼器具の燃料消費量は5 kW，燃料の単位燃焼量当たりの理論廃ガス量は0.93 m³/(kW・h) とする。

図4・30　開放式の燃焼器具がある室の最小換気量

　排気フードがなく，換気扇だけの排気の場合は，$V=40\,KQ$　で計算する。

$$V=40\times0.93\text{ m}^3/(\text{kW・h})\times5\text{ kW}=186\text{ m}^3/\text{h}$$

となる。

（2）　居室の換気

◀ よく出題される

　建築基準法では，機械換気よる居室の有効換気量は次式のように規定されている。

$$V=\frac{20A_\mathrm{f}}{N}$$

　　　V：有効換気量〔m³/h〕　　　A_f：床面積〔m²〕

　　　N：実況に応じた1人当たりの占有面積

　　　　　換気上，無窓階の居室　$N\leqq10$ m²/人

　　　　　特殊建築物の居室　$N\leqq3$ m²/人

　　　20：1人当たりの換気量〔m³/(h・人)〕

（3）　給気口の面積

◀ よく出題される

　図4・31において，給気口の給気ガラリの最小寸法A〔m²〕を求める。

　ただし，換気扇の風量は720 m³/h，給気ガラリの平均風速は2 m/s，ガラリの開口率は40％とする。

図4・31　給気口の給気ガラリの最小寸法

　給気ガラリの面積Aは，次式で求められる。

$$A=\frac{V}{3{,}600\times v\times\phi}$$

V：給気または排気風量〔m³/h〕

v：ガラリ開口部の平均風速〔m/h〕

ϕ：ガラリの有効開口率

それぞれに値を入れて，

$$A = \frac{720 \text{ m}^3/\text{h}}{3,600\text{s/h} \times 2 \text{ m/s} \times 0.4} = 0.25 \text{ m}^2$$

また，給気ガラリサイズは $0.5 \text{ m} \times 0.5 \text{ m} = 0.25 \text{ m}^2$ から $500 \text{ mm} \times 500 \text{ mm}$ となる。

空調設備

空調設備

確認テスト〔正しいものには○，誤っているものには×をつけよ。〕

□□(1)　自然換気は，温度差や風力を利用している。

□□(2)　浮力を利用する自然換気の場合，冬期は室内温度と外気温度の差が大きいので，夏期より換気量が少ない。

□□(3)　営業用厨房では，臭気が食堂などへ流れ出さないように，厨房を正圧にする。

□□(4)　便所は，臭気が他室に漏れないように負圧する。

□□(5)　臭気や燃焼ガスなどの汚染源が異なる室の排気を，同一の換気系統とした。

□□(6)　排風機は，排気ガラリに近い位置に設置し，ダクト内の正圧部分を短くする。

□□(7)　実験室に設置するドラフトチャンバ内の圧力は，室内より正圧にする。

□□(8)　第二種機械換気方式は，給気側にだけ送風機を設けるため室内は正圧になる。

□□(9)　風量200 m³/h，ガラリの有効開口面風速が3 m/s，ガラリの有効開口率が50％のとき，ガラリの最小サイズは，400 mm×400 mm が適当である。

□□(10)　開放式燃焼器具のある室に，換気扇のみを設けた場合の最小有効換気量は，20 KQ 〔m³/h〕である。ただし，K は燃料の単位当たりの理論廃ガス量〔m³/kW·h〕，Q は火を使用する器具の燃料消費量〔kW〕とする。

確認テスト解答・解説

(1)　○

(2)　×：室内温度と外気温度の差が大きいと空気の密度差が大きくなり浮力も大きくなるので，夏期より換気量が多くなる。

(3)　×：正圧にすると厨房内の臭気や湯気などの排気が，他の室へ拡散してしまうので，第一種機械換気として負圧にする。

(4)　○

(5)　×：臭気や燃焼ガスなどの汚染源が異なる室の排気を同一系統に接続すると，臭気や有毒ガス，水蒸気等が逆流するおそれがあるため，それぞれ単独系統とする。

(6)　○

(7)　×：室内より負圧にする。

(8)　○

(9)　×：ガラリの開口面積〔m²〕＝$\dfrac{風量〔m³/h〕}{3,600×平均風速〔m/s〕×有効開口率〔％〕}$ により，ガラリ面積は0.037 m² となる。したがって，200 mm×200 mm となる。

(10)　×：換気扇のみで，フードも燃焼もない場合は，40 KQ である。

4·6 排煙設備

学習のポイント

1. 排煙設備の目的，自然排煙と機械排煙設備の相違点に注意する。
2. 排煙口・予備電源・排煙機・排煙ダクトなどの位置・構造などを覚える。

4・6・1 排煙設備の目的

　排煙設備は，火災時に発生する煙や有害ガスの流動を制御し，避難・消火活動を容易にさせ，人命の安全を守る目的で，設置が義務付けられている。したがって，排煙は，それぞれの防煙区画ごとに蓄積された煙を，屋外・屋上など避難上支障のないところに排出することである。そのことによって，安全区画に煙が進入することを防ぎ，煙が火災室以外の室に拡散することを防ぎ，かつ，避難に要する間の避難経路を確保する。また，消火活動の拠点を確保することも含まれる。

　なお，排煙設備によって火災の拡大を防ぐことはできず，爆発的な火災であるフラッシュオーバを起こすことも防ぐことはできない。

4・6・2 排煙設備の種類

　排煙設備の種類には，自然排煙設備と機械排煙設備がある。

　自然排煙設備は，煙の浮力を利用して開口部より煙を排出する方法であり，高温の煙ほど排煙能力が高くなり，天井高の高い大空間に適している。排煙上有効な開口部が設けられれば，特に機械力を要しない。

　機械排煙設備は，煙を排煙機により排出する方式で，排煙中の室内圧力が低くなるため（負圧）他室への漏煙は少ない。また，機械排煙設備は，外気に面していない室（排煙上，有効開口部のない室，これを排煙上の無窓の居室という。）の排煙もできる。

　特別避難階段の附室や非常用エレベータの乗降ロビー，地下街の地下道など，特殊な部分に設ける排煙設備については，自然排煙設備・機械換気設備とも基準が厳しい。1つの防煙区画部分に自然排煙と機械排煙を併用してはならない。

4・6・3　排煙設備の構造

（1）　防煙区画

防煙区画は，間仕切り壁または垂れ壁その他これと同等以上の煙の流動を妨げる効果があって，不燃材料で作るか覆われたいわゆる防煙壁で，床面積500 m² 以下に区画する。

（2）　防煙垂れ壁

図4・32に示すような防煙垂れ壁は，天井から50 cm 以上下向きに突き出すこと。

（3）　排煙口の位置

①　天井面または壁面の上部に設置する。天井高が3 m 未満の場合，天井面から80 cm 以内に設ける。天井高さ3 m 以上の場合は天井高の1/2以上で，かつ2.1 m 以上，ただし，いずれも防煙垂れ壁の下端より上方の部分に設ける。

②　図4・33に示すように平面的な位置は，防煙区画の各部からの水平距離が30 m 以内とする。

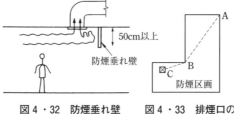

図4・32　防煙垂れ壁　　図4・33　排煙口の位置

③　避難方向と煙の流れが反対になるように配置する。

（4）　手動開放装置

①　排煙口には手動開放装置を設ける。平常時は閉鎖状態を保持し，火災時に手動開放装置によって開放できること。

②　手動開放装置の手で操作する部分は，床面よりの高さを壁付きの場合0.8 m 以上1.5 m 以下，天井つりの場合約1.8 m とする。

（5）　排煙機の作動・予備電源

①　1の排煙口の開放によって，排煙機は自動的に作動する。

②　同一防煙区画に複数の排煙口を設ける場合は，排煙口の1つを開放することで他の排煙口を同時に開放する連動機構付きとする。

③　排煙機の設置位置は，最上階の排煙口より上にする。

④　商用電源が断たれたときに自動的に切り替わり，30分以上電力を供給しうる蓄電池または自家発電装置が必要である。

（6）　排煙ダクト・防火ダンパ

①　排煙口，風道その他煙に接する部分は不燃材料で造ること。

②　換気ダクト用より高温の防煙用防火ダンパ（温度280℃）を設置する。

確認テスト〔正しいものには○，誤っているものには×をつけよ。〕

□□(1) 排煙設備の目的は，延焼による火災室以外への火災の拡大を防止することである。

□□(2) 排煙設備の目的の1つは，避難経路の安全確保であり，避難活動を容易にすることである。

□□(3) 排煙口には，手動または自動の開放装置を設置する。

□□(4) 電源を必要とする排煙設備には，予備電源を設ける。

□□(5) 排煙口・排煙ダクトなどは，不燃材料または準不燃材料で造らなければならない。

確認テスト解答・解説

(1) ×：煙の拡散を防ぐことであり，延焼防止ではない。火災の延焼防止は，防火区画で確保する。

(2) ○

(3) ×：必ず，手動開放装置の設置が必要である。

(4) ○

(5) ×：不燃材料でなければならない。準不燃材料は認められない。

第5章　給排水衛生設備

給排水衛生設備

給排水衛生設備の出題傾向

第5章からは毎年9問が出題されて，第4章と合わせて9問を選択する。

5・1　上水道

4年度前期は，上水道全般について，1問出題されている。4年度後期は，上水道施設について，1問出題された。

5・2　下水道

4年度前期は，下水道の管きょなど全般について，1問出題された。4年度後期は，下水道全般について，1問出題されているた。

5・3　給水設備

4年度前期は，給水設備全般について，1問出題されている。4年度後期は，飲料用貯水タンク回りなどの給水設備について，1問出題された。

5・4　給湯設備

4年度前期は，給湯設備全般について，1問出題されている。4年度後期は，局所式給湯器回りなどを含む給湯設備について，1問出題された。

5・5　排水・通気設備

4年度前期は，排水・通気設備全般，排水管など排水設備についての2問出題されている。4年度後期は，排水通気設備全般の特徴，器具トラップの最小口径に関して2問出題された。

5・6　消火設備

4年度前期は，屋内消火栓設備の規定について，1問出題されている。4年度後期は，屋内消火栓設備の加圧送水装置の方式について，1問出題された。

5・7　ガス設備

4年度前期は，ガス設備全般について，1問出題された。4年度後期も，ガス設備全般について，1問出題されている。

5・8　浄化槽

4年度前期は，浄化槽の浄化原理に関する問題が，1問出題されている。4年度後期は，浄化槽の浄化処理フローに関する問題が，1問出題された。

5・1 上 水 道

学習のポイント

1. 水道水の水質基準および水道水における残留塩素の基準を覚える。
2. 水道の施設基準を理解する。
3. 給水装置に関する事項を覚える。

5・1・1 水道の施設基準

　上水道は，人の飲用に適する水を水道法に基づいて水道事業者が供給する施設であり，建物の飲料水などの給水源として最も一般的に利用されている。その概略フローを図5・1に，各施設の役割を以下に示す。

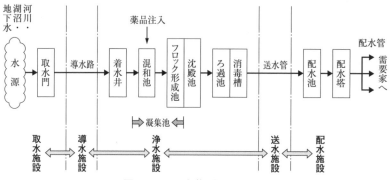

図5・1　上水道の概略フロー

一　貯水施設は，渇水時においても必要量の原水を供給するのに必要な貯水能力を有するものであること。

二　取水施設は，水源からできるだけ良質の原水を必要量取り入れることができるものであること。

三　導水施設は，取水施設から浄水施設まで，必要量の原水を送るのに必要なポンプ・導水管その他の設備を有すること。

四　浄水施設は，原水の質および量に応じて，水道水の水質基準に適合する必要量の浄水を得るのに必要な沈殿池・ろ過池その他の設備を有し，かつ，消毒設備を備えていること。ろ過池には，緩速ろ過池と急速ろ過池があり，緩速ろ過池は，一般的に，原水水質が良好で濁度も低く安定している場合に採用される。着水井は，流入する原水の水位変動を安定させ，その量を調整することで，浄水施設での浄水処理を安定する役割がある。

五 送水施設は，浄水施設から配水施設まで必要量の浄水を送るのに必要なポンプ・送水管その他の設備を有すること。

六 配水施設は，必要量の浄水を一定以上の圧力で連続して供給するのに必要な配水池・ポンプ・配水管その他の設備を有すること。

5・1・2 水道水の水質

(1) 水質基準

水道水の水質は，水道法第4条に次のように定められている。

第1項 水道により供給される水は，次の各号に掲げる要件を備えるものでなければならない。

一 病原生物に汚染され，または病原生物に汚染されたことを疑わせるような生物もしくは物質を含むものでないこと。

二 シアン・水銀その他の有毒物質を含まないこと。

三 銅・鉄・弗素・フェノールその他の物質を，その許容量を超えて含まないこと。

四 異常な酸性またはアルカリ性を呈しないこと。

五 異常な臭味がないこと。ただし，消毒による臭味を除く。

六 外観は，ほとんど無色透明であること。

前項各号の基準に関しては，水道水の51の水質基準項目と水質基準値が，水質基準に関する厚生労働省令で定められている。それらのうち，検出されてならないものは，大腸菌である。水銀，鉛，鉄など，及びその化合物，一般細菌などは，基準値以下にしなければならない。

(2) 水道水における残留塩素

水を塩素消毒する際に，水中にアンモニアやその化合物があると，塩素とそれらが化合して結合残留塩素が生じる。結合残留塩素よりも，遊離残留塩素の方が殺菌作用がある。水中の一般細菌は，塩素で消毒すると，ほとんど検出されなくなる。 ◀よく出題される

水道法施行規則第17条第1項第三号により，給水栓における水が，遊離残留塩素を0.1 mg/L（結合残留塩素の場合は，0.4 mg/L）以上保持するように塩素消毒をすること。ただし，供給する水が病原生物に著しく汚染されるおそれがある場合又は病原生物に汚染されたことを疑わせるような生物もしくは物質を多量に含むおそれがある場合の給水栓における水の遊離残留塩素は0.2 mg/L（結合残留塩素の場合は，1.5 mg/L）以上とする。

したがって，原水が清浄であっても，必ず消毒しなければならない。 ◀よく出題される

水道水の消毒薬には，液化塩素，次亜塩素酸ナトリウム，次亜塩素酸カルシウムなどが使用される。

5・1・3　簡易専用水道

　水道法第3条第7項において「簡易専用水道」とは，水道事業の用に供する水道および専用水道以外の水道であって，水道事業の用に供する水道から供給を受ける水のみを水源とするものをいうと規定されている。ただし，その用に供する施設の規模が，政令で定める基準以下のものを除く。法第3条第7項ただし書に規定する政令で定める基準は，水道事業の用に供する水道から水の供給を受けるために設けられる水槽の有効容量の合計が10 m³であることとする（水道法施行令第2条）。すなわち，水道事業の水から供給されて，10 m³を超える貯水タンク方式の水道をいう。

　水道法第34条の2第1項および水道法施行規則第55条により，簡易専用水道の設置者は，水槽の清掃を1年以内ごとに1回，定期的に行うなど厚生労働省令で定める基準に従い，その水道を管理しなければならない。

5・1・4　給　水　装　置

　給水装置とは，水道法第3条第9項により，「需要者に水を供給するために水道事業者の施設した配水管から分岐して設けられた給水管およびこれに直結する給水用具をいう。」と規定されている。したがって，配水管から分岐した給水管に直結していない受水タンクは給水装置ではない。

　給水装置の構造および材質は，水道法施行令第5条に次のように定められている。

第1項　法第16条の規定による給水装置の構造及び材質は，次のとおりとする。

一　配水管への取付口の位置は，他の給水装置の取付口から30 cm以上離れていること。

二　配水管への取付口における給水管の口径は，当該給水装置による水の使用量に比し，著しく過大でないこと。

三　配水管の水圧に影響を及ぼすおそれのあるポンプに直接連結されていないこと。

四　水圧，土圧その他の荷重に対して充分な耐力を有し，かつ，水が汚染され，又は漏れるおそれがないものであること。

五　凍結，破壊，侵食等を防止するための適当な措置が講ぜられていること。

六　当該給水装置以外の水管その他の設備に直接連結されていないこと。

七　水槽，プール，流しその他水を入れ，又は受ける器具，施設等に給水する給水装置にあっては，水の逆流を防止するための適当な措置が

講ぜられていること。

給水管については，（公社）日本水道協会発行「水道施設設計指針」に，次の記述がある。

① 配水管から給水管を分岐する場合の管径は，配水管の管径より少なくとも一口径小さいものとする。

② 配水管から給水管を取り出す場合に，管径が25 mm 以下は分水栓またはサドル付分水栓とし，75 mm 以上は割T字管を使用する。

③ 硬質ポリ塩化ビニル管に分水栓を取り付ける場合は，配水管折損防止のためサドル付を使用する。

④ 道路内に配管する配水管は，他の埋設物との間隔を30 cm 以上確保する。

⑤ 配水管路の凸部その他適切な所に，空気弁を設ける。

⑥ ダクタイル鋳鉄管および硬質ポリ塩化ビニル管の異形管防護は，原則として，コンクリートブロックによる防護または離脱防止継手を用いる。

⑦ 配水管の水圧試験は，管路に充水後，一昼夜程度経過してから行うことが望ましい。

⑧ 道路部分に布設する口径80 mm 以上の配水管には，青色の地色に白文字で管理者名，布設年次等が書かれた明示テープ・明示シート等により配水管であることを明示する。

⑨ 敷地における配水管の埋設深さは，30 cm 以上とする。

⑩ 配水管の埋戻しの際は，良質土または砂を用いて適切な締固めを行い，管の保持を行う。

⑪ 給水装置に該当する管の耐圧性能試験の圧力は，1.75 MPa，1分間保持とする。

水道法施行規則第23条第1号により，配水管から分岐して給水管を設ける工事を施工しようとする場合，配水管の位置の確認に関する水道事業者との連絡調整は，給水装置工事主任技術者が行う。

水道法第16条の2第2項により，「水道事業者は，当該水道によって水の供給を受ける者の給水装置が当該水道事業者又は指定給水装置工事事業者の施行した給水装置工事に係るものであることを供給条件とすることができる。」と規定されている。

水道事業者は，配水管への取付口からメータまでの給水装置について，工法，工期その他工事上の条件を付すことができる。

なお，配水管の布設において，地下水位が高い場所では，管の浮上防止策を講じる必要がある。

給排水衛生設備

確認テスト〔正しいものには○，誤っているものには×をつけよ。〕

□□(1)　大腸菌は，水道水の水質基準として，水道法上，基準値以下としなければならない。

□□(2)　遊離残留塩素より結合残留塩素の方が，殺菌力が高い。

□□(3)　配水施設は，浄化した水を給水区域内の需要者に，必要な圧力で必要な量を供給するための施設である。

□□(4)　導水施設は，浄水施設から配水池まで浄水を送る施設である。

□□(5)　簡易専用水道とは，水道事業の用に供する水道から供給を受ける水のみを水源とし，水槽の有効容量の合計が$10\,\mathrm{m}^3$を超えるものをいい，簡易専用水道の設置者は，水槽の清掃を1年以内ごとに1回，定期的に行うなど厚生労働省令で定める基準に従い，その水道を管理しなければならない。

□□(6)　水道法でいう給水装置には，建築物に設ける受水タンクも含まれる。

□□(7)　配水管への給水装置の取付け位置は，他の給水装置の取付け位置から30 cm 以上離す。

□□(8)　給水管を不断水工法により配水支管から取り出す場合，一般に，給水管の口径が25 mm 以下のときにはサドル付分水栓，75 mm 以上のときには割T字管によって取り出す。

□□(9)　硬質ポリ塩化ビニル管に分水栓を取り付ける場合は，配水管折損防止のため離脱防止金具を使用する。

□□(10)　市街地等の道路部分に布設する口径80 mm 以上の配水管には，明示テープ等により配水管であることを明示する。

確認テスト解答・解説

(1)　×：大腸菌は，水道水の水質基準として，検出されてはならない。

(2)　×：遊離残留塩素は，水中に残留した強い酸化力を有する有効塩素であり，殺菌力が結合残留塩素よりも強い。なお，結合残留塩素は，水中のアンモニア化合物と塩素が結合したものであり，殺菌作用は小さくなっているが，まだ残っている。

(3)　○

(4)　×：導水施設は，取水施設から浄水施設まで原水を送る施設である。浄水施設から配水池まで浄水を送る施設は，送水施設である。

(5)　○

(6)　×：給水装置とは，水道の配水管から分岐して設けられる給水管・給水栓など配水管に直接つながっている設備であり，給水タンクは給水装置ではない。

(7)　○

(8)　○

(9)　×：硬質ポリ塩化ビニル管に分水栓を取り付ける場合は，配水管折損防止のためサドルを使用する。

(10)　○

5·2 下 水 道

給排水衛生設備

> 学習のポイント

1. 下水道の排除方式と管路施設基準を覚える。
2. 排水設備を理解する。

5・2・1 下水道の種類

下水道法における用語の定義は，下記のように定められている。

（1）下　　水

生活若しくは事業（耕作の事業は除く。）に起因し，もしくは付随する
廃水（以下「汚水」という。）または雨水をいう。

◀ よく出題される

（2）下　水　道

下水を排除するために設けられる排水管，排水きょその他の排水施設
（かんがい排水施設を除く。），これに接続して下水を処理するために設け
られる処理施設（し尿浄化槽を除く。）またはこれらの施設を補完するた
めに設けられるポンプ施設その他の施設の総体をいう。

下水道の種類には，公共下水道，流域下水道および都市下水路がある。

下水道施設の処理機能に障害を与えるような排水には，除害施設を設け
なければならない。

流域下水道：2以上の市町
村から下水を受けて処理す
るための下水道。

都市下水路：終末処理場を
もたず，主として市街地に
降った雨を速やかに排除す
ることを目的とする下水道。

（3）公共下水道

主として市街地における下水を排除し，または処理するために地方公共
団体が管理する下水道で，終末処理場を有するものまたは流域下水道に接
続するものであり，かつ，汚水を排除すべき排水施設の相当部分が暗きょ
である構造のものをいう。分流式の汚水だけを流す場合は，必ず暗きょと
する。

公共下水道を使用する者は，建物からの排水が排除基準に適合していな
い場合には，除害施設等を設けなければならない。

5・2・2 下水道の排除方式

下水道の排除方式には，汚水と雨水とを同一の管きょ系統で排除する合
流式と，これらの下水を別々の管きょ系統で排除する分流式とがある。

分流式は降雨初期に，汚濁された路面排水が直接公共用水域へ放流され
るが，合流式は収集処理することが可能である。しかし，大雨時に，計画

下水量（計画時間最大汚水量）の３倍程度を超える下水は，無処理で公共
用水域などへ放流されるので，合流式は分流式に比べて，水質汚濁のおそ
れが高い。

5・2・3　管路施設

（1）　流速・勾配および最小管径など

　流速は，一般に下流に行くに従い漸増させ，勾配は，下流に行くに従い
しだいに緩くなるようにし，次の各項目を考慮して決める。分流式の汚水
管きょは，合流式の管きょに比べて小口径のため，勾配が急になり，埋設
深さが深くなる。

（a）　汚水管きょ

　汚水管きょにあっては，計画下水量に対し，原則として最小流速は，
沈殿物が堆積しないように0.6 m/s，最大流速は，管きょやマンホール
に損傷を与えないように3.0 m/sとする。

（b）　雨水管きょおよび合流管きょ

　雨水管きょおよび合流管きょは，沈殿物の比重が大きいため，計画下
水量に対し，原則として，分流式の汚水管きょに比べて最小流速を大
きくし，流速は最小0.8 m/s，最大3.0 m/sとする。合流式の管きょは，
分流式の汚水管きょに比べて大口径のため，勾配が緩やかになり，埋設
深さが浅くなる。

（c）　最小管径

　汚水管きょは200 mmを標準とし，雨水管きょおよび合流管きょは
250 mmを標準とする。

（d）　汚水管と雨水管の埋設位置

　分流式の汚水管と雨水管が平行する場合，原則として汚水管を建物側
とし，上下に平行することを避け，交差する場合は汚水管を下にする。

（2）　管きょの種類

　管きょに使用される管の種類には様々なものがあるが，管きょには，一般
に鉄筋コンクリート管，硬質ポリ塩化ビニル管（VU管）などが用いられる。
　管きょの断面形は，円形または矩形を標準とし，小規模下水道では円形
または卵形を標準とする。

（3）　管きょの基礎

　鉄筋コンクリート管・陶管などの剛性管きょには，条件に応じて，
砂・砕石・はしご（梯子）胴木・コンクリート等の基礎を設ける。また，
必要に応じて，鉄筋コンクリート基礎・くい（杭）基礎またはこれらの
組合せ基礎を施す。
　硬質ポリ塩化ビニル管・強化プラスチック複合管などの可とう性管き

ょは，原則として<u>自由支承の砂または砕石基礎</u>とし，条件に応じて，ベットシート・布基礎などを設ける。

（4）　管きょの接合

(a)　管きょの管径が変化する箇所の接合方法

管きょの管径が変化する場合または2本の管きょが合流する場合の接合法には，図5・2に示すような4種類の接合方法があるが，原則として水面接合または管頂接合とする。

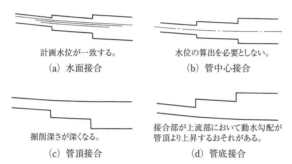

図5・2　管きょの管径が変化する箇所の接合方法

(b)　地表勾配が急な場合の接合方法

地表勾配が急な場合には，管径の変化の有無にかかわらず管きょの勾配を適切に保持するため，原則として地表勾配に応じて図5・3に示すような段差接合または階段接合とする。段差接合において，段差が0.6m以上ある場合には，原則として，副管を使用する。

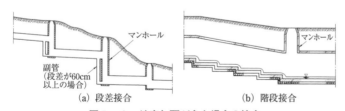

図5・3　地表勾配が急な場合の接合

(c)　2本の管きょが合流する場合の接合方法

2本の管きょが合流する場合の中心交角は，図5・4に示すように，原則として60°以下とし，曲線をもって合流する場合の曲率半径は，内

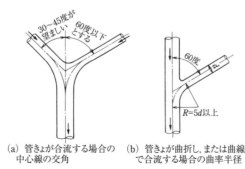

図5・4　管きょが合流する場合の中心交角と曲率半径

径の5倍以上とする。

（5）　取 付 け 管

取付け管はますから本管への接続管であり，敷設方向は本管に対して直角とし，本管取付け部は本管に対して鋭角（60°または90°）とし，本管の中心線より上方に取り付ける（管底接続不可）。取付け管の最小管径は150 mm を標準とし，勾配は1/100（10‰）以上とする。 ◀ よく出題される

（6）　ま　　　す

汚水ますの位置は，公道と民有地との境界線付近とし，ますの底部にはインバートを設ける。

雨水ますのの位置も公道と民有地との境界線付近とするが，歩道がない構造の道路では，公道と民有地の境界付近の公道側に設置する。なお，雨水ますには，流入雨水の一部を浸透させる雨水浸透ますがある。

5・2・4　排 水 設 備

（1）　排水設備の設置および構造

排水設備の設置および構造は，建築基準法その他の法令の規定によるほか，下水道法施行令第8条において，次のように規定されている。

八　暗きょである構造の部分の次に掲げる箇所には，ますまたはマンホールを設けること。

　イ　もつぱら雨水を排除すべき管きょの始まる箇所

　ロ　下水の流路の方向または勾配が著しく変化する箇所。ただし，管きょの清掃に支障がないときは，この限りでない。

　ハ　管きょの長さがその内径または内のり幅の120倍を超えない範囲内において，管きょの清掃上適当な箇所

九　ますまたはマンホールには，ふた（汚水を排除すべきます又はマンホールにあっては，密閉することができるふた）を設けること。

十　ますの底には，もつぱら雨水を排除すべきますにあっては，深さが15 cm以上のどろためを，その他のますにあっては，その接続する管きょの内径または内のり幅に応じ相当の幅のインバートを設けること。なお，インバートとは，汚水ますの底部に設ける溝で，下水の円滑な流下を図るためのもので

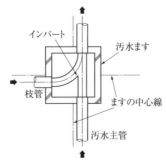

図5・5　インバートます

ある。

　十一　汚水を一時的に貯留する排水設備には，臭気の発散により，生活
　　　　環境の保全上支障が生じないようにするための措置が講ぜられている
　　　　こと。

（2）　宅地ます

　宅地ますの大きさ，構造および形状は，内径または内のりが<u>15 cm 以上</u>
<u>の円形または角形</u>とし，堅固で耐久性のある構造とし，コンクリート製・
鉄筋コンクリート製・プラスチック製などとする。

　汚水ますの底部には，接続する排水管の管径に合わせて半円形のインバ
ートを設ける。

　敷地雨水排水を目的としてU形側溝を使用する場合は，<u>深さ15 cm 以上</u>　　◀ よく出題される
<u>のどろためを設けた雨水ます</u>で受けて排水する。

　合流式では，雨水排水管を汚水管に接続する箇所のますは，臭気の発散
を防止するためトラップますとする（図5・6）。

　上流・下流の排水管の落差が大きい場合は，図5・7に示すようなドロ
ップますなどを使用する。

　なお，排水管の土被りは，建物の敷地内の場合，原則として20 cm 以上
とする。

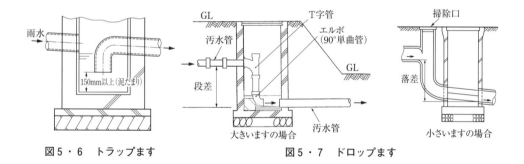

図5・6　トラップます　　　　　図5・7　ドロップます

確認テスト〔正しいものには○，誤っているものには×をつけよ。〕

□□(1) 合流式は，雨天時に越流水を公共用水域に放流するので，分流式に比べて，水質汚濁のおそれが高い。

□□(2) 合流式の管きょは，分流式の汚水管きょに比べて大口径のため，勾配が急になり，埋設深さが深くなる。

□□(3) 分流式では，汚水管を建物側，雨水管を外側に配置した。

□□(4) 取付け管を本管に接続するときは，本管と鋭角に管底接続する。

□□(5) 管底接合は，地表面の勾配が急な敷地において，下水道管きょの勾配を適切に保持するための接合である。

□□(6) 硬質土の地盤に，可とう性を有する下水道管きょを布設する場合，管きょの基礎はコンクリート基礎とする。

□□(7) 排水設備においては，暗きょである管きょの長さがその内径の120倍を超えない範囲内にますを設ける。

□□(8) 合流式の雨水ますは，臭気の発散を防止するため，底部にインバートを設ける。

□□(9) 公共ますと汚水ますの落差が大きく，近接している場合は，ドロップますを設ける。

□□(10) 排水設備の雨水ますの底には，深さ15 cm 以上のどろためを設ける。

確認テスト解答・解説

(1) ○

(2) ×：合流式の管きょは，分流式の汚水管きょに比べて大口径のため，勾配を緩やかにすることができ，埋設深さが浅くてすむ。

(3) ○

(4) ×：取付け管を本管に接続するときは，本管取付け部は本管に対して60°または90°とし，本管の中心線より上方に取り付ける。

(5) ×：地表面の勾配が急な敷地において，下水道管きょの勾配を適切に保持するための接合は，段差接合である。

(6) ×：硬質ポリ塩化ビニル管などの可とう性のある管きょを布設する場合の基礎は，原則として，自由支承の砂基礎または砕石基礎とする。

(7) ○

(8) ×：合流式の雨水ますは，底部に泥だめを設ける。

(9) ○

(10) ○

5·3 給水設備

学習のポイント

1. クロスコネクションと逆サイホン作用を理解する。
2. 飲料水用タンクの設置に関する事項を覚える。
3. ウォータハンマの防止を理解する。

5・3・1 給水設備における汚染防止

給水の汚染の原因には，逆流などによる給水以外の水の混入，受水タンク・高置タンクなどの開放水槽への異物の侵入，配管内面など水に接する材料からの有害物質の溶出などがある。

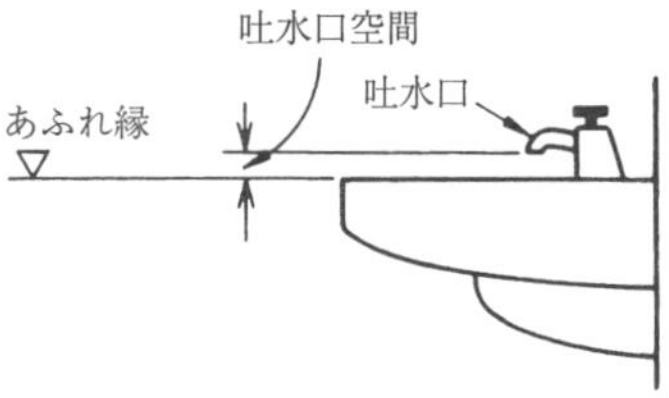

逆流の原因には，クロスコネクションと逆サイホン作用とがある。

（1）クロスコネクション

クロスコネクションとは，飲料水・給湯系統とその他の系統が配管・装置により直接接続することであり，飲料水配管と井水配管とを逆止め弁および仕切弁を介して接続しても，クロスコネクションとなる。逆止め弁を介しても，逆止め弁の弁座にごみがかむと逆流を防止できないので，クロスコネクションとなる。クロスコネクションは行ってはならない。

◀よく出題される

（2）逆サイホン作用

吐水口空間とは，給水栓の吐水口端と器具のあふれ縁との鉛直距離をいう（図5・8参照）。

あふれ縁とは，容器から水があふれる縁で，オーバフロー口ではない。

逆サイホン作用は，水受け容器に給水する場合に，図5・8に示すように，吐水口と容器のあふれ縁との間に十分な吐水口空間がないと，給水管内が負圧のと

吐水口空間
吐水口
あふれ縁

図5・8 吐水口空間

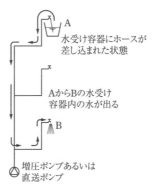

A　水受け容器にホースが差し込まれた状態

AからBの水受け容器内の水が出る

B

増圧ポンプあるいは直送ポンプ

ポンプ故障時にBの水栓を開けたり，ポンプ性能劣化時にBの水栓を開けて多量の水を出すと負圧により逆サイホン作用による逆流が発生する可能性がある。

図5・9 逆サイホン作用説明図

◀よく出題される

きに水受け容器の中の水が給水管内に逆流する現象であり，図5・9にその説明図を示す。

　　ただし，飲料用受水タンクの吐水口空間は，給水管のタンクへの流入口端とオーバフロー管の水槽接続部下端（あふれ縁）との間に確保する。

　　大便器洗浄弁のように，吐水口空間を確保して給水することができない場合には，水受け容器のあふれ縁よりも高い位置に**大気圧式バキュームブレーカを設置する**。バキュームブレーカには，常時は水圧がかからない位置に設ける大気圧式バキュームブレーカと，常時水圧はかかるが逆圧のかからない位置に設ける**圧力式バキュームブレーカ**とがある。

　　洗車場やごみ置場のホース接続水栓と散水栓のホース接続水栓は，逆流による汚染防止のために，バキュームブレーカ付きとする。

　　床付き散水栓は，土砂の堆積により箱内の水はけが悪くなるので，飲料水系統に使用しない。

図5・12参照。

◀ よく出題される

5・3・2　給水方式

（1）　給水量と配管材料

　　給水量の算定にあたっては，建物の用途，使用時間及び使用人員を把握するほか，空調用水等も考慮する必要がある。

　　配管材料には，硬質塩化ビニルライニング鋼管，一般配管用ステンレス鋼鋼管，樹脂管等が用いられる。

　　給水方式は，図5・10に示す水道直結方式と，図5・11に示す受水タンク方式に大別される。

　　給水管の分岐は，上向き給水の場合は上取り出し，下向き給水の場合は下取り出しとする。

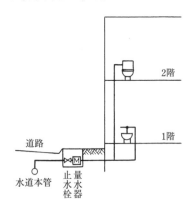

　　（a）水道直結直圧方式　　　　　（b）水道直結増圧方式

図5・10　水道直結給水方式

（2）　水道直結方式

　水道直結方式には，水道本管の水圧を利用する**水道直結直圧方式**と，水道本管にポンプを接続して加圧する**水道直結増圧方式**とがある。

　水道法により給水装置となり，水道法の適用を受ける。水道直結方式は，高置タンク方式に比べ，受水タンク・高置タンクなどの開放水槽がないため，水槽への異物の混入がなく，水質汚染の可能性が低い。また，受水タンクがないので，受水タンク方式と比べて給水引込み管の管径が大きくなる。

◀よく出題される

　①　**水道直結直圧方式**　　水道直結直圧方式は，比較的低い建物に適用され，その給水栓の圧力は水道本管の圧力に応じて変化する。

　②　**水道直結増圧方式**

　　水道直結増圧方式は，水道直結直圧方式では給水できないような高い建物に適用され，給水栓の圧力は水道本管の圧力の変動を受けないようになっている。しかし，高置タンク方式に比べて，ポンプの吐出量が大きくなる。

　　また，水道直結増圧方式では，水道本管への逆流を確実に防止できる逆流防止器が必要である。

（3）　受水タンク方式

　受水タンク方式は，配水管からの水を受水タンクに受水し，建物内で加圧して給水する方式である。

　受水タンク方式には，図5・11に示すように，高置タンク方式・圧力タンク方式およびポンプ直送方式がある。

　①　**高置タンク方式**　　高置タンクの水位により揚水ポンプを運転し，高置タンクから重力により必要箇所へ給水する方式で，他の方式に比べて給水圧力の変動が小さい。重力により給水する場合，高置タンク

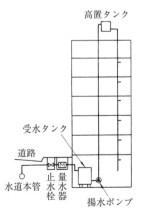
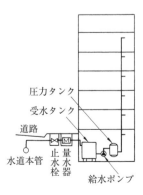
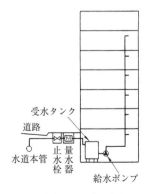

(a)　高置タンク方式　　　　　　(b)　圧力タンク方式　　　　　　(c)　ポンプ直送方式

図5・11　受水タンク方式

の高さは，最上階器具等の必要給水圧力が確保できるよう決定する。また，揚水ポンプは，一般的に，水道直結増圧ポンプに比べて，送水量を小さくできる。

② 圧力タンク方式およびポンプ直送方式　図5・11に示すように，どちらの方式も受水タンクまでは高置タンク方式と同じであるが，圧力タンク方式は，給水ポンプから圧力タンクに送水し圧力タンク内の空気を加圧し，その圧力により給水する。

③ ポンプ直送方式は，給水ポンプにより建物各所に給水する。給水量の変動には，給水ポンプの台数制御やインバータによる回転数制御により行っている。また，瞬時最大給水量をまかなう必要があるので，高置タンク方式と比べ，ポンプの容量が大きくなり，給水主管の管径は太くなる。

5・3・3　飲料用受水タンク・高置タンク

飲料用給水タンクの上部には，原則として，空気調和用など飲料水以外の用途の配管を通さない。やむを得ず，給水管以外の管を通す場合には，漏水受け用のパンを設けて，飲料用給水タンク内に漏水が浸入しないようにする。　◀ よく出題される

飲料用給水タンクのオーバフロー管の管端開口部には金網（防虫網）等を設ける（排水トラップは設けない）。　◀ よく出題される

飲料用給水タンクには，直径60 cm 以上の円が内接するマンホールを設けて，飲料用給水タンクの保守点検スペースは，周囲および下部は60 cm以上とし，上部は1.0 m 以上とする。なお，FRP 製タンクと配管との接　◀ よく出題される

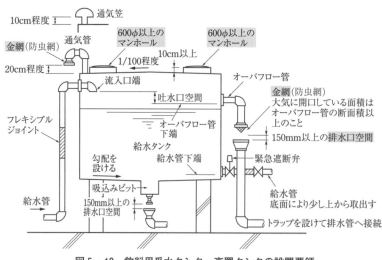

図5・12　飲料用受水タンク・高置タンクの設置要領

続には，配管の変位による荷重が直接タンクにかからないように，フレキシブルジョイントを設ける。

　飲料用給水タンクは，タンク清掃時の断水を避けられるようにタンクを複数設けるか，1基の場合には仕切りを入れ分割することが望ましい。

　「建築物における衛生的環境の確保に関する法律」に基づく特定建築物において，飲耕用水槽と雑用水槽は法令上の点検義務がある。

5・3・4　ウォータハンマの防止

　ウォータハンマは，管内を流れていた水を急閉止する際に生じる現象である。

1・2・3（3）「ウォータハンマ」（p.20）を参照

① ウォータハンマを防止するには，管内流速をできるだけ小さくする。

◀ よく出題される

② 静水頭が高い配管には，ウォータハンマが発生しがちであるので，その防止のために水撃圧で空気を圧縮して，水撃圧の上昇を緩和するエアチャンバなどを設ける。

◀ よく出題される

③ 揚程が30mを越える給水ポンプの吐出し側に設ける逆止め弁は，ウォータハンマを防止するために緩閉形逆止め弁などの衝撃吸収式のものとする。

④ 受水タンクへの給水には，ウォータハンマを起こりにくくするため，一般的に，定水位弁が用いられる。

給排水衛生設備

確認テスト〔正しいものには○，誤っているものには×をつけよ。〕

□□(1) 飲料水系統と井水系統の配管を接続すると，止水弁や逆止め弁を設けてもクロスコネクションとなる。

□□(2) 逆サイホン作用とは，水受け容器中に排出された水等が，給水管内に生じた負圧による吸引作用のため，給水管内に逆流する現象をいう。

□□(3) 洗面器の吐水口空間とは，給水栓の吐水口端とオーバフロー口との鉛直距離をいう。

□□(4) 大気圧式バキュームブレーカは，常時水圧のかかっている配管に設ける。

□□(5) 水道直結増圧方式には，逆流を確実に防止できる逆流防止器を設ける。

□□(6) 水道直結方式は，高置タンク方式に比べ，水質汚染の可能性が高い。

□□(7) 建物内に給水タンクを設置する場合は，周囲，上部及び下部に50 cm以上の保守点検スペースを設ける。

□□(8) 飲料用給水タンクのオーバフロー管には，トラップを設け，蚊などの虫が入らないようにする。

□□(9) ウォータハンマを防止するためには，管内流速が小さくなるように設計する。

□□(10) ウォータハンマを防止するため，給水管にエアチャンバを設置した。

確認テスト解答・解説

(1) ○

(2) ○

(3) ×：給水栓の吐水口端と洗面器のあふれ縁との鉛直距離をいう。

(4) ×：大気圧式バキュームブレーカは，最終弁の二次側の常時水圧のかからない配管に設ける。

(5) ○

(6) ×：水道直結方式は末端の器具まで給水装置となり，水道事業者の水道本管から直接給水されるために，汚染の発生する可能性が低い。

(7) ×：建物内に給水タンクを設置する場合は，周囲および下部には60 cm以上の，上部には1 m以上の保守点検スペースを設ける。

(8) ×：飲料用給水タンクのオーバフロー管には，トラップを設けないが，蚊などの虫，ほこり，その他衛生上有害なものが入らないようにするために防虫網を設ける。

(9) ○

(10) ○

5·4 給湯設備

学習のポイント

1. 給湯方式について理解する。
2. 給湯温度を理解する。
3. ガス瞬間湯沸し器の種類と号数について理解する。
4. 中央式給湯設備の循環ポンプの水量と揚程の求め方について理解する。
5. 安全装置について理解する。

5・4・1 給湯方式

給湯方式には，湯を使用する箇所ごとに加熱器を設置して給湯する局所式と，図5・13に示すように，機械室などに温水発生機や加熱コイル付き貯湯タンクなどの加熱装置を設置して，これらから湯を建物全体に配管によって供給する中央式とに大別される。

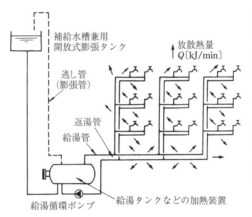

図5・13 中央式給湯設備

局所式給湯方式は，給湯箇所が少ない場合には，少ない設備費で必要温度の湯を比較的簡単に供給することができるが，給湯箇所が多くなると維持管理が煩雑となる。一般に湯沸室の給茶用の給湯に採用されている。

◀ よく出題される

中央式（循環式）給湯方式は，ホテルや病院などの給湯量の多い建物に採用されており，給湯栓を開いたときにすぐに適温の湯が出るように返湯管を設け，さらに返湯管に給湯循環ポンプを設けて湯を循環させる。

5・4・2 給湯温度

一般に，給湯の使用温度は湯茶用で90℃程度，洗面用で40℃程度である。中央式（循環式）給湯設備では，浴室へは55〜60℃とし，湯の使用箇所

において水と混合して使用し，シャワー用水栓は，熱傷の危険を避けるため，一般にサーモスタット付き湯水混合水栓を使用する。

　また，給湯温度を低くするとレジオネラ症（在郷軍人病）の病原菌であるレジオネラ属菌などの細菌が増殖するので，給湯温度はピーク使用時においても55℃以上とする。

　湯沸し室の給茶用給湯器は，使用温度が90℃程度と高いため，一般に，局所式とする。

◀ よく出題される

5・4・3　局所式給湯方式

　給湯器は，ガスや石油用の給湯器（瞬間式湯沸し器），ガス式あるいは電気式の貯湯湯沸し器，電気温水器，大気中の熱エネルギーを給湯の加熱に利用するヒートポンプ給湯機，など多様化している。潜熱回収形給湯器は，燃焼排ガス中の水蒸気の凝縮潜熱を給水の予熱に回収することで，熱効率を向上させている。FF方式のガス給湯器とは，燃焼用の外気導入と燃焼排ガスの屋外への排水を送風機を用いて強制的に行う方式である。

◀ よく出題される

◀ よく出題される

　ガス瞬間湯沸し器は住宅に多く使用され，貯湯量がないので，能力は，それに接続する器具の必要給湯量を基準として算定する。

　ガス瞬間湯沸し器の能力は，一般に，号数で呼ばれ，水温の上昇温度を25℃とした場合の出湯流量1 L/minを1号としている。ガス瞬間湯沸し器には，湯沸し器に付属の給湯栓の開閉によりバーナを点火する小形の元止め式と，湯沸し器からの給湯配管に設ける給湯栓の開閉によりバーナを点火する先止め式とがある。屋内に給湯する屋外設置のガス瞬間湯沸し器やシャワーに用いるガス瞬間湯沸し器は，一般に先止め式とする。

◀ よく出題される

◀ よく出題される

5・4・4　中央式給湯方式

（1）　給湯循環ポンプ

　中央式（循環式）給湯配管においては，湯を循環させることにより配管内の湯の温度低下を防止するために，循環ポンプを設ける。循環ポンプの循環水量は，加熱装置の出入口温度差（一般に5℃）と循環経路の配管および機器からの熱損失から求める。中央式給湯用循環ポンプは，循環湯量はわずかであり，一般に，貯湯タンク入口側の返湯管に設ける。

◀ よく出題される

　循環ポンプの揚程は，循環流量が各循環管路に配分された場合の，最も摩擦損失水頭の大きい循環回路における損失水頭とする。

　循環ポンプを使用する給湯配管の回路は密閉回路であるため，高低差による圧力損失は考慮する必要はなく，循環ポンプの揚程は，循環流量が各循環管路に配分された場合の，最も摩擦損失水頭の大きい循環回路におけ

る摩擦損失水頭である。

　循環ポンプの循環水量は給湯量から使用量を差し引いた流量であるため，循環ポンプは管径の細い返湯管に設ける。

（2）配　　管

　中央式（循環式）給湯設備の上向き循環式配管方式の場合は，配管中の空気抜きを考慮して，給湯管を先上がり，返湯管を先下がりとする。

　長い給湯管および返湯管は，温度変化により伸縮するので，その管軸方向の変位量に対応するために，伸縮継手を設置する。また，給湯配管をコンクリート内に敷設する場合には，保温材などをクッション材として機能させて，熱膨張の伸縮によって配管が破断しないように措置を行う。

　配管は銅管，一般配管用ステンレス鋼鋼管，樹脂管（架橋ポリエチレン管など）が使用され，架橋ポリエチレン管の線膨張係数は，銅管の線膨張係数に比べて大きい。耐熱性のない水道用硬質塩化ビニルライニング鋼管は使用できない。

　配管の流速は，一般に，2.0 m/s 程度以下とするが，銅管を用いる場合は，潰食（エロージョン）の発生を防ぐため，管内流速が1.5 m/s 以下になるように管径を求める。

5・4・5　安全装置

　水は加熱すると膨張するので，瞬間湯沸し器のように，水が加熱されるときには装置が密閉されていない場合を除き，給湯設備内の圧力が上昇して危険なので，給湯設備には安全装置を設ける必要がある。安全装置には，逃し管（膨張管）・逃し弁・安全弁・膨張タンクなどがある。

　逃し管（膨張管）は，貯湯タンクなどから単独配管として立ち上げ，止水弁を設けてはならない（図5・13）。　◀ よく出題される

　逃し弁，または安全弁は，貯湯タンクやボイラの本体に設けて，圧力が設定値を越えないように，内部の湯を放出する。なお，ガス瞬間湯沸し器は，使用時以外には加熱されないので，逃し弁を設ける必要はない。

　膨張タンクは，膨張した湯を受けるタンクで，開放式のものと密閉式のものとがある。開放式膨張タンクは，給湯配管系の最も高い位置に設け，一般に給湯設備への補給水槽を兼ねる。　膨張タンクについては，4・4・4「温水暖房」（p.92）を参照。

　密閉式膨張タンクは，密閉したタンクで，膨張した湯がタンク内の気体を圧縮して装置内の圧力を異常に上昇させない。しかし，設計圧力以上の過大な圧力上昇を防止するために，逃し弁を設置する必要がある。また，補給水タンクを兼用しないため，設置位置の制限はないが，給湯配管系統の保有水量に応じて大きくする。　◀ よく出題される

給排水衛生設備

確認テスト〔正しいものには○，誤っているものには×をつけよ。〕

□□(1)　湯沸室の給茶用給湯器は，使用温度が90℃程度と高いため，一般に，局所式とする。

□□(2)　循環式給湯設備の給湯温度は，レジオネラ属菌の繁殖を防止するため，45℃に維持する。

□□(3)　シャワー用水栓は，熱傷の危険を避けるため，一般に，サーモスタット付き湯水混合水栓を使用する。

□□(4)　ガス瞬間湯沸し器の出湯能力は，流量1L分の水の温度を25℃上昇させる能力を1号として号数で表す。

□□(5)　シャワーに用いるガス瞬間湯沸器は，一般に，元止め式とする。

□□(6)　中央式給湯設備の循環ポンプは，一般に，貯湯タンクの出口側の給湯管に設ける。

□□(7)　逃し管は，貯湯タンクなどから単独で立ち上げ，保守用の仕切弁を設ける。

□□(8)　上向き式供給の場合，給湯管は先上がり，返湯管は先下がりとする。

□□(9)　中央式給湯設備の膨張タンクは，水の膨張により装置内の圧力を異常に上昇させないために設ける。

□□(10)　密閉式膨張タンクの設置位置は，給湯配管系統の最も低い位置に設けなければならない。

確認テスト解答・解説

(1)　○

(2)　×：レジオネラ属菌の繁殖を抑制するため，貯湯槽内の温度は60℃以上とし，末端の給湯栓でも55℃以上となるように調整する。

(3)　○

(4)　○

(5)　×：屋内に給湯する屋外設置のガス瞬間湯沸器は，先止め式である。

(6)　×：中央式給湯用の循環ポンプは，貯湯タンクへの返湯側の返湯管に設ける。

(7)　×：逃し管は，貯湯タンクなどから単独で立ち上げるが，逃し管に仕切り弁を設けてはならない。

(8)　○

(9)　○

(10)　×：密閉式膨張タンクは，タンク内に封入された気体を圧縮して給湯配管系統の膨張量を吸収するため，設置高さの制約はない。

5·5 排水・通気設備

学習のポイント

1. 排水トラップの目的，種類，封水深などを理解する。
2. 排水管の管径を覚える。
3. 通気管の種類と配管方法を理解する。

5・5・1 排水の種類

下水道法においては，生活や耕作の事業を除く事業に起因する廃水をすべて汚水と定義しているが，給排水衛生設備では，排水の種類を次のように区分している。

汚　水　大小便器およびこれらと類似の用途をもつ器具から排出される水並びに，それらを含む排水をいう。

雑排水　大小便器およびこれらと類似の用途をもつ器具を除くその他の器具からの排水をいう。ただし，次に記述する特殊排水を除く。

特殊排水　一般の排水系統，または，公共下水道などへ直接放流できない有害・有毒・危険，その他望ましくない性質を有する排水をいい，放流に先立って処理施設を必要とする排水をいう。

雨　水　雨水およびこれに準じる排水をいう。

5・5・2 排水トラップ

衛生器具からの排水を直接排水管に接続すると，下水ガスや害虫などが室内に侵入し，室内環境を非衛生にする。下水ガスは，悪臭を放つばかりでなく，有毒ガスや爆発性ガスを含む場合もある。

排水トラップは，下水ガスや害虫が衛生器具などを通って室内へ侵入するのを防止する器具である。排水トラップは，図5・14に示すように，器具の中や器具からの排水管の途中に水をため，この水によって下水ガスの室内への侵入を阻止しようとするもので，このためた水を封水という。したがって，排水トラップが設置されていても，封水が保持されていなければ，トラップの有効性はなくなる。トラップの有効封水深（ディップか

らウェアまでの高さ）は，
50 mm 以上100 mm 以下
（ただし，阻集器を兼ねる
トラップにおいては50 mm
以上）でなければならない。

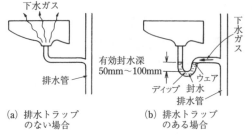

ディップは水底面頂部，ウェアはあふれ面を示す。

(a) 排水トラップ
のない場合
(b) 排水トラップ
のある場合

図5・14　排水トラップ

5・5・3　トラップの種類

　図5・15に，水封式トラップの種類を示す。水封式トラップの機能は，封水を常時保持することで維持される。図(a)〜(c)のトラップは，自己サイホン作用を起こしやすいのでサイホン式トラップといい，図(d)，(e)のトラップは非サイホン式トラップという。Ｐ，Ｓ，Ｕトラップとドラムトラップは，配管の途中に設けるトラップ（管トラップともいう）である。

　Ｓトラップは，Ｐトラップよりも，自己サイホン作用が起こりやすく，封水が破られやすい。

　ドラムトラップは非サイホン式トラップで，混入物をトラップに堆積させ，清掃できる構造となっており，水封部に多量の水を有する。サイホン式トラップより封水が破られにくい。

　ボトルトラップは非サイホン式トラップで，ＰトラップやＳトラップと比べて封水損失は少なく，壁排水用に使用する。

　わんトラップ（ベルトラップ）は，わんを取り外すとトラップ機能を失う。

　大便器のトラップは，本体と一体になっているため，作り付けトラップと呼ばれる。

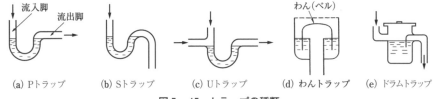

(a) Ｐトラップ　　　(b) Ｓトラップ　　　(c) Ｕトラップ　　　(d) わんトラップ　　　(e) ドラムトラップ

図5・15　トラップの種類

5・5・4　トラップ封水の損失の原因と防止

（1）　自己サイホン作用

　自己サイホン作用とは，洗面器などに水を満水にし，排水栓を抜いて排水すると洗面器・トラップ・器具排水管内が満水状態になり，排水終了時にサイホン作用が生じ，トラップ内に封水があまり残らなくなる現象であ

る。自己サイホン作用を防止するため，器具排水口からトラップウェアまでの垂直距離を600 mm 以下とする。

自己サイホンを生じやすいトラップには，各個通気方式を採用する。

（2） 誘導サイホン作用

上階から排水が流れた場合の排水管内の圧力は，図5・16に示すように，上階では負圧，下層階では正圧となる。誘導サイホン作用は，負圧部に接続されているトラップの封水が，図5・17に示すように，流出脚に吸い上げられて損失する現象である。封水は，静的に吸い上げられて損失するだけでなく，振動によっても損失する。

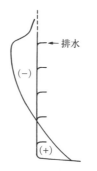

図5・16 排水立て管内の
圧力変動

誘導サイホン作用と跳ね出し作用は，排水管に通気管を設け，排水管内の圧力をできるだけ大気圧に保てば，かなり防止できる。

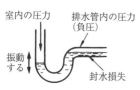

図5・17 誘導サイホン作用

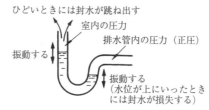

図5・18 跳ね出し作用

（3） 跳ね出し作用

跳ね出し作用は，排水管の正圧部に接続されているトラップの封水が，図5・18に示すように，流入脚にもち上げられ，室内へ飛び出して損失する現象であり，飛び出さない場合でも，封水は振動によって損失する。

（4） そ の 他

トラップのウェア部に糸くずや髪の毛が引っかかった場合には，毛管現象により，封水は損失する。また，長い間封水が補給されないと，蒸発により封水が損失する。

器具からの排水管にトラップを二重に設けることを二重トラップというが，二重トラップは，トラップ間の空気が排水系統の流れを阻害するので行ってはならない。

営業用厨房の排水に多く含まれている油脂分（グリース）は，排水が冷えると固化して管壁に付着し，排水管を閉塞する。これを防止するために，油脂分の流出を阻止するグリース阻集器を厨房排水管に設ける。

また，阻集器は，排水管または下水管に流入させると有害な物質を阻集するもので，トラップの機能を有するものが多いので，器具トラップを設

◀ よく出題される

けると二重トラップになるおそれがある。

屋外に設けるトラップますは，臭気が逆流しない構造とする。

5・5・5 間接排水

器具排水管を他の排水管に接続すると，排水管の詰まりやトラップの破封などによる器具への排水や下水ガスの侵入をなくすることはできない。したがって，そのような事態が生じてはならない機器などからの器具排水管は，間接排水とする。間接排水の方法には，図5・19に示す排水口空間と図5・20に示す排水口開放とがある。

排水口空間による方法は，器具排水管と排水管との間に空間を設けて間接的に排水する。なお，<u>間接排水を受ける水受け容器など排水管には，トラップを設けなければならない。</u>なお，間接排水を受ける水受け容器に手洗い器，洗面器を利用してはならない。

◀ よく出題される

間接排水とすべき機器・器具には，冷蔵庫，<u>水飲器</u>，ルームクーラのドレン管，洗濯機，<u>飲料水タンク等の水抜管およびオーバフロー管</u>などがある。

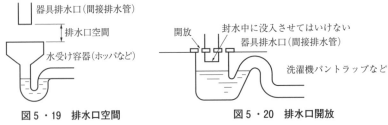

図5・19 排水口空間　　　　　図5・20 排水口開放

5・5・6 排水管の管径と施工

<u>排水管の管径決定法</u>として，<u>器具排水負荷単位法と定常流量法</u>とがある。

◀ よく出題される

器具排水負荷単位法は，器具排水負荷単位と勾配を基準に排水管の管径を決める方法である。

排水は，トラップ・器具排水管・排水横枝管・排水立て管・排水横主管・敷地排水管の順に流れるが，排水管の管径は，下流に向かって縮小してはならない。また，<u>器具排水管，排水横枝管の管径は最小30 mm</u> とし，かつ，トラップ口径より小さくしてはならない。なお，トラップ口径は，大便器は75 mm，掃除流しは65 mm，汚物流しは75 mm，小・中形小便器は40 mm，洗面器は30 mm である。

<u>地中床埋設排水管の管径は，50 mm 以上</u>とすることが望ましい。

◀ よく出題される

排水立て管の管径は，<u>どの階においても，最下部の最も大きな排水負荷</u>

を負担する部分の管径と同径とする。また，排水横主管の管径は，これに接続する排水立て管の管径以上とする。

　排水横枝管の最小勾配は，管径65 mm 以下が1/50，75 mm と100 mm が1/100，125 mm が1/150，150 mm 以上が1/200とする。

　その他の留意事項として，次のようなものがある。

　雨水は，建物内で単独系統とし，他の排水系統と合流させてはならない。

　排水立て管の最下部又はその付近には，掃除口を設ける。

　屋外埋設排水管の勾配が著しく変化する箇所には，排水ますを設ける。

　雑排水用水中モータポンプの口径は50 mm 上とする。

　汚物ポンプの吸込み口径は80 mm 以上とする。

　大便器の器具排水管は，湿り通気管に利用できない。

5・5・7　通気方式と通気管の種類

　通気管の目的は，排水管内の空気の流れを円滑にして，圧力をできるだけ大気圧に保持し，排水トラップの封水を保護することである。　◀ よく出題される

　通気方式は，図5・21に示すように，各個通気方式・ループ通気方式および伸頂通気方式に大別される。

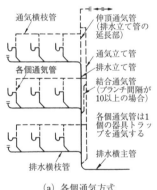

(a) 各個通気方式

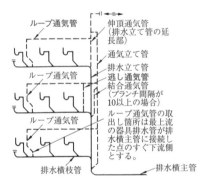

(b) ループ通気方式

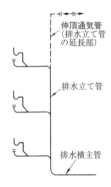

(c) 伸頂通気方式

図5・21　通気方式

（1）　各個通気方式

　各個通気方式は，各器具のトラップ下流側の排水管からそれぞれ取り出す各個通気管によって誘導サイホン作用と自己サイホン作用を防止するとともに，排水横枝管の圧力をできるだけ大気圧に保持する。通気方式のうちで，最も完全な機能が期待できる。　◀ よく出題される　◀ よく出題される

（2）　ループ通気方式

　ループ通気方式は，2個以上の器具トラップを保護するため，ループ通気管によって排水横枝管の圧力をできるだけ大気圧に保持する。

　ループ通気管とは，2個以上の器具トラップを保護するため，最上流の器具排水管が排水横枝管に接続した点のすぐ下流から立ち上げて，通気立て管または伸頂通気管に接続するまでの通気管をいう。

　事務所ビルで，一般的に採用されている。最上階を除き，大便器8個以上を受け持つ排水横枝管には，ループ通気管を設けるほか，逃し通気管を設ける。

（3）　伸頂通気方式

　伸頂通気方式は，通気立て管を設けず，排水立て管の頂部を通気管として併用する方式で，排水立て管を通気管として兼用した方式である。　◀ よく出題される

　排水立て管内では水に接した空気が誘引されて下降し，立て管下部は正圧，立て管上部は負圧となる。そのために，排水立て管の上部は，延長して，伸頂通気管とする。

　伸頂通気方式は，ループ通気方式に比べて通気量が少ないので，単独で用いる場合には注意が必要である。

　集合住宅の住戸やホテルの客室からの排水管の排水立て管接続部に，特殊継手排水システムを用いた伸頂通気方式が多く採用されている。

5・5・8　通気管の管径

　排水管に設ける通気管の管径は，30 mm 以上とする。

　各個通気管の管径は，その接続される排水管の管径の1/2以上とする。

　ループ通気管の管径は，排水横枝管と通気立て管のうち，いずれか小さいほうの管径の1/2以上とする。　◀ よく出題される

　排水横枝管の逃し通気管の管径は，それを接続する排水横枝管の管径の1/2以上とする。

　結合通気管の管径は，通気立て管と排水立て管のうち，いずれか小さいほうの管径以上とする。

　伸頂通気管の管径は，排水立て管の管径より小さくせずに立上げて，大気に開放する。　◀ よく出題される

　したがって，ある1つの排水系統に使用されている通気管のうち，最も管径の大きいものは，伸頂通気管である。

5・5・9　通気管の施工

　通気管は，排水横枝管の上部から垂直または鉛直線から45°以内の角度で取り出して，管内の水滴が自然流下によって排水管に流れるように勾配　◀ よく出題される

を設ける。

　ループ通気管は，床下での横引きはできるかぎり短くして，その階における最高位の器具のあふれ縁より150 mm 以上の高さで横走りさせ，上り勾配で通気立て管か伸頂通気管に接続する。したがって，ループ通気管は，床下で横引きし，その高さで通気立て管に接続してはならない。

　また，排水管から取り出した通気管どうしを床下で接続してはならない。

　伸頂通気管の上部は，建物の張出し部（庇等）の下部に開放するとその部分に臭気が停滞するので，張出し下部で解放してはならない。

　通気立て管の下部は，最低位の排水横枝管より下部で，排水立て管か排水横主管に接続する。　　　　　　　　　　　　　　　　　　◀ よく出題される

　通気立て管の上部は，最上階に設けた最も高い位置の器具のあふれ縁より150 mm 以上高い位置で伸頂通気管に接続するか，単独に延長し，大気に開放する。

　排水槽の通気管は最小管径を50 mm とし，他の通気管に接続しないで，単独で大気に開放する。一般の排水系統の通気管内の空気は，排水状況により空気が出たり入ったりするが，排水槽内は，排水ポンプ稼働時には負圧となり，排水流入時には正圧となる。他の排水系統の通気管と接続すると，通気管内の自然な空気の流通を妨げることになる。

給排水衛生設備

確認テスト〔正しいものには○，誤っているものには×をつけよ。〕

□□(1)　トラップは，下水ガスが排水管から室内に逆流入するのを防止する。

□□(2)　サイホン式トラップのうち，Ｓトラップは自己サイホン作用による破封が生じやすいトラップである。

□□(3)　阻集器にはトラップ機能をあわせ持つものが多いので，器具トラップを設けると，二重トラップになるおそれがある。

□□(4)　間接排水を受ける水受け容器には，トラップを設けない。

□□(5)　伸頂通気方式は，通気立て管を設けて通気管として使用する方式である。

□□(6)　通気管は，排水トラップの封水を保護するために設置する。

□□(7)　ループ通気方式は，排水横枝管の最上流の器具排水管接続点の上流側に通気管を設ける方式である。

□□(8)　ループ通気管は，床下で横引きし，その高さで通気立て管に接続する。

□□(9)　通気管の最小管径は，30 mm とする。

□□(10)　通気立て管は，最低位の排水横枝管より上部で排水立て管に接続する。

確認テスト解答・解説

(1)　○

(2)　○

(3)　○

(4)　×：間接排水を受ける水受け容器に排水トラップを設けないと，下水本管の汚臭や害虫が侵入する。

(5)　×：伸頂通気方式は，通気立て管を設けず，排水立て管上部を延長し通気管として使用する方式である。

(6)　○

(7)　×：ループ通気方式は，排水横枝管の最上流の器具排水管接続点のすぐ下流側に通気管を設ける方式である。

(8)　×：複数の通気管の横走り管は，その階の器具のあふれ縁よりも150 mm 以上高い位置でそれぞれ接続し，通気立て管に接続する。

(9)　○

(10)　×：通気立て管の下部は，最低位の排水横枝管より下部で排水立て管に接続するか，又は排水横主管に接続する。

5·6 消火設備

学習のポイント

1．火災の種類と対応する消火設備の種類を理解する。
2．屋内消火栓設備の設置範囲と設置基準を理解する。

5·6·1 概　要

（1）　消防用設備等

消火設備は，消防法に基づいて設置される設備であり，消防法第17条第1項において消防用設備等と呼ばれる設備の一部である。

消防用設備等とは，消火設備・警報設備および避難設備などの「消防の用に供する設備」「消防用水」および，連結散水設備・連結送水管などの消防隊が活用する「消火活動上必要な施設」をいう。

「消防の用に供する設備」のうちの消火設備は，火災の際に消防隊が到着するまでの初期段階で消火することを目的とした設備であり，消防法施行令第7条に次の設備が定められている。

① 消火器および簡易消火用具　　② 屋内消火栓設備
③ スプリンクラ設備　　　　　　④ 水噴霧消火設備
⑤ 泡消火設備　　　　　　　　　⑥ 不活性ガス消火設備
⑦ ハロゲン化物消火設備　　　　⑧ 粉末消火設備
⑨ 屋外消火栓設備　　　　　　　⑩ 動力消防ポンプ設備

これらの設備のうち，屋内および屋外消火栓設備は，人が燃えているものにホースで水を掛けて消火する設備である。スプリンクラ設備はスプリンクラヘッドあるいは熱感知器が火災を感知し，ヘッドから散水して消火する設備である。動力消防ポンプ設備は，消防ポンプ車によって送水し，人が燃えているものにホースで水を掛けて消火する設備である。

他の消火設備は，表5・1に示すような消火原理を有しており，特定の室または場所に設置される。

表5・1　水噴霧消火設備などの消火原理

水　噴　霧消　火　設　備	水を霧状に噴霧し，酸素の遮断と水滴の熱吸収による冷却効果で消火を行うもので，駐車場などの消火に適用されている。
泡消火設備	泡を放射して可燃性液体の表面を覆い，窒息効果と冷却効果で消火を行うもので，駐車場などの消火に適用されている。
不活性ガス消　火　設　備	二酸化炭素などの不活性ガス（二酸化炭素，窒素，IG-55またはIG-541）を放射して酸素の容積比を低下させ，窒息効果により消火を行うもので，駐車場，電気室，ボイラ室などの消火に適用されている。
ハロゲン化物消　火　設　備	ハロゲン化物を放射して過熱により生じる重い気体による窒息効果と消火剤の負触媒効果により消火を行うもので，不活性ガス消火設備と同様な防火対象物の消火に適用されている。
粉末消火設備	噴射ヘッドから放射される粉末消火剤が熱分解により二酸化炭素を発生し，可燃物と空気を遮断する窒息作用と，熱分解のときの熱吸収による冷却作用により消火を行うもので，駐車場，変電室などの消火に適用されている。

（2）　火災の種類

①　A火災　　木材・紙・布などの一般可燃物の火災である一般火災

②　B火災　　ガソリン・石油・重油・動植物油などの可燃性液体や油脂類などの火災である油火災

③　C火災　　変圧器や配電盤などからの火災である電気火災

④　D火災　　マグネシウム・ナトリウム・カリウムなどの火災である金属火災

⑤　ガス火災　ガス火災・可燃性ガスの火災

　消防の用に供する設備が対応する火災は，A火災，B火災およびC火災である。A火災に対しては，屋内消火栓設備・スプリンクラ設備・屋外消火栓設備および動力消防ポンプ設備が対応し，B火災に対しては，水噴霧消火設備（ボイラ室は不可）・泡消火設備（ボイラ室は不可）・不活性ガス消火設備・ハロゲン化物消火設備および粉末消火設備（ただし，動植物油がしみ込んでいる布または紙の油火災に使用する消火設備は，水噴霧消火設備および泡消火設備）が対応し，C火災に対しては，不活性ガス消火設備・ハロゲン化物消火設備および粉末消火設備が対応する。

5・6・2　屋内消火栓設備

（1）　屋内消火栓の種類

　屋内消火栓設備は，火災を初期段階で消火することを目的としている。図5・22に，屋内消火栓設備の系統図を示す。屋内消火栓には，1号消火栓と2号消火栓とがある。1号消火栓には，2人で操作する従来型の1号消火栓と，1人で操作可能な易操作性1号消火栓とがある。また，2号消火栓には，従来型と広範囲型2号消火栓とがある。倉庫・工場または作業場に設置する屋内消火栓は，1号消火栓または易操作1号消火栓でなければならない（消防法施行令第11条第3項第一号）。

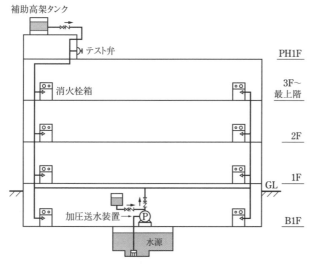

補助高架タンク

テスト弁

PH1F

消火栓箱

3F〜
最上階

2F

1F

GL

加圧送水装置→

B1F

水源

図5・22　屋内消火栓設備系統図

（2）　消火栓の設置範囲

　1号消火栓および広範囲型2号消火栓は，防火対象物の階ごとに，そ ◀よく出題される
の階の各部分から1のホース接続口までの水平距離が25 m以下となるよ
うに設け，広範囲型を除く2号消火栓は，15 m以下となるように設ける。 ◀よく出題される
この範囲内が屋内消火栓の警戒区域となり，スプリンクラ設備など他の消
火設備の有効範囲以外は，建物のすべての部分に適用される。

　また，消火栓の開閉弁は，1号・2号消火栓ともに床面からの高さが
1.5 m以下の位置に設ける。

（3）　消火栓の設置基準等

（a）　加圧送水装置

　加圧送水装置の種類には，高架水槽方式，圧力水槽方式，ポンプ方式
があるが，一般にはポンプ方式が使用され，その設置基準は次のとおり
とする。

　①　放水圧力　ノズルの先端において，1号消火栓は0.17 MPa以上
　　0.7 MPa以下，2号消火栓は0.25 MPa以上0.7 MPa以下とする。

　②　放水量　1号消火栓は130 L/min以上，2号消火栓は60 L/min
　　以上とする。

　③　定格負荷運転時のポンプの性能を試験するための配管設備を設け
　　る。

　④　加圧送水装置の吐出側直近部分の配管には，逆止弁及び止水弁を
　　設ける。

　⑤　吸水管は各ポンプごとに専用とする。 ◀よく出題される

　⑥　吸水管には，機能低下を防止するために，ろ過装置を設ける。

　⑦　水源の水位がポンプより低い位置にあるものにはフート弁を，そ ◀よく出題される

給排水衛生設備

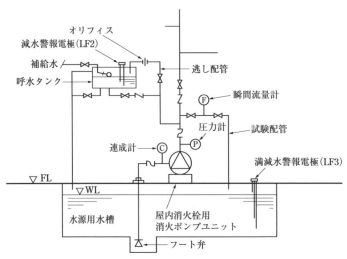

図5・23　屋内消火栓設備の加圧送水装置回り配管図

の他のものは止水弁を設ける。

⑧　呼水槽は専用とし，減水警報装置及び呼水槽へ水を自動的に補給
するための装置を設ける。

⑨　ポンプ吐出側に圧力計，吸込側に連成計を設ける。

(b)　**屋内消火栓箱**

①　ポンプの始動を明示する表示灯を上部，内部またはその直近の箇
所に設ける。

②　表示灯は，赤色とする。　　　　　　　　　　　　◀ よく出題される

③　消火栓開閉弁は，自動式以外，床面から1.5 m 以下の高さに設け
る。

④　加圧送水装置の起動用押しボタンを設ける。なお，停止用押し　　◀ よく出題される
ボタンは設けてはならない。

(c)　**非常電源**

①　屋内消火栓設備には，非常電源を設ける。　　　　◀ よく出題される

(d)　**ポンプの仕様を決めるために必要な値**　　　　　　　◀ よく出題される

①　消火栓の設置個数（同時開口数）

②　消防用ホースの摩擦損失水頭

③　ノズルの放水圧力換算水頭

④　配管の摩擦損失水頭

⑤　実揚程

なお，水源の容量は，ポンプの仕様を決めるためには関係がない。

確認テスト〔正しいものには○，誤っているものには×をつけよ。〕

□□(1) 連結散水設備は，「消防法」上，消防の用に供する設備である。

□□(2) 広範囲型を除く2号消火栓は，防火対象物の階ごとに，その階の各部分から水平距離で25m以下となるように設ける。

□□(3) 屋内消火栓の開閉弁は，自動式のものでない場合，床面からの高さが2m以下の位置に設置する。

□□(4) 加圧送水装置の種類には，高架水槽方式，圧力水槽方式，ポンプ方式がある。

□□(5) 屋内消火栓箱には，ポンプによる加圧送水装置の起動，停止用押ボタンを設ける。

□□(6) 屋内消火栓箱の上部には，設置の標示のために赤色の灯火を設ける。

□□(7) 屋内消火栓設備には，非常電源が必要である。

□□(8) 屋内消火栓用ポンプには，その吐出側と吸込側に圧力計を設ける。

□□(9) 消防用ホースの摩擦損失水頭は，屋内消火栓設備のポンプの仕様を決定する上で，重要である。

□□(10) 屋内消火栓のポンプ仕様を決定するには，水源の有効容量が重要な値となる。

給排水衛生設備

確認テスト解答・解説

(1) ×：連結散水設備は，「消防法」上，「消火活動上必要な施設」である。

(2) ×：15m以下とする。25m以下は1号消火栓および広範囲型2号消火栓である。

(3) ×：床面からの高さが1.5m以下の位置に設置する。

(4) ○

(5) ×：停止用押ボタンを設けてはならない。加圧送水装置は，直接操作によってのみ停止させる。

(6) ○

(7) ○

(8) ×：ポンプの吸込側は，水源の位置により負圧になる場合があるので連成計を設ける。

(9) ○

(10) ×：水源の有効容量は関係ない。消火栓の設置数（最大2個），ノズルの放水圧力，配管系の圧力損失等が関係する。

5·7 ガス設備

学習のポイント

1. 液化石油ガス（LPG）の主成分，性質などについて理解する。
2. LPG の供給方式および供給圧力を覚える。
3. LPG 充填容器の設置位置を覚える。
4. 都市ガス用および LPG 用のガス漏れ警報器の検知部の位置を覚える。
5. ガス機器の燃焼形式による区分を覚える。

5·7·1　概　　要

　建築物においてガスは，給湯設備・厨房設備・冷暖房設備などの熱源として使用され，都市ガスが利用できる地域では，一般に都市ガスを使用するが，都市ガスの得られない地域では液化石油ガス（LPG）を使用する。

　ガスの発熱量とは，標準状態のガス $1\,\mathrm{m}^3$（N）が完全燃焼したときに発生する熱量をいい，一般に，低発熱量に蒸発熱を含めた高発熱量 $[\mathrm{kJ/m}^3$（N）] で表す。

5·7·2　都市ガス

　都市ガス設備は，ガス事業法の適用を受ける。

（1）　都市ガス

　都市ガスには，メタンを主成分とする天然ガスを冷却して液化した液化天然ガス（LNG）が多く使用されている。常温・常圧で気化した状態のLNG の比重は空気よりも軽い。液化天然ガス（LNG）は，石炭や石油に比べ，燃焼時の二酸化炭素の発生量が少ない。一酸化炭素は含まれていない。

（2）　都市ガスの圧力

　都市ガスの圧力は，ガス事業法施行規則第1条により，次のように区分されている。

◀ よく出題される

　　高圧　　ガスによる圧力であって，1 MPa 以上の圧力（ゲージ圧力をいう。以下，同じ。）

　　中圧　　ガスによる圧力であって，0.1 MPa 以上 1 MPa 未満の圧力

　　低圧　　ガスによる圧力であって，0.1 MPa 未満の圧力

　都市ガスは導管により一般の需要家に供給され，供給されるガスの圧力は，0.5〜2.5 kPa 程度の低圧である。中圧供給は，供給量が多い場合や，供給先までの距離が長い場合に採用される。需要家に引き込まれた導管の

うち，本支管分岐個所から敷地境界線までを供給管，敷地境界線からガス栓までを内管と呼ぶ。

（3） 家庭用の都市ガス用ガスメータ

家庭用の都市ガス用ガスメータもしくはマイコンメータは，災害の発生のおそれのある大きさの地震動，過大なガス流量または異常なガス圧力低下を検知した場合に，ガスを遮断する機能をもつものでなければならない。

（4） 都市ガス用ガス漏れ警報器の検知部の設置（空気より軽いガス）

燃焼器から水平距離で8m以内に設置されていること。ただし，天井面等が60cm以上突出した梁等により区画されている場合は，当該梁等より燃焼器側に設置されていること。

燃焼器が設置されている室内で，天井面等の付近に吸気口がある場合には，当該燃焼器から最も近い吸気口（当該燃焼器と吸気口との間の天井面等が，60cm以上突出した梁等によって区画されている場合の当該吸気口を除く。）の付近に設置されていること。

ガスを検知する部分の下端は，天井面等の下方30cm以内の位置に設置されていること。

都市ガス，液化石油ガス（LPG）用ともに，ガス漏れ警報器の有効期間は，5年を目安としている（ガス警報器工業会）。

> 空気より軽いガス：比重が1未満のガス

◀ よく出題される

5・7・3 液化石油ガス（LPG）

（1） 液化石油ガス（LPG）の種類と性質

液化石油ガス（LPG）は，常温・常圧では気体の炭化水素類（プロパン・プロピレン・ブタン）に圧力を加えて，液化したものである。比重は空気より大きいため，空気中に漏洩すると低い場所に滞留しやすく，天井高の1/2より低い位置に換気口を設けなければならない。また，液化石油ガス（LPG）は，本来，無臭・無色のガスであるが，漏れたガスを感知できるように臭いをつけている。

◀ よく出題される

◀ よく出題される

液化石油ガス（LPG）は，液化石油ガスの保安の確保及び取引の適正化に関する法律によって，プロパン・プロピレンの含有率により，い号，ろ号およびは号に区別される。い号は，プロパンおよびプロピレンの含有率が高く，一般の用途に使用されている。

（2） 液化石油ガスの供給

液化石油ガス（LPG）の一般家庭向け供給方式には，戸別供給方式（ボンベ供給方式）と集団供給方式（導管供給方式）とがある。

代表的な充てん容器は，一般には10kg，20kgおよび50kg容器が使用され，大規模な需要家の工場や集合住宅では，バルク貯槽を使用するバルク供給方式が採用される。

◀ よく出題される

◀ よく出題される

　バルク供給方式は，バルク貯槽にバルクローリー車で直接LPガスを充填する方式で，配送の合理化，コストの低減，保安の高度化などに応えたシステムである。

　液化石油ガスの保安の確保及び取引の適正化に関する法律施行規則第18条第一号イに，充てん容器等（貯蔵能力が1,000kg未満で内容積が20L以上のものに限る。）には，当該容器を置く位置から2m以内にある火気をさえぎる措置を講じ，かつ，屋外に置くこと。ただし，（以下，略）と規定されている。

　また，同号ハに，充てん容器等は，常に温度40℃以下に保つことと規定されている。　◀よく出題される

　さらに，供給圧力に関しては，同条第十一号イに，生活の用に供する液化石油ガスに係るものにあっては，燃焼器の入口における液化石油ガスの圧力を，2.0kPa以上3.3kPa以下の範囲に保持するものであることと規定されており，調整器により2.8kPa程度に減圧して供給される。

（3）　液化石油ガス用ガス漏れ警報器の検知部の位置（空気より重いガス）　◀よく出題される

　燃焼器から水平距離で，4m以内に設置されていること。
空気より重いガス：比重1を超えるガス

　検知部等の上端は，床面の上方30cm以内に設置されていること。

（4）　液化石油ガス設備士の作業

　液化石油ガスの保安の確保及び取引の適正化に関する法律施行規則第108条の規定により，ネジ接合のガス配管工事や気密試験の作業には，液化石油ガス設備士でなければ従事してはならない。

5・7・4　ガス機器の燃焼形式による区分

　ガス機器は，燃焼形式によって，開放方式ガス機器・半密閉式ガス機器および密閉式ガス機器に区分される。ガス事業法および液化石油ガスの保安の確保および取引の適正化に関する法律による特定ガス用品の基準に適合している器具には，PSマークが表示されている。　◀よく出題される

　開放方式ガス機器は，燃焼用の空気を屋内から取り，燃焼廃ガスも室内に排出する方式のガス機器である。

　密閉式ガス機器は，燃焼用の空気を屋外から取り，燃焼廃ガスをも屋外に排出する方式のガス機器であり，設置した室内の空気を燃焼排ガスで汚染しない。密閉式ガス機器には，自然給排気式（BF式）と内臓したファンによる強制給排気式（FF式）の2種類がある。屋外のパイプシャフト内に設置する場合，シャフト点検扉等に換気口を設ける。

　半密閉式ガス機器は，燃焼用の空気を屋内から取り，燃焼廃ガスを排気筒で屋外に排出する方式のガス機器である。なお，防火区画を貫通するガス湯沸し器の排気筒には，防火ダンパを設けてはならない。

確認テスト〔正しいものには○，誤っているものには×をつけよ。〕

□□(1)　LNG は，メタンを主成分とした天然ガスを液化したものである。

□□(2)　液化石油ガス（LPG）は，比重が空気より小さいため空気中に漏洩すると拡散しやすい。

□□(3)　LPG は常温・常圧では気体であるが，圧力を加えたり，冷却したりすると容易に液化する炭化水素類である。

□□(4)　LPG の代表的な充てん容器には，10 kg，20 kg 及び50 kg 容器がある。

□□(5)　液化石油ガス（LPG）のバルク供給方式は，一般に，大規模な需要家に用いられる。

□□(6)　LPG の充てん容器は，常に温度50℃以下に保たなければならない。

□□(7)　内容積が20 L 以上の充てん容器は，原則として，屋内に置かなければならない。

□□(8)　都市ガス用のガス漏れ警報器は，ガス機器から水平距離が4 m 以内で，かつ，床面から30 cm 以内の位置に設置しなければならない。

□□(9)　LPG 用のガス漏れ警報器の取付け高さは，その下端が天井面等の下方0.3 m 以内となるようにする。

□□(10)　半密閉式ガス機器とは，燃焼用の空気を屋内から取り入れ，燃焼排ガスを排気筒で屋外に排出する方式をいう。

給排水衛生設備

確認テスト解答・解説

(1)　○

(2)　×：液化石油ガス（LPG）は，比重が空気より大きいため空気中に漏洩すると低い場所に滞留しやすい。

(3)　○

(4)　○

(5)　○

(6)　×：LPG の充てん容器は，常に温度40℃以下に保たれる場所に設ける。

(7)　×：内容積が20 L 以上の充てん容器は，原則として，屋外に置かなければならない。

(8)　×：都市ガス用のガス漏れ警報器は，ガス機器から水平距離が8 m 以内で，かつ，天井等の下方30 cm 以内の位置に設置しなければならない。

(9)　×：LPG 用のガス漏れ警報器の取付け高さは，その上端が床面の上方0.3 m 以内となるようにする。

(10)　○

5・8 浄 化 槽

学習のポイント

1. 処理対象人員が30人以下の浄化槽のフローシートについて覚える。
2. 浄化槽の処理対象人員の算定基準について覚える。
3. FRP 製浄化槽の設置工事を理解する。

5・8・1 概　　要

　浄化槽の技術的基準は建築基準法により，浄化槽の施工，保守点検および清掃は浄化槽法により定められている。

　浄化槽からの放流水の水質の技術上の基準は，浄化槽からの放流水の生物化学的酸素要求量（BOD）が20 mg/L 以下であることおよび，浄化槽への流入水の BOD の数値から，浄化槽からの放流水の BOD の数値を減じた数値を，浄化槽への流入水の生 BOD の数値で除して得た割合が，90 ％以上であることとすると規定されている。したがって，浄化槽は，汚水および雑排水を一緒に処理するいわゆる合併浄化槽でなければならない。しかし，小規模な併浄化槽では，窒素やリン等は除去することが難しい。

　BOD とは，水中に含まれる有機物が微生物によって酸化分解される際に消費される酸素量〔mg/L〕のことである。

5・8・2 浄化槽の浄化原理

　浄化槽は，汚水を浄化し，衛生的で安全な水質の確保および水域の汚濁抑制に資することを目的として設置される装置である。汚水の浄化には，微生物による汚濁物質の分解，化学的処理による凝集，物理的処理による沈殿があるが，浄化槽は，微生物による汚濁物質の分解を主とするものである。

　汚水中の有機物質は，一般に，有酸素呼吸をしている好気性細菌，無酸素状態で生育する偏性嫌気性細菌，いずれの条件でも生育できる通性嫌気性細菌により分解される。この原理を利用して汚水を分解するのが浄化槽である。これに対応して，浄化槽での生物学的処理方法には，好気処理，嫌気・好気処理，嫌気処理がある。好気性細菌による好気処理が，浄化槽のメーンプロセスである。好気性細菌は水中の溶存酸素を利用して繁殖するので，酸素の供給は欠かせない。

5・8・3　浄化槽の処理法

　浄化槽の処理法には，図5・24に示す活性汚泥法と，図5・25〜5・27に示す接触ばっ気法・回転板接触法および散水ろ床法などの生物膜法とがあり，いずれも好気性微生物を利用した浄化方式である。

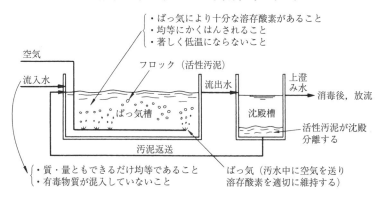

図5・24　活性汚泥法

　活性汚泥法は，負荷量に応じて生物量の調整はできるが，返送汚泥量やばっ気量の調節などが必要で，生物膜法に比べ維持管理が面倒である。また，生物膜法に比べ余剰汚泥が多い。なお，活性汚泥法には，小規模な浄化槽に用いられるばっ気時間を長くする長時間ばっ気法と，大規模な浄化槽に用いられる標準活性汚泥法とがある。

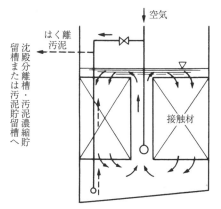

図5・25　接触ばっ気法

　生物膜法は，活性汚泥法に比べて生物種や微小後生動物も多く，生物分解速度の遅い物質除去に有利である。

　生物処理法のひとつである<u>嫌気性処理法</u>においては，<u>有機物がメタンガスや二酸化炭素などに変化</u>する。

散水ろ床法

　好気性生物化学的処理法のひとつで，砕いた石の表面にいる微生物の作用により，砕石の上を通過する間に有機物が分解するという方式。

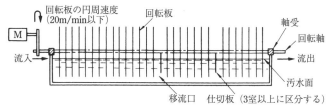

図5・26　回転板接触法

厨房排水などの油脂類濃度が高い汚水は，油脂分離装置（槽）を前置して浄化槽に流入させる。また，処理方式は，生物膜法でなく活性汚泥法によるのがよい。

汚水への酸素の溶解速度は，水面からのものより，ブロワにより水中に送り込まれた気泡からのもののほうが大きい。

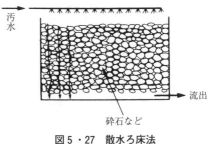

図5・27　散水ろ床法

いずれの方式にせよ，放流水に病原菌が含まれないようにするため，放流前に塩素消毒を行う。

5・8・4　浄化槽の性能

浄化槽の性能は，建築基準法施行令第32条により，浄化槽を設置する区域と処理対象人員とによりBOD除去率と放流水のBODとが決まる。

（1）　処理対象人員の算定

処理対象人員は，昭和44年建設省告示第3184号により，JIS A 3302（建築物の用途別によるし尿浄化槽の処理対象人員算定基準）によって算定することが規定されている。

（a）　**延べ面積基準**

事務所（厨房の有無により異なる），集会場（劇場・映画館・体育館），共同住宅・寄宿舎，戸建て住宅（延べ面積により5人又は7人），ホテル・旅館，店舗（物販・飲食），診療所・医院，娯楽施設（卓球場・パチンコ店），図書館，市場，公衆浴場

◀ よく出題される

（b）　**定員基準**

学校寄宿舎・老人ホーム・養護施設，簡易宿泊所・合宿所，保育所・小中高等学校・大学，作業所（工場・研究所：厨房の有無により異なる）

（c）　**その他の基準**

総便器数（公衆便所，競輪・競馬・競艇場，プール・スケート場，駐車場・自動車車庫），ベッド数（病院・療養所：業務用厨房の有無により異なる），打席数・レーン数・コート面数（ゴルフ練習場・ボーリング場・バッティング場・テニス場），乗降客数（駅・バスターミナル），駐車ます数（高速道路のサービスエリア：サービスエリアの機能別に異なる）

なお，用途の異なる2棟の建築物で共用する浄化槽を設ける場合には，

それぞれの建築用途の算定基準を適用して加算する。

（2）　BOD 除去率

浄化槽における BOD 除去率は，次の式で表される。

$$\text{BOD 除去率〔％〕} = \frac{\text{流入水の BOD} - \text{流出水の BOD}}{\text{流入水の BOD}} \times 100$$

BOD は，BOD 濃度とも呼ばれ，BOD に水量を乗じた値を BOD 量という。

5・8・5　小規模合併処理浄化槽のフローシート

小規模合併処理浄化槽は，処理対象人員が50人以下で，生物膜法をメーンプロセスとしたものであり，分離接触ばっ気方式，嫌気ろ床接触ばっ気方式と脱窒ろ床接触ばっ気方式の３種類である。次のフローシートは，処理対象人員が30人以下の場合を示す。

① 　分離接触ばっ気方式のフローシート（ただし，処理対象人員が30人以下の場合）

流入 ─→ 沈殿分離槽 ─→ 接触ばっ気槽 ─→ 沈殿槽 ─→ 消毒槽 ──→ 放流
　　　　　　└ はく離汚泥　　　　　　└ 沈殿汚泥

② 　嫌気ろ床接触ばっ気方式のフローシート

流入 ─→ 嫌気ろ床槽 ─→ 接触ばっ気槽 ─→ 沈殿槽 ─→ 消毒槽 ──→ 放流
　　　　　　└ はく離汚泥　　　　　　└ 沈殿汚泥

③ 　脱窒ろ床接触ばっ気方式のフローシート

　　　　　　　　┌──── 循環 ────┐
流入 ─→ 脱窒ろ床槽 ─→ 接触ばっ気槽 ─→ 沈殿槽 ─→ 消毒槽 ──→ 放流
　　　　　　└ はく離汚泥　　　　　　└ 沈殿汚泥

5・8・6　浄化槽工事

浄化槽法第21条第１項において，浄化槽工事業を営もうとする者は，当該業を行おうとする区域を管轄する都道府県知事の登録を受けなければならないと規定されている。

また，浄化槽法第２条第十号および第十一号において，浄化槽設備士とは，浄化槽工事を実地に監督する者として第42条第１項の浄化槽設備士免状の交付を受けている者をいい，浄化槽管理士とは，浄化槽管理士の名称を用いて浄化槽の保守点検の業務に従事する者として，第45条第１項の浄

化槽管理士免状の交付を受けている者をいうと規定されている。

　FRP製浄化槽は，国土交通大臣の型式認定を受けたものでなければ使用してはならない。

　FRP製浄化槽の設置工事の留意事項は，次のとおりである。

①　槽を車庫などの下に設置する場合，槽に過大な荷重がかからないように，鉄筋コンクリート製のボックスを設け，その中に槽を設置する。

②　掘削深さは，本体底部までの寸法に，基礎工事に要する寸法を加えて決定する。

③　割栗石地業は，地盤を強固にするため割栗石を敷いて突き固め，次に，割栗石のすき間に目潰し用の砂利を敷き詰め，さらに突き固める。

④　砂利地業は，根切り底に切込み砕石等を所要の厚さに敷きならして締め固め，締固めによるくぼみ等には，砂・切込み砕石等を用いて表面を平らにする。

⑤　掘削深度が深過ぎた場合，捨てコンクリートで深度を調整する。

⑥　地下水位が高い場所では，浮上防止のために浮上防止金具などで底板に固定する。周囲に山砂を入れ突き固めて，水締めをしてもだめである（図5・28，5・29）。

⑦　浄化槽の荷重を地盤に伝えるために，底版コンクリートを設ける。

⑧　本体固定金具や浮上防止金具の取付け位置の墨出しは，均しコンクリート上に行い，底版コンクリート打設前に底版の鉄筋に緊結して，底版コンクリートに埋め込む。

⑨　底版コンクリートは，打設後，所要の強度が確認できるまで養生する。

⑩　浄化槽が2槽以上に分かれている場合，コンクリート基礎は一体の共通基礎とする。

⑪　漏水検査は，槽を満水にして，槽本体が水平に設置されているか，および漏水がないかを確認するために必ず行い，24時間以上漏水しないことを確認する。　◀ よく出題される

⑫　水張りは槽本体が水平に設置されているか，および漏水がないかを確認するために必ず行う。

⑬　槽の水平は，水準器，内壁に示されている水準目安線と水位等で確認する。

⑭　本体の水平の微調整はライナ等で行い，微調整後，槽とコンクリートのすき間が大きいときは，すき間をモルタルで充填する。

⑮　流入管と本体の接続は，本体据付け後，水張り後に行う。

⑯　流入管底が低い場合，槽本体の開口部を立ち上げる「かさ上げ工事」は，かさ上げの高さが30cm以内のときに採用する。　◀ よく出題される

⑰ 埋戻しは，土圧による本体および内部設備の変形を防止するため，槽に水張りした状態で行う。

▲ よく出題される

⑱ 浄化槽本体の周囲を埋め戻すときには，石やコンクリート塊などが混入しないようにし，良質土を用い数回に分けて水締めを行って埋め戻し，土の内部に空隙がないようにする。

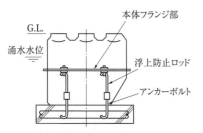

図 5・28 浮上防止金具取付例

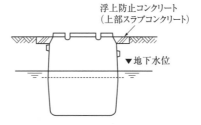

図 5・29 地下水圧による浮上防止対策

⑲ ブロワは，隣家の寝室等から離れた場所に設置する。

⑳ 通気管を設ける場合は，先上がり勾配とする。

㉑ 腐食が激しい箇所のマンホールふたは，プラスチック製などとしてよい。

給排水衛生設備

給排水衛生設備

確認テスト〔正しいものには○，誤っているものには×をつけよ。〕

□□(1) 集会場は，処理対象人員の算定式に，延べ面積が用いられる建築用途である。

□□(2) 事務所は，浄化槽の処理対象人員の算定において，延べ面積を基準としない建築用途である。

□□(3) 旅館は，浄化槽の処理対象人員の算定において，延べ面積を基準としない建築用途である。

□□(4) 処理対象人員30人以下の嫌気ろ床接触ばっ気方式の浄化槽におけるフローシートは，嫌気ろ床槽 ⟶ 接触ばっ気槽 ⟶ 沈殿槽である。

□□(5) 地下水位による槽の浮上防止対策として，槽の周囲に山砂を入れ，突き固めて水締めを行う。

□□(6) 本体の水平の微調整はライナ等で行い，微調整後，槽とコンクリートの隙間が大きいときは，隙間をモルタルで充てんする。

□□(7) 流入管と本体の接続は，本体据付け後，水張り前に行う。

□□(8) 浄化槽が2槽以上に分かれている場合，コンクリート基礎は一体の共通基礎とする。

□□(9) 槽本体の漏水検査においては，満水にして12時間以上漏水しないことを確認する。

□□(10) 埋戻しは，土圧による本体及び内部設備の変形を防止するため，槽に水張りした状態で行う。

確認テスト解答・解説

(1) ○
(2) ×：延べ面積を基準とする。
(3) ×：延べ面積を基準とする。
(4) ○
(5) ×：地下水位が高い場所では，浮上防止のために槽を浮上防止金具などで固定する。
(6) ○
(7) ×：流入管と本体の接続は，本体据付け後，水張り後に行う。
(8) ○
(9) ×：槽本体の漏水検査においては，満水にして24時間以上漏水しないことを確認する。
(10) ○

第6章 機器・材料

機器・材料の出題傾向

第6章からは4問出題されて，全4問が必須問題である。

6・1 共通機材　6・2 空気調和・換気設備用機材

4年度前期は，ボイラや水中モータポンプなどの特徴，配管付属品のストレーナについて，2問出題されている。4年度後期は，空気調和機，各種設備機器，配管及び配管付属品の3問出題された。

6・3 空調配管とダクト設備

4年度前期は，ダクト及びダクト付属品ついて，1問出題されている。4年度後期も，ダクト及びダクト付属品について，1問出題された。この範囲からは，毎年1問出題されている。

6・4 給排水設備用機材

4年度前期は，飲料用給水タンクについて，1問出題された。4年度後期は，出題がなかった。

6・1 共通機材

> **学習のポイント**
>
> 1. 渦巻ポンプの構造，特性および羽根車の回転数を変えたときの性能の変化を理解する。
> 2. 渦巻ポンプの吐出し量の調整方法を理解する。
> 3. 各種配管材料および各種弁類について理解する。
> 4. 各種保温材の特性を理解する。

6・1・1 ポ ン プ

（1） ポンプの分類

　ポンプは，外部からの動力により，低水位または低圧力の状態にある液体を，高水位または高圧力の所に送る機械である。作用原理および構造によるポンプの分類を，図6・1に示す。

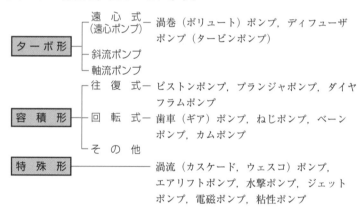

図6・1　ポンプの分類

　ターボ形ポンプは，羽根車の回転による反作用によって液体に運動エネルギーを与え，ケーシングにおいてその速度エネルギーを圧力エネルギーに変換するポンプであり，ポンプの需要の大部分を占めている。ターボ形ホンプには，遠心ポンプ・斜流ポンプおよび軸流ポンプがあり，建築設備においては，遠心ポンプが一般的に使用されている。遠心ポンプは，渦巻室で，速度水頭を圧力水頭に変換する構造になっている。

　遠心ポンプのうち，揚水量が多い場合には，図6・2に示す渦巻ポンプが，揚水量が少なく高揚程の場合には，速度エネルギ

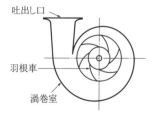

図6・2　渦巻ポンプ

ーを圧力エネルギーに変換するためのガイドベーンをもつディフューザポンプか使用される。渦巻ポンプは，ディフューザポンプに比べ，構造が簡単で，ケーシングも小さい。

　渦巻ポンプの特性は，図6・3に示すように，横軸に吐出し量，縦軸に全揚程・軸動力・効率などをとった特性曲線で表す。

　ポンプの回転速度を N_1 から N_2 に変化させると

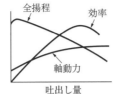

図6・3　遠心ポンプの特性曲線

$$吐出し量\ Q_2 = \frac{N_2}{N_1}\,Q_1\quad ……吐出し量は回転速度に比例$$

$$全揚程\ H_2 = \left(\frac{N_2}{N_1}\right)^2 H_1\quad ……全揚程は回転速度の2乗に比例$$

$$軸動力\ L_2 = \left(\frac{N_2}{N_1}\right)^3 L_1\quad ……軸動力は回転速度の3乗に比例$$

となる。ここで，Q_1，H_1，L_1 は，回転速度 N_1 のときの水量・全揚程・軸動力である。

　すなわち，渦巻ポンプ（遠心ポンプ）の実用範囲において，吐出し量は，羽根車の回転速度に比例，軸動力は吐出し量の増加とともに増大，全揚程は吐出し量の増加とともに低くなる。　◀ よく出題される

　また，ポンプの吸上げ能力は，水温の上昇に伴い少なくなる。

　吸込み管は，できるだけ短くし，空気だまりのないようにポンプに向かって上がり勾配とする。

　吸上げ揚程となる渦巻ポンプの吐出し量の調整は，吐出し側の弁によって行う。吸込み側に弁を設けて，その弁で調整すると，キャビテーションの発生の原因となる。なお，キャビテーションとは，管内が負圧になり水が蒸発して気泡を発生し，これが管内の圧力が高いところに移動すると気泡は水中に溶け込み，その際に騒音や振動が発生したり金属を腐食させたりする現象である。　◀ よく出題される

　同一配管系において，ポンプを並列運転して得られる吐出し量は，各ポンプを単独運転した吐出し量の和よりも小さくなる。また，直列運転して得られる揚程は，単独運転した揚程の和よりも小さくなる。

　水中モータポンプは，耐水構造の電動機を水中に沈めて使用できるポンプである。水中モーターポンプには，汚物用，汚水用があり，厨房排水や下水などの固形物を多く含む，排水には汚物用，湧水や空調用排水には汚水用水中モーターポンプを用いる。給水ポンプユニットや冷温水ポンプの末端圧力一定方式とは，吐出側配管系の末端圧力を予測して，水量の増減に関係なく必要な圧力が末端まで加わるように制御する方式である。

機器・材料

6・1・2　配管材料

（1）　配管材料

　建築設備用配管材料には，鋼管・ステンレス鋼鋼管・鋳鉄管・銅管・鉛管・樹脂管などがあり，管内を流れる流体の温度や圧力，耐食性・施工性・経済性などを考慮し，使用する配管材料を決める。

(a)　鋼　管

1)　JIS G 3452の**配管用炭素鋼鋼管（SGP）**は，通称ガス管と呼ばれ，使用圧力ほぼ1.0 MPa 以下の蒸気・水（飲料水を除く）・油・ガス・空気などの配管に用いるもので，呼び径は6 A〜500 A までのものが規格化されている。水圧試験特性が2.5 MPa と定められている。

　　　亜鉛めっきしない管を黒管，亜鉛めっきした管を白管という。　◀ よく出題される

2)　JIS G 3442の水配管用亜鉛めっき鋼管（SGPW）は，静水頭100 m以下で，飲料水以外の水配管（空調・消火・排水など）に用いる。呼び径は10 A〜300 A までのものが規格化されている。亜鉛めっきの付着量は，配管用炭素鋼鋼管の白管よりも多い。

3)　JIS G 3454の圧力配管用炭素鋼鋼管（STPG）は，350℃程度以下で使用する圧力配管に用いる炭素鋼鋼管である。

4)　**水道用硬質塩化ビニルライニング鋼管**は，配管用炭素鋼鋼管（SGP）等の内面（SGP-VA，VB），あるいは内外面（SGP-VD）に硬質ポリ塩化ビニル管をライニングしたもので，使用圧力1.0 MPa 以下の水道用の配管に使用される。内外面ライニングのSGP-VD は地中埋設管等に用いられる。

5)　**排水用硬質塩化ビニルライニング鋼管**の原管は，配管用炭素鋼鋼管よりも肉厚の薄い鋼管であるため，管の接続には，ねじ継手を使用することはできないので，MD 継手等が用いられる。　◀ よく出題される

　配管用炭素鋼鋼管およびライニング鋼管は，ねじ接合あるいは溶接接

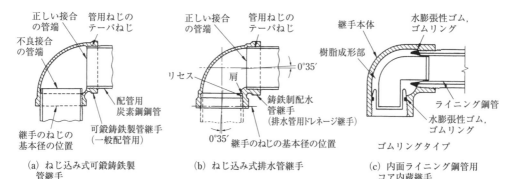

　　（a）ねじ込み式可鍛鋳鉄製　　　（b）ねじ込み式排水管継手　　　（c）内面ライニング鋼管用
　　　　　管継手　　　　　　　　　　　　　　　　　　　　　　　　　　　　コア内蔵継手

図6・4　各種の鋼管用ねじ込み式継手排水管用

合で接続され，これらに使用される継手のうちのねじ込み用の継手の概要を，図6・4(a), (b)に示す。ねじ込み式排水管継手は，管をねじ込むと，1°10′（約1/50）の勾配が得られるようになっている。ねじ接合用のライニング鋼管用継手には，図(c)に示すように，内部にコアを内蔵した管端防食継手が使用される。

(b)　一般配管用ステンレス鋼鋼管

ステンレス鋼は，耐食性，耐熱性に優れている。JIS G 3448（一般配管用ステンレス鋼鋼管）には，8SU〜300SU までの規格があり，最高使用圧力1MPa 以下の給水・給湯・排水・冷温水などについて規定している。

一般配管用ステンレス鋼鋼管は，肉厚が薄いので，ねじを切ることはできないので，細い管はプレス式管継手・圧縮式管継手などによるメカニカル接合によって，太い管は TIG（タングステン・イナート・ガス）溶接によって，接合が行われる。

(c)　鋳鉄管

水道・下水道・工業用水道・農業用水などには，JIS G 5526（ダクタイル鋳鉄管）が使用されるが，建築設備の排水用には，JIS G 5525（排水用鋳鉄管）が使用される。

排水用鋳鉄管には，1種管，2種管および立て管用の RJ 管があり，2種管は1種管より軽量化が図られている。排水用鋳鉄管には，メカニカル接合が用いられる。

(d)　銅　管

建築設備の配管に使用される銅管は，JIS H 3300（銅および銅合金継目無管）のうちの配管用銅管である。肉厚により K，L および M タイプに分類されるが，一般の建築設備用には M タイプが使用される。

◀ よく出題される

水道用の規格には，日本水道協会規格 JWWA H 101（水道用銅管）がある。M タイプと肉厚の厚い L タイプとがある。通常，使用圧力1.0 MPa 以下の配管では M タイプが使用される。

銅管の接合は，ろう付接合，フレア継手を用いる方法等がある。32A 程度以下の場合にははんだ接合，40 A 以上あるいは蒸気配管など，温度や圧力が高い場合にはろう接合が行われる。いずれも管を継手の受け口に差し込んだ場合にできるすき間に，加熱したはんだあるいはろうを毛管現象を利用して吸い込ませる接合である。25 A 以下の細い管の場合には，メカニカル接合やフレア接合も行われる。

(e)　硬質ポリ塩化ビニル管

硬質ポリ塩化ビニル管には，JIS K 6741（硬質ポリ塩化ビニル管）および JIS K 6742（水道用硬質ポリ塩化ビニル管）がある。

機器・材料

JIS K 6741には，硬質ポリ塩化ビニル管として，使用圧力により VP 管・VM 管および VU 管，耐衝撃性硬質ポリ塩化ビニル管として HIVP 管がある。

JIS K 6741の VP 管は屋内排水管に，VU 管は屋外排水管として多く使用されている。VP 管は VU 管よりも肉厚が厚いので耐圧が大きく，VM 管は呼び径350以上の管である。

水道あるいは飲料水の配管には JIS K 6742を使用する。JIS K 6742は，使用圧力0.75 MPa 以下の水道の配管に使用する管で，一般の水道用の VP 管（ISO 4422-2の規格のものは，IWVP 管）と耐衝撃性を有している HIVP 管の2種類が規格化されている。

これらのほかに，温度90℃以下の水の配管に使用する JIS K 6776（耐熱性硬質ポリ塩化ビニル管，HIVP）に規定されている管もあり，中央式給湯設備の配管材料として使用されることもある。

硬質ポリ塩化ビニル管の接合は，接着剤による場合が多いが，太い管はゴムリング接合も行われる。硬質ポリ塩化ビニル管などの樹脂管は，金属管よりも熱による伸縮が大きい。

（f）架橋ポリエチレン管

架橋ポリエチレンの規格には，JIS K 6769（架橋ポリエチレン管）と JIS K 6787（水道用架橋ポリエチレン管）とがある。JIS K 6769は，温度95℃以下の水に使用するもので，JIS K 6787は使用圧力0.75 MPa 以下の水道あるいは飲料水配管の主に屋内配管に使用する。単層管である M 種と二層管である E 種とがあり，E 種管は，電気融着接合によって接続される。細い管は，さや管ヘッダ工法に使用される。

（g）水道用ポリエチレン二層管

水道用ポリエチレン二層管は，1種，2種，3種があり外層及び内層ともポリエチレンで構成されている管である。

（h）ポリブテン管

ポリブテン管の規格には，JIS K 6778（ポリブテン管）があり，温度90℃以下の水に使用される。管継手には，メカニカル式，電気融着式及び熱融着式がある。

（i）その他

排水・通気用耐火二層管は，防火区画貫通部1時間遮炎性能の規定に適合する。排水用リサイクル硬質ポリ塩化ビニル管（REP-VU）は，屋外排水用の塩化ビニル管である。

（2）弁　　類

建築設備の配管に用いられる弁類には，一般的に使用される仕切弁（スリース弁・ゲート弁とも呼ばれる）・玉形弁（グローブ弁・ストップ弁と

も呼ばれる）・逆止め弁（チャッキ弁とも呼ばれる）のほか，ボール弁・バタフライ弁などもあり，弁の開閉を電気的に行う電磁弁・電動弁もある。これらのほかに，減圧弁・定流量弁・ボールタップ・定水位弁などもある。

(a)　仕切弁

<u>仕切弁は，全開時の圧力損失が，玉形弁に比べて小さい。</u>弁を絞って半開で使用すると弁体の背面に渦流が生じ，キャビテーションが発生し，振動を起こすことがあるので，単なる開閉用として使用する。図6・5(a)に仕切弁の構造を示す。

仕切弁には，図(b)，(c)に示すように，外ねじ式と内ねじ式とがある。外ねじ式仕切弁は，ねじ部が流体に直接触れない構造であり，信頼性が高く，高温や高圧の配管に用いられる。

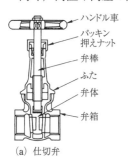

(a)　仕切弁

(b)　外ねじ式

(c)　内ねじ式

図6・5　仕切弁

(b)　玉形弁

<u>玉形弁は，仕切り弁に比べて圧力損失が大きいので，流量を調整するのに適している。仕切弁・バタフライ弁と異なり，流れの力向が定められている。</u>図6・6に玉形弁の構造を示す。

表6・1に，仕切弁と玉形弁との比較を示す。

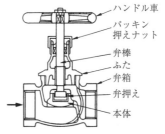

図6・6　玉形弁

◀ よく出題される

表6・1　仕切弁と玉形弁との比較

	リフト*	開閉時間	摩擦損失	流れ方向を示す矢印
仕切弁	大きい	長　い	少ない	な　し
玉形弁	小さい	短　い	大きい	あ　り

*リフトとは，バルブの開弁位置からの弁体の移動寸法である。

(c)　バタフライ弁

バタフライ弁は，弁箱の中心に円板状の弁体を取り付け，軸の回転により弁体を回転させて開閉する弁であり，<u>仕切弁・玉形弁に比べて，流れ方向の取付けスペースが小さく，流量調整も可能である。</u>

図6・7に，バタフライ弁の構造を示す。

◀ よく出題される

(d)　逆止め弁

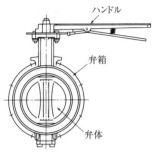

ハンドル
弁箱
弁体

図6・7　バタフライ弁

◀ よく出題される

逆止め弁は，チャッキ弁ともいい，液体の逆流を防止するための弁であるが，弁座にごみなどをかむと逆流を防止することはできない。逆止め弁には，図6・8に示すように，**スイング式とリフト式がある。**

スイング式は水平配管あるいは上向き配管に使用し，リフト式は上向き配管用のものもあるが，一般のものは水平配管に使用する。

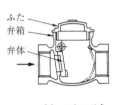

ふた
弁箱
弁体

(a)　スイング式

ふた
弁体
弁箱

(b)　リフト式

図6・8　逆止め弁

(e)　蒸気トラップ

蒸気トラップは，放熱器や蒸気配管の末端などに取り付け，蒸気を阻止して凝縮水および空気を排出する。

(f)　伸縮管継手

伸縮管継手は，流体の温度変化によって配管が伸縮するときに生じる配管の軸方向の変位を吸収するためのもので，ベローズ形伸縮管継手とスリーブ形伸縮管継手がある（図6・9）。

◀ よく出題される

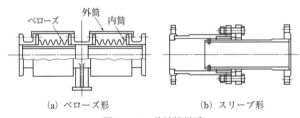

ベローズ　外筒　内筒

(a)　ベローズ形

(b)　スリーブ形

図6・9　伸縮管継手

ベローズ形伸縮管継手は，ベローズによって配管の伸縮を吸収するもので，伸縮吸収量は，一般にスリーブ形伸縮管継手の伸縮吸収量より小さい。JIS B 2352（ベローズ形伸縮管継手）の規格がある。

スリーブ形伸縮管継手は，スリーブパイプ継手本体を滑らせて配管の伸縮を吸収するもので，流体の漏れはグランドパッキンで止める。

(g)　フレキシブル形管継手（フレキシブルジョイント）

フレキシブルジョイントは，管軸に直角方向の変位や機器の振動を吸

収するために用いる継手で，ゴム製とステンレス鋼製に大別され，使用流体の種類，温度及び圧力により使い分けている。

　また，フレキシブルジョイントは，屋外埋設配管の建物導入部における変位吸収継手としても使用される。同様の使用方法にボールジョイントがあり，2～3個を組み合わせて使用し比較的小さなスペースで大きな変位や伸縮量を吸収できる。

(h)　その他

　ボール弁は，球形の弁体側面2箇所を開口にした形状で，全開時の圧力損失が小さく，流量調整には適さず全開・全閉で使用する。

　ボールタップおよび定水位調整弁は，水槽への給水を自動で行う弁である。

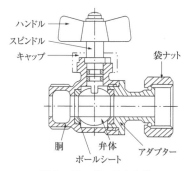

図6・10　ボール止水弁

　自動空気抜き弁は，配管内の空気を自動的に管外へ排出する弁であるが，配管内が負圧になると空気を吸い込む。

　バキュームブレーカは，給水管内に負圧が生じたときに自動的に空気を吸引して，給水管への逆流を防止する。

　ストレーナは，配管内のゴミなど不要物をろ過して，下流側の弁類や機器類を保護するものである。

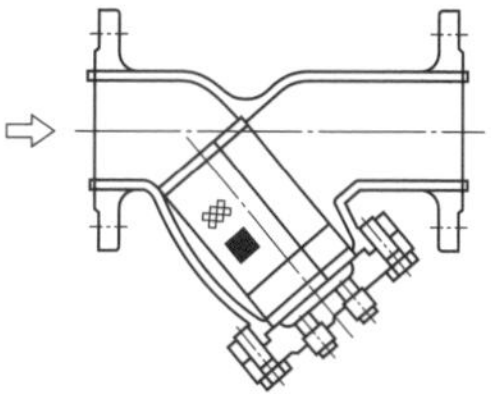

　ストレーナには，流体の流れを変化させずに流れに直角にスクリーンを設けてろ過するストレート形（T形など），流れを変化させてスクリーンを設けろ過す

図6・11　Y形ストレーナ

るY形，U形，V形などがある。ストレート形ストレーナには，Y形やU形ストレーナに比べ圧力損失が小さい。Y形ストレーナーは，円筒形のスクリーンを流路に対して45度傾けた構造で，横引きの配管では，下方にスクリーンを引き抜く（図6・11）。T形，U形，V形ストレーナーは，上部のカバーを外し上方にスクリーンを引き抜く。複式バケット形のオイルストレーナーは，ストレーナーの点検が容易な構造である。

　ワントラップ（ベルトラップ）は，排水口に設けられる排水トラップであるが，ワンを外すとトラップ機能がなくなるので，使用しない方がよい。

6・1・3　保温材料

（1）　保温材の種類

保温材は，次の3種類に大別される。

機器・材料

(a)　JIS A 9504（人造鉱物繊維保温材・ロックウール保温材およびグラスウール保温材）

(b)　JIS A 9510（無機多孔質保温材・ケイ酸カルシウム保温材・はっ水性パーライト保温材）

(c)　JIS A 9511（発泡プラスチック保温材・ビーズ法ポリスチレンフォーム保温材・押出し法ポリスチレンフォーム保温材・硬質ウレタンフォーム保温材・ポリエチレンフォーム保温材およびフェノールフォーム保温材）

これらの保温材のうち，一般の建築設備における保温材としては，ロックウール保温材・グラスウール保温材・ビーズ法ポリスチレンフォーム保温材・ポリエチレンフォーム保温材が使用されている。

（2）　保温材の特性

(a)　**人造鉱物繊維保温材**

人造鉱物繊維保温材には，ロックウール保温材とグラスウール保温材とがあり，保温板，保温帯，保温筒などで使用される。ロックウール保温材の最高使用温度は，グラスウール保温材よりも高く，防火区画を貫通する部分はロックウール保温材で保温する。

グラスウール保温材は，密度により，24 K，32 K，……，96 K，までの7つに区分されている。ロックウール保温材も密度により区分されている。グラスウール保温材は，ポリスチレンフォーム保温材に比べて吸水性や透湿性が大きいので，屋外露出の冷温水配管やダクトの保温材の上には，保温材への透湿を防ぐためにポリエチレンフィルムを巻く。

◀ よく出題される

◀ よく出題される

(b)　**発泡プラスチック保温材**

発泡プラスチック保温材には，ポリスチレンフォーム保温材・硬質ウレタンフォーム保温材・ポリエチレンフォーム保温材およびフェノールフォーム保温材がある。

ポリスチレンフォーム保温材には，ビーズ法と押出し法のものとがあるが，建築設備配管の保温に使用されるのはビーズ法のもので，押出し法のものは建築・冷凍庫などの保温，畳の芯材などに使用される。70℃以下の冷温水管・給水管・給湯管にはビーズ法ポリスチレンフォーム保温材が使用される。ビーズ法ポリスチレンフォーム保温材は，密度が高いほど，圧縮強さが大きくなる。

冷媒管にはポリエチレンフォーム保温材が使用される。

ポリスチレンフォーム保温材とポリエチレンフォーム保温材は，独立気泡構造のため，吸水・吸湿がほとんどないので，人造鉱物繊維保温材に比べ，冠水した場合の熱伝導率の増加が少ない。しかし，耐熱性がなく，蒸気管には使用できない。おもに保冷用として使われる。

確認テスト〔正しいものには○，誤っているものには×をつけよ。〕

□□(1)　遠心ポンプの実用範囲における揚程は，吐出量の増加とともに低くなる。

□□(2)　遠心ポンプの軸動力は，吐出量の増加とともに増加する。

□□(3)　渦巻ポンプの吸上げ能力は，水温の上昇に伴い小さくなる。

□□(4)　水道用硬質塩化ビニルライニング鋼管D（SGP-VD）は，地中埋設配管に用いられる。

□□(5)　硬質ポリ塩化ビニル管には，使用圧力によりVU，VM，VPがあり，VUのほうがVPより管の肉厚が厚い。

□□(6)　銅管は肉厚の小さい順から，K，L，Mタイプに分類される。

□□(7)　玉形弁は，仕切弁より全開時の摩擦損失が小さい。

□□(8)　逆止め弁には，スイング式やリフト式がある。

□□(9)　バタフライ弁は，仕切弁，玉形弁に比べて構造が複雑で取付けスペースが大きい。

□□(10)　グラスウール保温材は，ポリスチレンフォーム保温材に比べて透湿性が小さい。

確認テスト解答・解説

(1)　○

(2)　○

(3)　○

(4)　○

(5)　×：VUのほうがVPより管の肉厚が薄い。

(6)　×：肉厚は，小さい順から，M，L，Kタイプに分類される。

(7)　×：玉形弁は流量の調整用に使用され，仕切弁に比べて全開時の摩擦損失が大きい。

(8)　○

(9)　×：バタフライ弁は，構造が簡単であり，仕切弁・玉形弁に比べて取付けスペースが小さい。

(10)　×：ポリエチレンフォーム保温筒は，独立気泡構造のため，吸水・吸湿はほとんどない。しかし，グラスウール保温材は繊維状であるため，吸湿性があり透湿性が大きい。

6・2 空気調和・換気設備用機材

学習のポイント

1. 多翼送風機について，特に他の送風機と比較して理解する。
2. ボイラ，冷凍機，冷却塔などについて理解する。
3. 自動制御機器の種類，制御対象との組合せを理解する。

6・2・1 送風機

（1）送風機の分類と特性

　送風機は，羽根車を通る空気の流れる方向によって，羽根車の中心から半径方向に空気の流れる遠心形，軸方向に空気の流れる軸流形，羽根車の外周の一部から反対側の外周の一部に向かって，軸に直角な断面内で空気の流れる横流形，羽根車の中を空気が傾斜して流れる斜流形に大別される。

　建築設備でよく使用される送風機の特性曲線・用途などの例を，表6・2に示す。

　これらの送風機のうち，**多翼送風機**（シロッコファン）は空調換気用に多く用いられているが，その特徴は次のとおりである。

① 48～64枚の幅が広く短い，前向きの羽根を有する。
② 遠心送風機のうちで，所要風量と風圧に対して最も小形である。
③ 構造上，高速回転に適していないので，高い圧力を出すことができない。
④ 軸動力は，風量が増加するに従って増加する。
⑤ 風量曲線は，少風量のところでは右上がりの曲線部分があり，この部分で運転するとサージング現象を生じる。

図6・12に多翼送風機の特性曲線を示す。

　軸流送風機は，軸方向から空気が入り，軸方向に抜けるもので，構造的に小形で低圧力・大風量に適した送風機であり，風量の変化に対して，圧力の変化が大きい。換気扇にも用いられている。

　排煙機には，**後向き羽根送風機**が適している。

　斜流送風機は，ケーシングが軸流式や遠心式の形状で，風量・静圧とも遠心送風機と軸流送風機の中間に位置し，小形ではあるが風量が大きい。

　横流送風機は，ルームクーラの室内機用送風機として用いられている。

表6・2　送風機の特性

種類	遠心送風機		斜流送風機	軸流送風機	横流送風機
	多翼送風機（シロッコ）	後向き送風機		プロペラ	
インペラとケーシング	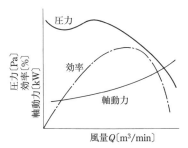				
特性					
要目 風量 [m³/min]	10～2,000	30～2,500	10～300	20～500	3～20
静圧 [Pa]	100～1,230	1,230～2,450	100～590	0～100	0～80
効率 [%]	35～70	65～80	65～80	10～50	40～50
比騒音 [dB]	40	40	35	40	30
特性上の特徴	風圧の変化による風量と動力の変化は比較的大きい。風量の増加とともに軸動力が増加する。	風圧の変化による風量の変化は比較的大きく，動力の変化も大きい。軸動力はリミットロード特性がある。	軸流送風機と類似しているが，圧力曲線の谷は浅い。動力曲線は全体に平坦。羽根の高さが低い。	最高効率点は自由吐出し近辺にある。圧力変化に谷はない。軸動力は風量の増加とともに小さくなる。	羽根車の径が小さくても，効率の低下は少ない。
用途	低速ダクト空調用 各種空調用 給排気用	高速ダクト空調用	局所通風	換気扇 小型冷却塔 ユニットヒータ 低圧・大風量	ファンコイルユニット エアカーテン

注　1)　この一覧表は片吸込み型を基準にしている。　　2)　それぞれの値は大体の目安である。
　　3)　比騒音とは，風圧9.807 Paで1 m³/sを送風する送風機の騒音値に換算したものである。

（空気調和衛生工学会編「空気調和衛生工学便覧14版（抜粋）」より）

図6・12　多翼送風機特性曲線の例

6・2・2　ボ イ ラ

（1）　ボイラの種類

　ボイラには，温水ボイラと大気圧より高い蒸気を発生させる蒸気ボイラとがあり，本体・燃焼装置・通風装置・自動制御装置および安全弁・逃し弁などの付属品から構成されている。ボイラの容量は，最大連続負荷における毎時出力によって表わされ，温水ボイラが熱出力（W），蒸気ボイラが換算蒸発量もしくは，実際蒸発量（kg/h）で表す。種類は次のような

ものがあり，給湯用にも利用される。

(a) 鋳鉄製（セクショナル）ボイラ

鋳鉄製ボイラは，複数の鋳鉄製のセクションをニップルと締付けボルトで接続して本体を構成する。各セクション内の水や蒸気の流通はニップルを通して行われ，容量の増加は，セクションを追加することで行う。最高使用圧力は，蒸気ボイラで0.1 MPa 以下，温水ボイラでは圧力0.5 MPa 以下，温水温度120℃以下と他のボイラに比べて低圧である。

長所：①鋳鉄は，耐食性に優れ寿命が長い。②分割搬入ができる。③
　　　容量増加が容易である。④価格は比較的安価である。

欠点：①構造上セクション内部の掃除が困難である。②缶体の材質が
　　　鋼鉄よりもろい。

(b) 炉筒煙管ボイラ（図6・13）

炉筒煙管ボイラは，円筒形の缶胴の中に燃焼室の炉筒部分と多数の煙管とで構成されている。燃焼ガスは，炉筒から煙管を経て煙道へと流れる。普通，温水ボイラや高温水ボイラとして使用され

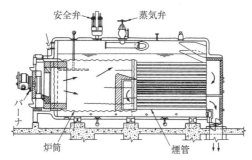

図6・13　炉筒煙管ボイラ

るが，蒸気ボイラの場合は，使用圧力0.7～1.0 MPa 程度である。このボイラは，中・大規模建物に多く使われている。

長所：①高圧蒸気が得られる。②保有水量が多いので，負荷変動に対
　　　して安定性がある。

欠点：①予熱時間が長い。②分割搬入はできない。③高価である。

(c) 小型貫流ボイラ

給水圧力によって，水管の一端から押し込まれた水が順次予熱，蒸発，スーパヒートされ水管の他端から過熱蒸気となって出てくるもので，ドラムがなく水管だけで構成されている。圧力は2 MPa 程度まで可能である。そのために，保有水量が少なく始動時間が非常に短いが，高度な水処理を要する。

（2）温　水　器

真空式温水器および無圧式温水器は「ボイラー及び圧力容器安全規則」に規定されるボイラではなく，ボイラ取扱いの資格が不要である。それぞれ大気圧以下に減圧もしくは大気圧のもとで加熱して温水を発生させるためである。真空式温水発生機は，本体に封入されている熱媒水の補給が不要である。

6・2・3　冷　凍　機

（1）　種　　　類

冷凍機は，冷凍の原理上，次の2つに分けられる。

①　**蒸気圧縮式**　　往復動冷凍機・遠心冷凍機・回転冷凍機など，蒸発器内で蒸発した冷媒ガスを圧縮機で圧縮する方式である。また，凝縮器で冷媒を凝縮するのに，冷却水を使用するものは水冷式，空気で冷却するものを空冷式と呼んでいる。

②　**吸収式**　　<u>水を冷媒とし，吸収液として臭化リチウム溶液を用いる方式</u>で，吸収冷凍機，直だき冷温水機がある。

◀ よく出題される

蒸気圧縮式と吸収式の比較　　蒸気圧縮式は，立上がり時間が短く，低い冷水温度が得られ，冷却塔の容量も小さい。吸収式は，電力消費量が少なく，騒音・振動は小さいが，器内圧力を低くしなければならない。

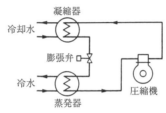

（2）　蒸気圧縮式の冷凍サイクル

蒸気圧縮冷凍機は，図6・14のように，4つの主要部である圧縮機・凝縮器・膨張弁・蒸発器で構成されている。

図6・14　蒸気圧縮冷凍機構成図

（3）　往復動冷凍機

往復動冷凍機には，空冷式と水冷式がある。使用区分としては，100 US冷凍トン ｛351.6 kW｝ 程度までの小・中規模建物に適しており，コンデンシングユニット・チリングユニットの形として用いられる。

圧縮機は，シリンダ間をピストンが往復動する。

容量制御は，オンオフ制御，アンローダ制御，電動機の回転数制御などがある。

（4）　遠心冷凍機（ターボ冷凍機）

遠心冷凍機は大容量に適し，100 US冷凍トン（351.6 kW）以上の中・大規模建物に多く使用される。遠心圧縮機は，高速度で回転する羽根車に

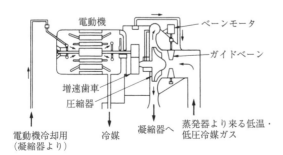

図6・15　遠心圧縮機

機器・材料

より，冷媒ガスを圧縮するターボ圧縮機で，増速装置・動力伝達装置・容量調整装置などから構成される（図6・15）。

　遠心冷凍機の凝縮器・蒸発器ともシェルアンドチューブ形が用いられ，チューブ内に冷却水または冷水を通し，その外側に冷媒を流すものである。

　容量制御は，サクションベーン制御，ホットガスバイパス制御，電動機の回転数制御などがある。

（5）　ロータリ冷凍機

　ロータリ冷凍機の圧縮機は，シリンダの中の偏心した位置に取り付けられたロータが回転し，シリンダとロータとの空間容積が変化して冷媒ガスの圧縮を行う。ルームエアコンなど小容量のものに多く用いられている。

（6）　スクロール冷凍機

　渦巻き状の固定スクロールと，可動スクロールを組み合わせて圧縮する。トルク変動が少なく，低振動・低騒音であるため，ルームエアコンやビル用マルチ空調機など小・中容量のものに多くに用いられる。

（7）　スクリュー冷凍機

　回転冷凍機の一種で，中・大容量のヒートポンプに適している。圧縮機は，図6・16のような断面をもつオス，メス2本のら旋状のロータとケーシングで構成され，冷媒ガスは2つのロータに挟まれたすき間の容積が変化することにより吸込み・圧縮が行われる。

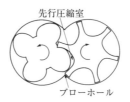

図6・16　スクリュー歯形断面

（8）　吸収式の冷凍サイクル

　吸収冷凍サイクルは，蒸発器・吸収器・再生器・凝縮器の4つの主要部から構成されている。これを図6・17に示す。この冷凍機の冷媒は水であり，この水が低い温度で蒸発するように，機内は常に真空に近い状態で運転される。冷凍サイクルとしては，蒸発器で冷水から熱を奪い，冷媒（水）は蒸発する。このとき冷水の温度は下がり，冷却が行われる。蒸発した冷媒は，吸収器内で吸収液（臭化リチウム溶液など）に吸収される。吸収液はしだいにその濃度が薄くなり，このままではやがて水蒸気を吸収する能力がなくなるので，薄くなった吸収液を再生器（発生器）に送り，蒸気や高温水などの熱によって吸収液内の水（冷媒）を蒸発させ，濃い吸収液に再生される。濃い吸収液は再び吸収器へ戻され，循環使用される。一方，再生器（発生器）で蒸発した冷媒は，凝縮器で冷却水により冷やされ，凝縮して水になり，蒸発器へ送られて循環使用される。この冷凍機では，吸収液で冷媒を吸収する際に発熱があり，この熱を冷却水で冷やす必要があるので，冷却水を製造する冷却塔の容量は，蒸気圧縮式冷凍機

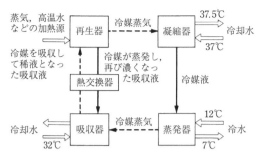

図6・17 吸収冷凍サイクルの主要構成
(注) 数字は,一例を示すものである。

に比べてやや大きくなる。

吸収冷凍機は,圧縮機がないので大きな動力源は必要ない。

(9) 吸収冷凍機および直だき冷温水機

吸収冷凍機には,一重効用(単効用)形と成績係数の高い二重効用形がある。二重効用形は,図6・18に示す例のように,高圧蒸気または高温水により高温再生器(第一発生器)を加熱し,発生した冷媒水蒸気を,さらに低温再生器(第二発生器)の加熱に用いるようになっている。

吸収冷凍機は,本体(再生器(発生器)・凝縮器・蒸発器・吸収器)のほか,溶液ポンプ・冷媒ポンプ・溶液熱交換器・抽気装置・容量調整装置・安全装置で構成されている。吸収冷凍機では,水を冷媒とするため機内を真空に保たねばならないので,抽気装置として真空ポンプまたは溶液エゼクタを用いて機内の不凝縮ガスを,分離器を経て機外に抽出する必要がある。容量制御は,蒸気圧力または高温水の送水量を調整する方法,再生器に送る溶液量を制御する方法などがある。

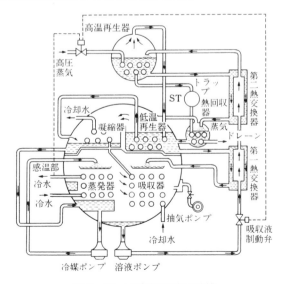

図6・18 二重効用吸収冷凍機

機器・材料

　直だき冷温水機も吸収冷凍機と同じ原理であり，特徴も同様である。ただし，熱源である温水や蒸気を他からの供給を受けるのではなく，直接再生器を燃焼によって加熱する。

　容量制御は，加熱量の調整で行う。

6・2・4　冷　却　塔

　冷却塔は，冷却水によって冷凍機から熱を奪い，大気に放熱する装置である。冷却水を冷却する仕組みは，冷却塔で冷却水の一部を蒸発させて，その蒸発潜熱によって冷却水自身の水温を下げる。水と空気の接触時間を大きくし，熱交換をよくするために充填材を入れている。冷却塔は開放式と密閉式があり，開放式冷却塔の形式を図6・19〜20に示す。向流形は上部から冷却水を滴下させ，塔下部から空気を吸込み熱交換を行うので，冷却効率がよい。水の流れと空気の流れが直交する形式のものを直交流形という。直交流形冷却塔は，1台の据付け面積は大きいが，空気の吸込み口は2方向だけなので何台も隣接して並べることができ，納まりがよい。

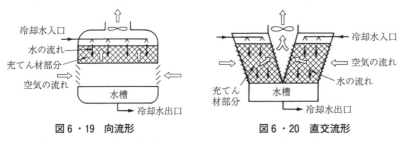

図6・19　向流形　　　　　　　図6・20　直交流形

　冷却塔の冷却水出入口温度差をレンジといい，一般に5℃にとることが多。

　また，冷却塔の出口水温と空気湿球温度の差を，アプローチという。冷却水の温度は，入口空気の湿球温度までしか下げられず，一般に空気湿球温度27℃にとることが多いが，このとき，一般に出口水温32℃となり，この場合のアプローチは5℃となる。

　冷却塔に必要とされる冷却量は，冷凍機冷凍量（蒸発量）と圧縮機による仕事量の和であり，一般に，冷凍機の冷却容量の30％程度を割増して計画している。冷却塔の冷却量は，吸収冷凍機や直だき吸収冷温水機が遠心冷凍機や往復動冷凍機よりも多い。

　冷却塔を循環する冷却水は，大気と接触するためスケールが生じるなど水質が汚染される。この水質汚染を防止したり，レジオネラ属菌の繁殖や珪藻などの発生を防ぐため，定期的にブローダウンや薬液注入などを行い，水質管理には十分注意しなければならない。

6・2・5　空気調和機

（1）　ユニット形空気調和機

　ユニット形空気調和機は，室
内空気の温度および湿度を調整
して空気を清浄にするための装
置であり，図6・21に示すよう
な構成になっていて，冷却，加
熱の熱源装置を持たず，ほかか
ら供給される冷温水等を用いて
空気を処理し送風するもので，
エアハンドリングユニットともいう。

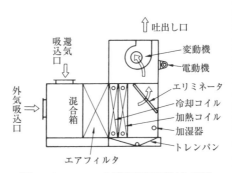

図6・21　ユニット形空気調和機（立て形）

　ユニット形空気調和機に内蔵する気化式加湿器は，加湿器本体のエレメ
ントに上部から水を流し，エレメントを通過する空気と滴下水が接触して，
空気のもつ顕熱により水を気化させる。

　風量調節には，インバータ，スクロールダンパ及びインレットベーン方
式があり，省エネルギー効果が最も高いのは，インバータ方式である。

（2）　ファンコイルユニット

　ファンコイルユニットは，エアフィルタ・送風機・冷却加熱コイルがケー
シング内にコンパクトに納められた室内用ユニットである。

（3）　パッケージ形空気調和機

　4・3・4「空調方式」を参照のこと。

（p.83参照）

6・2・6　全熱交換器

　全熱交換器は，建物からの排気を導入外気と熱交換させ，導入外気を室
内空気の温湿度状態に近づけて供給する装置である。温度（顕熱）・湿度
（潜熱）ともに熱交換するので，全熱交換器と称される。熱交換エレメン
トには，リチウムクロライドあるいは塩化リチウムを含浸させたセラミッ
ク材などが多く使用されている。

6・2・7　エアフィルタ

　自動巻取形エアフィルタは，一般空調用のやや粗大な粉じん除去に使用
される。又，電気集じん器は，計数法により，粒子補集率を表示している。

　ろ過式の粗じん用エアフィルタの構造は，パネル型が主体である。

4・3・4「空調方式」（5）
（p.86）参照。

6・2・8　自動制御機器

　自動制御設備は，温度・湿度・圧力などの制御量の変化を，**検出部**により物理的な変位として取り出し，**調節部**で制御対象物を制御するように信号に変換して，**操作部**へ指令を送る仕組みになっている。

　電気式自動制御システムの検出部に使用される機器には，次のようなものがある。

① 　温度検出部──→バイメタル・シールドベローズ・リモートバルブなど

② 　湿度検出部──→毛髪・ナイロンフィルムなど

③ 　圧力検出部──→ベローズ・ダイヤフラム・ブルドン管など

④ 　操　作　部──→比例制御用として用いられるモジュトロールモータ，二位置制御などの不連続制御用に用いられる電磁開閉器・電磁コイル・小型電動弁など。モジュトロールモータは，弁やダンパを操作するものである。

　電子式自動制御システムは，調節部・操作部・検出部の3要素で構成されている。

　温度検出器の検出端として，ニッケル・ニッケル合金・白金が用いられ，温度変化を電気抵抗値の変化に変換する。

① 　温度検出器──→白金測温抵抗体・ニッケル測温抵抗体・バルコ測温抵抗体・サーミスタなど

② 　湿度検出器──→検出部に塩化リチウムを用いた電気抵抗式湿度検出器・乾湿球温度検出器など

　制御対象と機器の例では，表6・3のような出題が多い。

表6・3　制御対象と自動制御機器の組合せ

◀ よく出題される

制御対象	自動制御機器
冷温水コイルの水量	電動二方弁・電動三方弁
ファンコイルユニットの冷温水量	電動二方弁・電動三方弁
居室や送風空気の温度	サーモスタット
居室や還り空気の湿度	ヒューミディスタット
受水タンク・高置タンクの水位	電極棒
排水槽の汚物用水中モータポンプの発停	フロートスイッチ・レベルスイッチ
送風量	電動ダンパ・回転数変換機

機器・材料

確認テスト〔正しいものには○，誤っているものには×をつけよ。〕

□□(1) 吸収冷凍機の冷媒は，「臭化リチウム溶液」である。

□□(2) 冷却塔は，冷却水の一部を蒸発させて，その蒸発顕熱で水温を下げる仕組みである。

□□(3) 軸流送風機は，構造的に小型で，高圧力，小風量に適した送風機である。

□□(4) 自動制御対象と機器の組合せで，居室の湿度とサーモスタットは関係がある。

□□(5) 自動制御対象と機器の組合せで，電極棒と受水タンクの水位制御は関係がある。

機器・材料

確認テスト解答・解説

(1) ×：吸収冷凍機の冷媒は「水」である。「臭化リチウム溶液」は吸収剤である。

(2) ×：水の蒸発は顕熱ではなく，潜熱である。

(3) ×：軸流送風機は，構造的に小形で低圧力，大風量に適した送風機であり，風量が0のとき圧力が最大で，風量の増加とともに急激に圧力が低下する。

(4) ×：湿度の制御は，ヒューミディスタット，温度制御用はサーモスタットである。

(5) ○

6·3 空調配管とダクト設備

> **学習のポイント**
>
> 1. 冷温水配管の用語を理解する。
> 2. ダクト材料・ダンパ類・吹出し口の特徴を理解する。

6・3・1　冷水・温水配管

（1）　配管システムの分類

（a）　通水方式による分類

空調設備における水配管システムは主として循環式であり，開放式（オープンシステム）と密閉式（クローズシステム）がある。

開放配管システムは，図6・22に示すように，蓄熱水槽を用いた配管や，冷却塔を使用する冷却水配管がそれにあたる。開放配管システムは，密閉配管システムに比べて，一般にポンプ動力が大きくなる。

開放式：循環水が一度大気に開放されるのでこの呼び名がある。

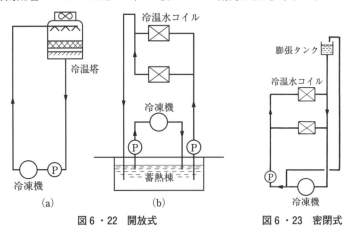

図6・22　開放式　　　　　図6・23　密閉式

密閉配管システムは一般の冷温水配管に用いられるもので，図6・23のように，装置内の水の膨張を吸収するため膨張タンクを必要とする。

（b）　還水方式による分類

空調配管では，還水の方法に次の2種類の配管方式がある。

ダイレクトリターン方式（直接還水方式）の場合は，図6・24(a)に示すように機器1と機器2ではそれぞれの往きと還りの配管の長さの差が違うために配管抵抗も同様に違ってくるので，流量のアンバランスが生じる。そのために弁で流量調整する必要がある。

機器・材料

これに対してリバースリターン方式（逆還水方式）は図(b)に示すように，どの機器に対しても往きと還りの配管の長さが同じになるために，配管損失がほぼ等しくなり，流量のバランスがとりやすい。しかし，配管全長が長くなり，また，配管スペースも多くなるデメリットがある。

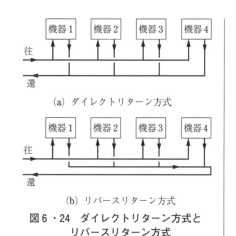

(a) ダイレクトリターン方式

(b) リバースリターン方式

図6・24　ダイレクトリターン方式とリバースリターン方式

6・3・2　ダクトの形状

（1）概　　要

　ダクトは，負荷に見合った空気量を送風機により，目的とする場所に運ぶための空気の管路である。送風機はポンプの揚程（ヘッド）と同様に，最遠点の吹出し口へ風を圧送して吹き出す圧力が必要であり，これが送風機静圧である。

　ダクト内の空気の圧力は，空気の流れによって生ずる動圧と，その部分での静圧とがあり，その和を全圧という。ダクト系における圧力損失は，ダクトの直管部の摩擦損失，局部抵抗による損失，空調機などの機器による損失により構成される。

（2）直管部の摩擦損失

　直管部の摩擦損失は，ダルシー・ワイズバッハの式により計算されて，直管部の摩擦損失は，風速の2乗に比例して大きくなる（局部も同じ）。

（3）ダクトの局部抵抗

　ダクトの曲がり，分岐，拡大，縮小の異形部では，渦流が発生し，これが圧力損失となる。この局部における損失とその部分での摩擦抵抗による圧力損失の和を，局部抵抗という。

　おもな局部抵抗の特徴を，図6・25に示す。

　図6・25(d)と(e)では，拡大部は縮小部より渦流が生じやすいため，抵抗が大きい。

1・2・3「管路」(p.18)参照。

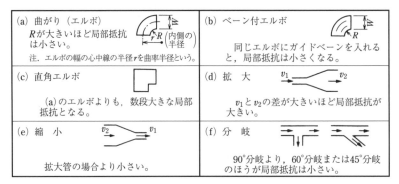

図6・25　おもな局部抵抗の例

（4）　ダクトにおける一般的注意事項

① 長方形ダクトのアスペクト比は，4以下がよく，小さいほうが望ましい。（図6・26）。アスペクト比を大きくすると摩擦損失が大きくなる。

◀ よく出題される

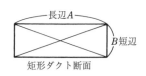

図6・26　アスペクト比

② ダクト内風速は，最大10 m/s 程度とする。風速を速くすると騒音が発生しやすい。

③ 低速ダクトの場合の単位摩擦損失は，1 Pa/m 程度とすることが多い。この値を大きくすればダクトサイズは小さくてすむが，風速が速くなり，騒音・振動などが発生しやすい。

④ 同一風量・同一断面積の場合は，長方形ダクトよりも円形ダクトのほうが摩擦損失は小さい。

⑤ 同一角度の拡大・縮小では，拡大のほうが摩擦損失が大きい。急拡大は15°以下，急縮小は30°以下の変形とする。

⑥ エルボ（曲がり部）の局部抵抗は，曲率半径が小さいほど大きくなる。内側半径は，ダクト幅の1/2以上とする。

⑦ 曲率半径が小さいエルボ（ダクト幅の1/2未満）や直角エルボでは，ガイドベーン（案内羽根）を設け，エルボでの渦流による圧力損失を低減する。

◀ よく出題される

⑧ 案内羽根の板厚は，ダクトの板厚と同じにする。

6・3・3　ダクト材料と付属品

（1）　ダクトの構成

　亜鉛鉄板製ダクトが最も多く使用されているが，このほかにもステンレス鋼板製・硬質塩化ビニル板製なども使用される。ステンレス鋼板製ダクトは，厨房等の湿度の高い室の排気ダクトに用いられる。硬質塩化ビニル製ダクトは，腐食性ガス等を含む排気ダクトに用いられる。グラスウール製ダクトは，吹出口や吸込口ボックス等に用いられる。

矩形ダクトは，亜鉛鉄板などの板材，ダクト接続用フランジ，補強材の形鋼，リベット，フランジ用ガスケットなどから構成される。フランジ用ガスケットの材質は，繊維系，ゴム系，樹脂系がある。円形ダクトには，主としてスパイラルダクトが使用される。また，可とう性のあるフレキシブルダクトも使用される。

（2）亜鉛鉄板製ダクト

　長方形ダクトの板厚は，長辺の寸法を基準にして決める。また，ダクトからの漏れを少なくするために，フランジ部・はぜ部にシールを施すと効果的である。長方形ダクトの製作工法として，アングルフランジ工法とコーナーボルト工法で，コーナーボルト工法には共板フランジダクトおよびスライドオンフランジダクトがある。

◀ よく出題される

◀ よく出題される

（3）スパイラルダクト

　スパイラルダクトは，帯状の亜鉛鉄板をスパイラル状に甲はぜ機械かけしたもので，板厚が薄いにもかかわらず，甲はぜが補強となって，強度が高い。スパイラルダクトは，任意の長さに切断して使用できる。接続は差込み継手またはフランジ継手を用いる。

◀ よく出題される

（4）フレキシブルダクト

　フレキシブルダクトは，吹出口などの接続用として使用し，不燃材料で，可とう性，耐圧強度及び耐食性があり，有効断面が損なわれないものとする。また，空調用にはグラスウールを主材とした保温（断熱材）付きフレキシブルダクトとし，補強には鋼線がスパイラル状に巻かれている。

（5）たわみ継手

　たわみ継手は，空調機・送風機などとダクト接続する場合に，振動の伝播を防止するために使用される。材質は，ガラスクロスをピアノ線で補強したものが多い。

（6）風量調節ダンパ

　風量調節ダンパは，ダクト系の風量調整のために分岐部などに取り付けるもので，翼形ダンパ（対向翼・平行翼）・バタフライダンパ・スプリットダンパなどがある。風量調整は，ダンパの羽根の開度（角度）を変えて行う。対向翼タイプのほうが平行翼タイプより調節機能が優れている。ダンパは，ダクトのエルボ直近に取り付けると，正確な風量調節が困難である。

（7）防火ダンパ

　防火ダンパは，火災時にダクトからの延焼防止のために取り付けるもので，温度ヒューズ・煙感知器や熱感知器と連動して使用される。鉄板製の場合，法規上は1.5 mm厚以上であることが要求されている。

　温度ヒューズ形防火ダンパは，ヒューズが溶解してダンパが閉じる構造であり，通常溶融温度72℃程度の温度ヒューズが使用されるが，排煙ダク

機器・材料

トは280℃程度，厨房フード排気ダクトは120℃程度の防火ダンパの温度
ヒューズを使用する。

（8）　定風量装置（CAVユニット）

　定風量装置は，給気量を自動的に一定に保つためにダクトや吹出し口に
設けるものである。

（9）　変風量装置（VAVユニット）

　変風量装置は，室の負荷変動に応じて室温をコントロールするために，
自動的に風量を変化させるユニットである。

6・3・4　吹出し口類

　吹出し口には，吹出し気流の方向が一定の軸方向になる軸流吹出し口と，
吹出し口の全周から放射状に気流を吹き出すふく流吹出し口に分類される。

　吹出し口から水平に吹き出した気流は，冷房の場合は下降し，暖房の場
合は上昇することを考慮して，吹出し口の種類・設置位置などを決める。

（1）　軸流吹出し口

（a）　格子形吹出し口

　壁面吹出し口として最もよく使用される。縦方向の羽根（Ｖ）と横
方向の羽根（Ｈ）の配置によりVHタイプまたはHVタイプ，風量調
節用シャッタ（Ｓ）を取り付けたVHS（またはHVS）が一般的である。
羽根が可動のものをユニバーサル吹出し口，固定のものをグリル吹出し
口という。

（b）　ノズル形吹出し口

　発生騒音が比較的小さいので，吹出し風速を大きくすることができる。
到達距離が長く，講堂や大会議室などの大空間用として適している。

（c）　線状吹出し口

　シンプルで目立たないのと，吹出し気流方向が，図6・27のように，
調節可能なので，ペリメータゾーンの熱負荷処理に，窓面に近い天井で
よく用いられたり，インテリアゾーンにも使われる。到達距離が長くと
れ，高所用吹出口としても利用されている。

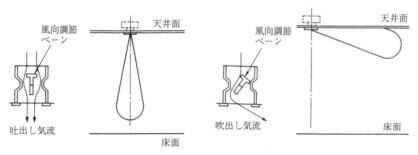

図6・27　線状吹出し口の気流特性

（d）　パンカルーバ（スポット形吹出し口）

　厨房のスポットクーリングの吹出し口などによく使われる。吹出し口の方向と風量が自由に調整できる。

（2）　ふく流吹出し口

（a）　シーリングディフューザ（アネモ形吹出し口）

　複数枚のコーンによって多量の空気が吹き出されるため，誘引作用が非常に大きく，吹出し温度差を大きくとれる気流分布上優れた吹出し口である。ドラフトを感じるのは，吹出し気流と室内空気の温度差が大きすぎる場合とか，吹出し気流速度が大きすぎる場合であるが，アネモ形吹出し口では，隣接するそれぞれの吹出し口の最小拡散半径より接近して設置しない限り，ドラフトはほとんど生じない。中コーンを上下することにより，気流が図6・28のように変化する。コーンを下げると冷房に有効でコーンを上げると暖房に有効な気流が得られる。

◀ よく出題される

　居住域における吹出し気流の残風速が0.1〜0.2 m/sの区域を，最大拡散半径といい，残風速が0.25 m/s程度の区域を，最小拡散半径という。

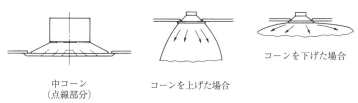

中コーン
（点線部分）　　　コーンを上げた場合　　　コーンを下げた場合

図6・28　アネモ形吹出し口の気流

（b）　パン形吹出し口

　図6・29に示すような構造になっている。この吹出し口は，天井高が低い室でドラフトのおそれがある場合に，これを解消するのに使用されるケースが多い。

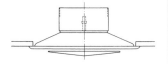

図6・29　パン形吹出し口

（3）　吹出し気流の性質

　吹出し口から吹き出された空気を一次空気といい，その一次空気は室内空気を誘引して混合しながら拡散し，しだいに速度を減衰する。これに伴って吹出し空気が冷風であれば，気流の温度はしだいに上がり，温風であれば下がる。誘引された空気を二次空気という。

（4）　床吹き出し口

　二重床内のチャンバから給気ができるように床面に設置した吹き出し口である。床吹き出し口は，ダンパを内蔵したものや小型ファンを内蔵したものがある。

機器・材料

（5）　吸込み口

　吸込み気流は吹出し気流のように指向性がなく，吸込み風速が遅い。設置場所については吹出し気流分布に大きな影響を与えるので，1箇所で大量の空気を吸い込むより，いくつかの吸込み口に分散して配置するよう注意が必要である。

（6）　排気フード

　排気フードは吸込み口の一種であるが，効率よく多量の汚染空気を吸い込む場合に適している。フードは，上部にちりなどが貯まらないように，周囲にフード囲いを天井まで設ける。厨房などで，油脂を含む蒸気の排気フードには，着脱の容易なグリースフィルタを設ける。また，燃焼器具用のフードは，不燃材料でなければならない。

　フードの板厚は，フードの長辺の長さにより決定する。

6・3・5　ダクト設備の消音装置

　ダクト系に設けるおもな消音器の種類と騒音の減衰特性を，図6・29に示す。ダクト内に内張りする吸音材としては，グラスウール・ロックウールなどがある。吸音材として使用するものは，ア）材料の飛散性のないもの，イ）吸湿性の少ないもの，ウ）不燃性のもの，エ）吸音率が大きいもの，などが必要である。

　図6・30の各消音器の特徴は，次のとおりである。

① 　内張りダクト：低周波の騒音に対する消音能力は小さく，また，大きなサイズのダクトでは効果が少ない。

② 　セル形・プレート形消音器：小さな内張りダクトを組み合わせたもので，消音量は，各流路エレメントを1つの内張りダクトと考えたものとほぼ等しい。

③ 　内張りエルボ：反射による減音と内張りによる吸音の効果をもち，低周波の消音量も他と比べて大きい。

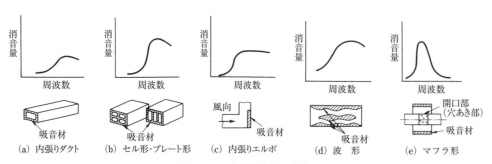

図6・30　各種消音器の特性

④ 波形消音器：風道内の流路を波形にしたもので，内張りの吸音効果に流路の屈曲による反射効果が加わる。

⑤ マフラ形消音器：流路の共鳴効果によって消音が行われ，共振周波数付近では大きな消音量が得られる。

その他として消音ボックスがあり，入口・出口の断面変化による反射効果と，ボックス内張りの消音効果を合わせたものである。

確認テスト〔正しいものには○，誤っているものには×をつけよ。〕

□□(1) ダクトの急拡大は30度以下，急縮小は15度以下となるようにする。

□□(2) 亜鉛鉄板製の長方形ダクトと円形ダクトは，風量，断面積が同一であれば，摩擦損失も同じである。

□□(3) ダクト断面の短辺に対する長辺の比（アスペクト比）は，なるべく大きくする。

□□(4) 長方形ダクトの曲り部の圧力損失が大きい箇所に，案内羽根（ガイドベーン）付きエルボを設置する。

□□(5) コーナーボルト工法には，共板フランジ工法とスライドオンフランジ工法がある。

□□(6) 長方形ダクトの板厚は，周長により決め，長辺と短辺を同じ板厚とする。

□□(7) スパイラルダクトの接続には，差込継手又はフランジ継手を使用する。

□□(8) シーリングディフューザ形吹出口は，気流分布が悪いという欠点がある。

□□(9) ダクト系の風量バランスをとるため，一般に，主要な分岐ダクトには風量調節ダンパを取り付ける。

□□(10) 防火ダンパは，ヒューズが溶解してダンパが閉じるものである。

確認テスト解答・解説

(1) ×：急拡大は15度以下，急縮小は30度以下である。

(2) ×：同一風量，同一断面積では，長方形ダクトの方が周長が長く，さらに四隅のコーナー部で渦流を生じるため，円形ダクトより摩擦損失が大きい。

(3) ×：アスペクト比を大きくすると，扁平ダクトになり摩擦損失が増大するため，なるべく小さくする。実用上は4以下とする。

(4) ○

(5) ○

(6) ×：長方形ダクトの板厚は，長辺の寸法により決め，長辺と短辺を同じ板厚とする。

(7) ○

(8) ×：シーリングディフューザ形吹出口は，誘引作用が大きく，気流分布が優れている。

(9) ○

(10) ○

機器・材料

6・4 給排水設備用機材

学習のポイント

1. 飲料水用タンクの構造と設置基準について覚える。
2. 湯沸器の種類と構造について理解する。

6・4・1　飲料水用タンク

　飲料水用タンクには，鋼板製，ステンレス鋼板製，プラスチック製（FRP製がほとんど）及び木製のものがある。FRP製タンクは軽量で施工性に富むが屋外設置のものは太陽光の透過による藻類の増殖を防ぐ対策や紫外線劣化防止が必要である。鋼板製タンクは，内部の防錆処理としてエポキシ樹脂等の樹脂系塗料によるコーティングを施す。ステンレス鋼板製タンクは，タンク内上部の気相部は塩素が滞留しやすいので耐食性に優れたステンレスを使用する。建築物の内部，屋上又は最下階の床下に設ける場合は，次の構造と設置基準よる。また，5・3・3「飲料用受水タンク・高置タンク」，図5・12「飲料用受水タンク・高置タンクの設置要領」をあわせて参照のこと。 (p.122参照)

（1）　タンク上部
　①　汚染防止のため，1/100程度の勾配を設ける。
　②　天井面との間には，100 cm以上の点検スペースを設ける。
　③　保守点検のために，直径60 cm以上のマンホールを設ける。ただし，外部から内部の保守点検を容易かつ安全に行うことができる小規模（有効容量5 m³以下）な給水タンク等は除く。

（2）　タンクの底部
　①　水抜き管を設ける。
　②　水抜きのため1/100程度の勾配をとり，ピットを設ける。　◀よく出題される
　③　床面との間には，60 cm以上の点検スペースを設ける。

（3）　タンク側面
　①　周壁との間には，60 cm以上の点検スペースを設ける。
　②　2槽式タンクの中仕切り板は，一方のタンクを空にした場合であっても，地震等により損傷しない構造のものとする。

（4）　通　気　管
　①　管の端部には，衛生上有害なものが入らないように防虫網を設ける。　◀よく出題される

（5）　オーバフロー管
　①　管の排水口空間は，150 mm以上とする。

②　管の端部には，衛生上有害なものが入らないように，防虫網を設ける。

（6）　藻の発生防止

①　屋外に設置する FRP 製タンクは，藻の発生を防止できる遮光性を有するものとする。　◀ よく出題される

6・4・2　湯　沸　器

湯沸器は，いろいろな種類があり，その特徴を次のように示す。　5・4「給湯設備」(p.125) 参照

（1）　給水方式による区分

給水方式により，水道用減圧弁及び逃がし弁を接続し，水道管に直結して給水する水道直結式と，水道管に直結していないシスターンから給水するシスターン式がある。

（2）　燃焼ガスの排出方法による区分

開放式湯沸器は，燃焼に室内の空気を用い，燃焼による廃ガスも室内に放出する機器である。そのため室内の空気汚染を一定基準値まで抑えるための換気設備が必要である。

半密閉式湯沸器は，燃焼に室内の空気を用い，燃焼による廃ガスは屋外に放出する機器である。

密閉式湯沸器は，屋内空気と隔離された燃焼室内で，屋外から直接取り入れた空気により燃焼し，屋外に直接燃焼ガスを排出する機器である。　◀ よく出題される

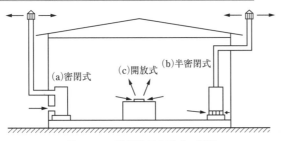

図6・31　燃焼器具の形式・種類

（3）　ガス燃料の着火方法による区分

元止め式湯沸器は，本体付属の入口側（給水側）水栓の開閉によってメインバーナを点火して給湯する方式であり，ガス消費量の小さい小型の瞬間湯沸器がこれに該当する。　◀ よく出題される

先止め式湯沸器は，本体先の配管に設けた出口側（給湯側）の湯栓の開閉によってメインバーナを点火して給湯する方式である。先止め式湯沸器は，配管により複数の必要な場所に給湯ができる。

（4）　安全装置

先止め式湯沸器には，給湯側に逃し弁，給水側に減圧弁を設ける。また，先止め式の貯湯式電気温水器には，給湯側に逃し弁，給水側に減圧弁と逆止弁（減圧逆止弁一体型も含む）が必要である。

（5）　その他

　潜熱回収型ガス給湯器には，潜熱回収時の凝縮水を中和処理する装置が組み込まれている。法令による簡易ボイラに該当する貯湯式電気温水器は，貯湯容量100 L 以下で床置形の元止め式と先止め式がある。また，<u>ヒートポンプ給湯機は，大気中の熱エネルギーを給湯の加熱に利用する</u>ものである。

確認テスト〔正しいものには○，誤っているものには×をつけよ。〕

□□(1)　飲料用給水タンクの構造において，タンクの底部には，水抜きのための勾配をつけ，ピットを設ける。

□□(2)　飲料用給水タンク底部と床面との間には，45 cm 以上の点検スペースを設ける。

□□(3)　オーバフロー管と通気管の端部に，防虫網を設けた。

□□(4)　密閉式湯沸器は，燃焼に室内の空気を用い，燃焼廃ガスは排気筒で屋外へ排出する機器である。

□□(5)　元止め式湯沸器は，湯沸器からの給湯配管に設けた湯栓を開くことで主バーナを点火する機器である。

確認テスト解答・解説

(1)　○

(2)　×：60 cm 以上の点検スペースを設ける。45 cm では，十分な点検スペースがとれない。
　　　　昭和50年建設省告示第1597号「建築物に設ける飲料水の配管設備及び排水のための配管設備を安全上及び衛生上支障のない構造とするための基準」による。

(3)　○

(4)　×：密閉式湯沸器は，燃焼用空気を直接屋外から取り，燃焼による廃ガスも直接屋外に放出する機器である。

(5)　×：元止め式湯沸器は，湯沸器本体の操作ボタンを操作して給湯する。湯沸器からの給湯配管に設けた湯栓を開くことで主バーナーを点火する機器は，先止め式湯沸器である。

第7章 設計図書

設計図書の出題傾向

第7章からは毎年1問出題されて，1問が必須問題である。

7・1　公共工事標準請負契約約款

7・2　機器の仕様と配管の仕様

4年度前期は，公共工事標準請負契約約款の設計図書について，1問出題された。

4年度後期は，設計図書に記載する機器仕様について，1問出題されている。

設計図書

7·1 公共工事標準請負契約約款

学習のポイント

1. 公共工事標準請負契約約款上，設計図書に含まれるもの，含まれないものについて覚える。

　公共工事標準請負契約約款は，発注者と工事請負契約を締結するときに，発注者・請負者とも後日紛争の生じることを避けて，相互信頼に基づいた契約ができることを目的とした契約書である。民間の場合は，「民間連合協定」があるが，民間工事でもこの「公共工事標準請負契約約款」が契約書に添付される場合が多い。

　（総則）第1条第1項に，設計図書とは，図面，仕様書，現場説明書及び現場説明に対する質問回答書をいう，と規定されている。したがって，見積書，工程表，請負代金内訳書，（総合）施工計画書，施工図等は，設計図書ではない。

◀ よく出題される

◀ よく出題される

　（総則）第1条第3項
・仮設・施工方法その他工事目的物を完成するために必要な一切の手段は，設計図書等に特別の定めのない場合は，受注者の責任で定めることができる。

　（請負代金内訳書および工程表）第3条第1項
・受注者は，設計図書に基づいて請負代金内訳書および工程表を作成し，発注者に提出する。

　（現場代理人および主任技術者等）第10条第2項
・現場代理人は，この契約に基づく請負者の一切の権限を行使することができるが，請負代金額の変更，請負代金の請求および受領等の行為は除かれている。

　（同）第10条第4項
・現場代理人，主任技術者（監理技術者）および専門技術者は，これを兼ねることができる。

　（条件変更等）第18条第1項
・受注者は，工事の施工に当たり，次の各号の一に該当する事実を発見したときは，その旨を直ちに監督員に通知し，その確認を請求しなければならない。

設計図書

一　図面，仕様書，現場説明書および現場説明に対する質問回答書が一
　　致しないこと（これらの優先順位が定められている場合を除く）
二　設計図書に誤謬（びゅう）または脱漏があること
三　設計図書の表示が明確でないこと
四　工事現場の形状，地質，湧水等の状態，施工上の制約等設計図書に
　　示された自然的または人為的な施工条件と実際の工事現場が一致しな
　　いこと
五　設計図書で明示されていない施工条件について予期することのでき
　　ない特別な状態が生じたこと

設計図書

7·2 機器の仕様と配管の仕様

学習のポイント

1. 設計図書に記載する機器仕様について覚える。
2. 配管の使用する管材とのJIS規格等の名称については，6・1・2　配管材料の項と併せて確認する。

7・2・1　機器の仕様

設計図書に記載する機器の主な記載項目は，表7・1に示す通りである。

表7・1　設計図書に記載する機器の主な記載項目　　◀ よく出題される

機器名称	記載項目	間違っている記載項目
ポンプ 渦巻ポンプ 遠心ポンプ 小形給水ポンプユニット	形式，口径，（吸入口径，吐出口径）水量（または循環水量），揚程，電動機出力，防振材の種類	×呼び番号
遠心冷凍機 ターボ冷凍機	形式，冷房能力（または冷凍能力），冷水量，冷却水量，冷水出口温度，冷却水入口温度，電源種別，圧縮機電動機出力	
空気熱源 ヒートポンプ ユニット	形式，冷房能力（または冷凍能力），暖房能力（または加熱能力），冷水量，温水量，冷水出口温度，温水出口温度，電源種別，圧縮機電動機出力	
直だき吸収冷温水機 冷温水発生器	形式，冷房能力（または冷凍能力），暖房能力（または加熱能力），冷水量，温水量，冷却水量，冷水出口温度，温水出口温度，冷却水入口温度，燃料種別，燃料消費量	
冷却塔	形式，冷却能力，冷却水量，冷却水出入口温度，電動機出力，許容騒音値	
ボイラ	形式，定格出力，出口温水温度（温水の場合），蒸気圧力（蒸気の場合），伝熱面積，燃料種別，燃料消費量	
ユニット形空気調和機	形式，風量，機外静圧，冷房能力，暖房能力，冷水量，温水量，（冷温水量），（有効）加湿量，エアフィルタ，電動機出力	
空冷マルチパッケージ形空調機 ルームエアコン	形式，定格冷房能力，定格暖房能力，圧縮機電動機出力，屋内機風量，機外静圧（ダクト形の場合），加湿量，エアフィルタ，屋内機消費電力	

ファンコイル ユニット	形式, 形番, 冷房能力, 暖房能力, 冷温水量, 損失水頭, 消費電力	
エアフィルタ	形式, 定格風量, 面風速, 圧力損失（初期抵抗, 最終抵抗）,（平均）粒子捕集率,	
全熱交換器	形式, 給気量, 排気量, 機外静圧, 全熱交換効率, エアフィルタ, 消費電力（または電動機出力）	
送風機 遠心送風機	形式, 呼び番号, 風量, <u>静圧</u>, 電動機出力, 防振材の種類	×初期抵抗
ガス瞬間湯沸し器	形式, <u>号数</u>（能力範囲）, ガス種類, ガス消費量, 排気方式	
貯湯式ガス湯沸器	形式, 貯湯量, ガス消費量, 排気方式	×号数

（注）　水量（または循環水量）：ポンプの種類により, どちらの記載項目でもよい。
（許容）　騒音値：「騒音値」または「許容騒音値」でもよい。

7・2・2　配管の仕様

　管材には, 日本工業規格（JIS 規格）, 日本水道協会規格（JWWA 規格）などの規格がある。主な管材の規格を, 表7・2に示す。

表7・2　管材の規格

配管名称	規格番号	規格記号
配管用炭素鋼鋼管（白）	JIS G 3452	SGP
圧力配管用炭素鋼鋼管	JIS G 3454	STPG
水配管用亜鉛めっき鋼管	JIS G 3442	SGPW
一般配管用ステンレス鋼鋼管	JIS G 3448	SUS 304
配管用ステンレス鋼鋼管	JIS G 3459	SUS 304
水道用硬質塩化ビニルライニング鋼管	JWWA K 116	SGP-VA
水道用硬質ポリ塩化ビニル管	JIS K 6742	VP, HIVP
水道用架橋ポリエチレン管	JIS K 6787	
排水用リサイクル硬質ポリ塩化ビニル管	AS 58	REP-VU

（注）　AS は, 塩化ビニル管・継手協会規格

設計図書

確認テスト〔正しいものには○，誤っているものには×をつけよ。〕

□□(1)　図面は，公共工事標準請負契約約款上，設計図書である。

□□(2)　仕様書は，公共工事標準請負契約約款上，設計図書に含まれている。

□□(3)　現場説明に対する質問回答書は，公共工事標準請負契約約款上，設計図書に含まれている。

□□(4)　施工計画書は，公共工事標準請負契約約款上，設計図書である。

□□(5)　請負代金内訳書は，「公共工事標準請負契約約款」上，設計図書に含まれる。

□□(6)　設計図書に記載する送風機の主な仕様として，初期抵抗を記載する。

□□(7)　設計図書に，冷却塔の冷水量を記入した。

□□(8)　吸収冷温水機の仕様には，冷水出口温度を記載する。

□□(9)　遠心ポンプの仕様には，呼び番号を記載する。

□□(10)　ガス瞬間湯沸し器の仕様として，設計図書に号数を記載する。

確認テスト解答・解説

(1)　○

(2)　○

(3)　○

(4)　×：設計図書とは，別冊の図面，仕様書，現場説明書および現場説明に対する質問回答書をいう（公共工事標準請負契約約款第1条第1項）。

(5)　×：(4)の解説を参照のこと。

(6)　×：送風機の仕様として必要なものは，形式，番手，風量，静圧，電動機出力，防振材の種類がある。初期抵抗は，パネル形エアフィルタや折込み形エアフィルタに求められるものである。

(7)　×：冷却塔は冷却水を空気と熱交換する機器なので，冷水量ではなく冷却水量である。

(8)　○

(9)　×：遠心ポンプの仕様は，口径，水量，揚程，定格動力等である。呼び番号（番手）で表示するのは遠心送風機である。

(10)　○

第8章　施工管理法

施工管理の出題傾向

　第8章からは10問出題されて，8問を選択する。さらに10問以外に，令和3年度からは「基礎的な能力問題」として，4問出題されて，全4問が必須問題である。したがって，本章は，合計14問出題されている。

8・1　施工計画

　4年度前期は，公共工事における施工計画について，1問出題された。4年度後期は，公共工事の施工計画等について，1問出題されている。

8・2　工程管理

　4年度前期は，ネットワーク工程表について1問出題されている。また，「基礎的な能力問題」として，各種工程表の特徴について1問出題されている。4年度後期も，ネットワーク工程表について1問出題されている。また，「基礎的な能力問題」として，各種工程表の特徴について1問出題されている。

8・3　品質管理

　4年度前期は，品質を確認するための検査について，1問出題されている。4年度後期は，品質確認のための検査について，1問出題された。

8・4　安全管理

　4年度前期は，建設工事現場の安全管理に関して，1問出題されている。4年度後期は，建設工事の安全管理に関して，1問出題された。

8・5　設備施工

　4年度前期は，機器の据付け，配管の施工，ダクト及びダクト付属品の施工，保温・保冷・塗装，多翼送風機の試運転調整，JIS規定の配管系識別表示に関して各1問の計6問出題されている。また，「基礎的な能力問題」として，ボイラなどの機器の据付け，配管及び配管付属品の施工，ダクト及びダクト付属品の施工など各1問の計3問出題された。

4年度後期は，機器の据付け，配管及び配管付属品の施工，ダクト及びダクト付属品の施工，塗装，異種管の接合，空調設備の測定対象と測定機器の組合せに関して各1問の計6問出題された。また，「基礎的な能力問題」として，機器の据付け，配管及び配管付属品の施工，ダクト及びダクト付属品の施工など各1問の計3問出題された。

8·1　施 工 計 画

学習のポイント

1. 設計図書の優先順位について覚える。
2. 工事着手時に行う総合的な計画に含まれるべき業務について理解する。
3. 施工図作成の目的や機器製作図を必要とする機器名について覚える。

8·1·1　施 工 計 画

　施工計画は，工事管理の第一歩であり，基本的なものであるため，十分な事前調査が必要である。施工者は，施工計画を立てるにあたっては，設計図書に基づき，仮設・工程・労務・発注・搬入などについて入念な施工計画書を作成し，設計図書の内容を十分把握したうえで，工事内容・使用機器・使用資材・施工方法および工事工程に沿った人員計画が最も大切な業務である。そしてこの施工計画に基づき，計画どおりに施工を進めるための施工管理が必要となってくる。

　施工計画書は監督員の承諾が必要であり，施工計画書に記載された品質　◀ よく出題される
計画は，その妥当性について監督員の承諾を得る。

　なお，設計図書及び工事関係図書は，監督員の承諾を受けた場合を除き，工事の施工のために使用する以外の目的で第三者に使用させない。また，発注者は，現場代理人の工事現場への常駐義務を一定の要件のもとは緩和できる。また，工事に使用する資機材は，石綿を含有しないものとする。

8·1·2　着工時の業務

（1）　設計図書の優先順位

　設計図書間の優先順位は，①，②，③，④，⑤の順である。特記仕様書，　◀ よく出題される
設計図は，設計者が作成するものである。

　① 　現場説明に対する質問回答書

　　　設計内容・見積内容などに関する質疑を質問書として提出した者に回答したもので，変更指示が含まれる場合があり，非常に重要な書類である。

　② 　現場説明事項

工事現場の状況および周辺の状況等の認識を含めて，発注者または設計事務所等で図面説明の形で実施される。

③　特記仕様書

それぞれの工事にのみ適用される特定の仕様を記載したものである。

共通仕様書と特記仕様書との内容が相違する場合は，一般に特記仕様書が優先する。

④　設計図

⑤　標準仕様書（共通仕様書）

官公庁・設計事務所・建築会社・設備会社などで，それぞれ施工基準，使用資材の品質，試験方法などについて標準的な基準を定めている。

（2）　総合計画立案時のおもな業務

①　工事請負契約書により，契約内容を確認する。

②　総合施工計画書と工種別の施工計画書の作成。

③　工事組織の編成，実行予算書の作成，工程・労務計画等の作成。

④　工事区分表等により，関連工事との工事区分を確認する。

⑤　標準仕様書や特記仕様書等により，配管材質を確認する。

⑥　敷地周囲の交通規制の調査，ガス管引込み位置の調査等により，現場の状況を確認する。

⑦　設計図により，工事内容を把握して必要な諸官庁届を確認する。

⑧　総合的な施工計画時，材料及び機器について，メーカリストを作成し，発注，納期，製品検査の日程などを計画する。

⑨　現場の工事組織として，主任技術者と現場代理人は兼務することができる。　　　　　　　　　　　　　　　　　　　　◀ よく出題される

⑩　設計図書にくい違いがある場合には，受注者は直ちに監督員に通知し，その確認を請求しなければならない（受注者＝現場代理人）。

なお，試運転調整計画を作成して，日程と人員の確認や性能試験成績書による機器能力の確認などは含まれない。

（3）　総合工程表の作成

工程計画は関連するすべての工事が，経済的に合理的かつ安全性をもって，契約で定められた期間内に完了できるように計画する。

総合工程表は，施工者が作成するもので，準備工事から試運転調整，引渡しまでを総括的に表現したものであり，工事全体の流れを大局的に把握するためのものである。建築総合工程表より工事区分を確認し，関連する設備工事の調整を行う。

（4）　仮 設 計 画

公共工事標準請負契約約款にあるように，設計図書に特別の定めがない

施工管理法

場合には，仮設や工法は請負者つまり施工者が自分の責任において，安全かつ経済的な施工計画を立てて工事を進めることができる。したがって，工事に使用する機材は新品とするが，仮設材は新品でなくともよい。特に火災予防・盗難防止・安全管理および作業騒音等に注意をはらう必要がある。

（5）　着工に伴う諸届・申請

着工などに伴う諸届・申請の提出先は，表8・1のとおりである。

表8・1　諸届・申請書類の名称と提出先

諸届・書類申請名称	提出先
確認申請に基づく工事完了届	建築主事または指定確認検査機関
危険物（指定数量以上）貯蔵所設置許可申請書	都道府県知事または市町村長
少量危険物取扱届出	消防長または消防署長または市町村長
消防用設備等設置届出	消防長または消防署長
排水設備計画届出	市町村長
ボイラー設置届・小型ボイラー設置報告書・第一種圧力容器設置届	労働基準監督署長
道路使用許可申請書	所轄の警察署長
道路占用許可申請書	道路管理者
浄化槽設置届出	都道府県知事または保健所を置く市にあっては市長および当該都道府県知事を経由して特定行政庁

8・1・3　施工中の業務

（1）　細部工程表の作成

総合工程表を基本に，現場の進捗状況に合わせてさらに詳細な工程表を作成する。これを，細部工程表という。細部工程表には，工事項目の内容をさらに細分化した詳細工程表と，ある特定期間だけを詳細に表現した部分工程表とがあり，この期間の長さによって，月間・旬間・週間・タイムダイアリなどに分類される。

細部工程表作成上の注意点は，次のとおりである。

①　官公庁の各種申請・試験・検査などに要する日数を組み入れる。

②　気候・風土，地方独自の習慣等の工程に与える影響を考慮に入れる。

③　工場製作品の製作搬入期間にある程度の余裕を見込む。特に，大型機器に関しては十分な検討を加える。

④　機器のコンクリート基礎が，所定の強度を発揮するまでの日数を考慮に入れる。

⑤　試運転調整および未成工事完了にともなう確認に要する期間を組み

入れる。

（2） 施工図の作成

契約時の設計図のとおりに施工をするのが本来であるが，現実には設計図だけでは施工はできない。設計図は，主として使用するシステムや機器の性能やスペックを表現したものであり，設計意図を示しているものが多い。そのため施工上の納まり，他工事との関連などについては十分検討されていない場合があり，施工者が施工図を作成することにより設計意図を現場に作り込むことになる。

施工図作成の目的には，次のとおりである。

① 納まりの検討を必要とするが，表現の正確さや作業の効率についても検討する。

② 施工図は，機能や他工事との調整についても検討する。

③ 施工図は，作成計画表に基づいて順序，予定日等を定めて作成す　　◀ よく出題される
るが，時期を失うことのないように早く完成させる。

④ 作業者に対する施工方法の指示　　作業者は施工図に基づいて施工を行うため，能率的でミスのない施工ができる。

⑤ 設計意図の具現化　　施工詳細図を作成することにより，設計図のみでは表現することのできない部分に対する施工上の要点の確認・工夫・解決を図る。

なお，施工図は，コストダウンの目的で施工者が設計図を変更して作成するものではない。

（3） 機器製作図

機器製作図の作成前には機器選定があり，機器を選定する際は，コスト，品質及び性能のほか，納期についても考慮する必要がある。

(a) **機器製作図**

製作図とは，製造者に発注された機器類が，設計図や仕様書に記載されている事項と合致しているものであることを確認するために，製造者が作成する図面である。

製作図は，仕様や性能について確認するが，搬入・据付けや保守点検の容易性も確認する。

製作図を必要とする機器には，次のようなものがある。

空気調和機，熱交換器，冷却塔，タンク類，吹出し口類，排煙口，浴槽，消火栓箱，盤類，ダンパ類，フードなど

(b) **試作品**

たとえば，性能だけが指定されていて，形状寸法・材質などが施工者側で任意に決定できる特注品のことをいい，製作図だけではその性能の良

施工管理法

否を判断することができず，しかも多数製作する必要があるものである。

(c) **見本品**

　インサートや継手のように，大量生産されている小形機材や塗装色などは見本により，採用を決定する。

(4)　工事中の書類

① 　工事打合せ書は，変更についても記録し，文書として整理しておく。

② 　工事写真は，後日隠蔽される部分の工事の概要が分かるように撮影するほか，設計図書で定められている箇所についても撮影する。

③ 　施工図は設計図書に基づき作成するが，納まりのほか機能についても検討する。

④ 　現場に搬入した機材の数量は，注文書および納付書と照合し，その過不足を確認する。

8・1・4　完成時の業務

　完成時の業務には，次のようなものがある。

1) 　試運転調整

2) 　完成検査

3) 　完成図の作成

4) 　引渡し図書の作成

5) 　取扱い説明書の作成

6) 　装置の概要説明および運転指導

7) 　設計関係事項の説明

8) 　保守点検事項の説明

9) 　撤収業務

　公共工事において，工事完成時に監督員への提出が必要な図書等は，完成図，建築物等の利用に関する説明書，機器取扱い説明書，機器性能試験成績書，官公署届出書類，主要機器一覧表，総合試運転調整報告書である。なお，図書等以外に，ポンプ，送風機，吹出口，桝等の保守点検に必要な工具一式（保守工具）提出する。工事安全衛生日誌等の安全関係書類の控はこれに含まれない。

確認テスト〔正しいものには○，誤っているものには×をつけよ。〕

□□(1)　施工計画書は，作業員に工事の詳細を徹底させるために使用されるもので，監督員の承諾は必要ない。

□□(2)　標準仕様書と設計図面の内容に相違がある場合には，標準仕様書を優先する。

□□(3)　設計図書の中にくい違いがある場合，現場代理人の責任で対応方法を決定し，その結果を記録に残す。

□□(4)　着工前業務には，工事組織の編成，実行予算書の作成，工程・労務計画の作成などがある。

□□(5)　仮設計画は，設計図書に特別の定めがない場合，原則として請負者の責任において定めてもよい。

□□(6)　施工図は設計図書に基づき作成するが，納まりのほか機能についても検討する。

□□(7)　施工図は，作成範囲，順序，作成予定日等を定めた施工図作成計画表に基づき，時機を失うことのないように完成させる。

□□(8)　製作図は，吹出口やダンパについては必要としないが，機器類については作成する。

□□(9)　試運転調整は，給排水本管接続工事や受電の前に完了できるように，開始時期を決定する。

確認テスト解答・解説

(1)　×：施工計画書は，作業員に工事の詳細を徹底させるなどのために作成されるものであるが，監督員の承諾が必要である。

(2)　×：標準仕様書との内容に相違がある場合には，設計図面を優先させる。

(3)　×：受注者は監督員に通知し，その確認を請求された監督員は，受注者の立会いの上，調査を行い，その結果を発注者は，受注者の意見を聴いて，受注者に通知しなければならない。

(4)　○

(5)　○

(6)　○

(7)　○

(8)　×：製作図は，吹出口やダンパについても必要である。

(9)　×：試運転調整は，給排水本管の接続工事が完了して，計画通りに機能することを確認するために通水し，排水するものであり，また，ポンプや送風機などは，商用電力の供給を受け受電してから運転を行うものである。

8・2 工程管理

1. 各種工程表の特徴について理解する。
2. ネットワーク工程表において，クリティカルパスの所要日数計算を覚える。

8・2・1　工程と原価・品質との関係

　施工管理を行うにあたって，工程・原価・品質の間には図8・1のような関係がある。

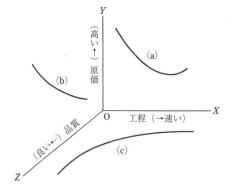

図8・1　工程・原価・品質の一般的関係

① 工程と原価との関係

　(a)　施工速度が遅くなると施工量が減少することになり，単位施工量当たりの原価は一般に高くなっていく。また，施工速度を速めるとその速度に従って原価は低くなるが，ある速度を超えると逆に単位施工量当たりの原価は急騰する。この限界点が経済速度であり，この点を超えた工事を突貫工事という。

② 原価と品質との関係(b)　一般に高品質のものは原価が高く，低品質のものは原価が安い。

③ 品質と工程との関係(c)　一般的に高品質のものを作ろうとすると，工期が必要となり，低品質のものを作成するにはあまり工期は必要としない。

8・2・2　工程表の形態

（1）　工程表の種類

　工程表は，施工途中において工事の進捗状況を常に把握し，進度管理の手段として予定と実績とを比較検討できるものでなければならない。

　工程表には，主として次のような形態がある。

① 横線式工程表　　ガントチャート工程表・バーチャート工程表
② ネットワーク工程表

　それぞれ一長一短があるが，目的に応じて使用する。

（2） ガントチャート工程表（図8・2）

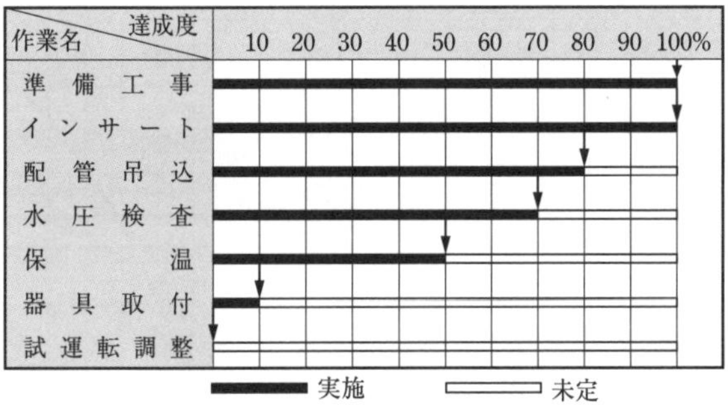

図8・2 ガントチャート工程表

　ガントチャート工程表は，縦軸に作業名，横軸に達成度を表示した横線工程表であり，次のような特徴がある（図8・2）。

① 現時点での進行状態が達成度により把握でき，作成も容易である。

② 1つの作業の変更が，他の作業に及ぼす影響はわからない。

③ 工事全体の進捗度が不明である。

④ 各作業相互の関連（前後関係）が明確でない。

⑤ 各作業の進行度合は把握しやすいが建築工事での使用例は少ない。

（3） バーチャート工程表（図8・3）

　横軸に暦日に合わせた工期を，縦軸に工事種目・細目（作業）を施工順序に列記する，最も一般的な横線式工程表である。

① バーチャートは作成が容易である。

② 各作業の施工時期や所要日数がわかりやすい。

③ 作業の着手日と終了日（施工時期，所要日数）がわかりやすい。

④ 工事の進捗状況を把握しやすいので，詳細工程表に用いられることが多い。

⑤ 作業間の関連が明確ではなく，クリティカルパスを把握しにくい。

⑥ 作業の工期に対する影響の度合が把握しにくい。

（4） 曲線式工程表

　バーチャート上に出来高予測累計をプロットし，工事予定進度曲線として記入する。工事が進行するに従って，実施進度曲線（累積出来高曲線）をその上に記述する。累積出来高曲線は工事全体の進捗度が把握できる。両曲線の差が大きい場合は，何か問題が発生していることになるため，その原因を追究して正常な工程に復帰させる管理を行う。

　工事予定進度曲線は左下から右上にかけてS字を描くカーブとなるため，一般にはS字カーブと呼ばれている。

　また工事予定進度曲線は，単純な1本線となるのではなく，ある許容範囲をもった曲線となるのが通常である。上方許容限界曲線と下方許容限界曲線の間を許容範囲といい，実施曲線はこの許容範囲内であれば，工程は順調に推移しているといえる。この2つの曲線で表した図8・4に示す工

▲よく出題される

令和4年度基礎的な能力問題として出題

令和4年度基礎的な能力問題として出題

令和4年度基礎的な能力問題として出題

▲よく出題される

施工管理法

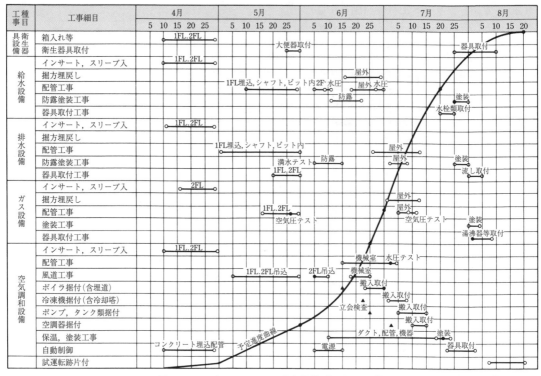

図8・3 バーチャート＋進度曲線（S字カーブ）

程管理曲線を,その形がバナナに似ていることから,別名をバナナ曲線という。

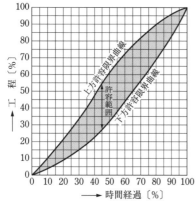

図8・4 工程管理曲線（バナナ曲線）

図8・5 ネットワーク工程表の例

（5） ネットワーク工程表

上記各工程表の短所を補い,長所を生かした工程表がネットワーク工程表であり,建設プロジェクト規模の大型化,工期の短縮,問題の複雑化などを解決するには,この手法が最適となってきた。その特徴には次のようなものがある。

① 各作業が,全工程に及ぼす影響が明確になる。

② 変更による全体への影響度の把握が容易であり,工事途中での工事内容の変更に対応しやすい。

令和4年度基礎的な
能力問題として出題

施工管理法

③　大規模工事において変更や工程遅延が生じても，速やかに修正工程がつくれる。

④　フォローアップを繰り返すことにより，現状の把握と将来に対する信頼度を高くすることができる。

⑤　重点管理ができる。

なお，ネットワーク工程表は，<u>フロート（余裕時間）がわかるため，労務計画及び材料計画を立てやすい</u>。

（6）　各種工程表の比較

<u>各工程表を比較すると</u>，次のようになる。また，その特徴の比較を表8・2に示す。

①　バーチャート工程表は，ガントチャート工程表より<u>必要な作業日数や作業順序がわかりやすい</u>。

②　ネットワーク工程表は，ガントチャート工程表に比べて，<u>作業間の関係や他工事との関係がわかりやすく，工事途中での計画変更に対処しやすい</u>。

③　バーチャート工程表は，ネットワーク工程表に比べて，作成が容易なため，<u>比較的小さく，工程が複雑でない工事に適している</u>。

④　バーチャート工程表は，ネットワーク工程表より<u>作業順序にあいまいさがあり，各作業の工期に対する影響の度合が把握しにくい</u>。

⑤　バーチャート工程表は，ネットワーク工程表より<u>遅れに対する対策が立てにくい</u>。

⑥　バーチャート工程表は，ネットワーク工程表に比べて，<u>簡単に作成できるが</u>，工事が大型化・複雑化してくると，<u>重点管理がしづらい</u>。

◀ よく出題される

令和4年度基礎的な
能力問題として出題

令和4年度基礎的な
能力問題として出題

令和4年度基礎的な
能力問題として出題

令和4年度基礎的な
能力問題として出題

表8・2

比較事項＼工程表	ネットワーク工程表	バーチャート工程表	ガントチャート工程表
作業の手順	判明できる	漠然としている	不明である
作業の日程・日数	判明できる	判明できる	不明である
各作業の進行度合い	漠然としている	漠然としている	判明できる
全体進行度	判明できる	判明できる	不明である

（7）　工程の合理化

タクト工程表は，中高層建物の基準階やホテルの客室などで，同一作業をフロアなどの工区ごとに繰り返して行う場合に，繰返し作業を効率よく行うために作成される。

8・2・3　ネットワーク手法

ネットワーク手法とは，作業の順序関係を丸と矢線とで書き表す手法をいい，おのおのの丸および矢線には作業名称・作業量・所要時間など，工

施工管理法

程計画および工程管理上必要な情報を記入し，これを基本として工程計画を立て，作業を効率的に管理するためのものである。

（1）ネットワークの表示方法

ネットワークの表示方法には，作業を矢線で表示するアロー形ネットワークと，イベントを中心に表示するイベント形ネットワークとがある。ここでは，一般に広く使用されているアロー形ネットワークについて説明する。

（2）記　　号

（a）アクティビティ（作業）

図8・6に示すように，ネットワーク表示に用いられている矢線をアクティビティといい，作業活動，見積りなどの時間を必要とする仕事を表している。

アクティビティの基本ルールは，次のとおりである。

① 矢線は作業・時間の経過などを表し，矢線の長さとは無関係である。大きさの表示はすべて必要な時間で表し，矢線の下に記入する。この時間をデュレイションという。

② 矢線は時間の経過の方向を示し，常に，左から右へと流れて行くように表示する。

③ 作業内容は矢線の上に表示する。

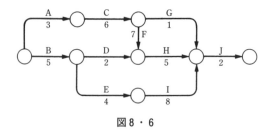

図8・6

（b）イベント

○印をイベントまたはノードといい，アクティビティの始点および終点に設け，作業の開始点および終了点を示している。

① イベントには，正整数の番号を付ける。これをイベント番号という。

② イベント番号は，同じ番号が2つ以上あってはならない。

③ イベント番号は，アクティビティの流れに従い，左から右へと順次大きくなるように付ける。

④ アクティビティは，矢線の尾が接するイベントに入ってくる矢線群が，すべて終了してからでないと着手できない。図8・7は，作業A，B，Cがすべて終了してからでないと，作業Dにかかれないことを表している。

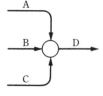

図8・7

(c) ダミー

破線の矢線で示し，架空の作業を表している。架空の作業であるから，大きさは0であって，方向と着点だけしかない。つまり，時間の要素は含まれていず，作業の前後関係だけを表している。

（3） 作 成 法

(a) アクティビティとイベントの組合せ

アクティビティとイベントが組み合わされたものが，ネットワークである。イベント番号の付いたネットワークの上では，アクティビティをその始点と終点のイベント番号で示すことができる。

あるアクティビティが終了すると，次のアクティビティが開始されるが，前者を先行アクティビティ，後者を後続アクティビティと呼び，先行アクティビティの終点と後続アクティビティの始点は，同じイベントを兼用する。図8・8においては，Aが先行アクティビティ，Bが後続アクティビティ，イベント②はAの終点とBの始点を兼ねている。

①——A——②——B——③

図 8 ・ 8

(b) 従属関係

A，B2つのアクティビティがあり，BはAが終わらなければ開始することができないとき，「Bは，Aに従属している」という。3つ以上のアクティビティがあるときも同様である。たとえば，図8・9に示すように，A，B2つがともに終わらないと，CもDも開始できないときは，「C，Dは，A，Bに従属している」という。

また図8・10のように，③→④にダミーがあると，「Dは，A，Bに従属しており，Cは，Aのみに従属し，Bには従属していない」ことを意味する。

このことをいい換えると，「Dは，A，Bが終了しないと着手できないが，Cは，Aが終了すれば着手でき，Bには無関係」である。

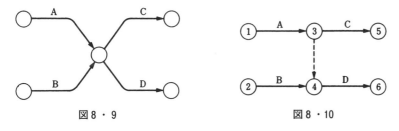

図 8 ・ 9   図 8 ・ 10

(c) イベント間の矢線の制限

同一イベント間には，2つ以上の作業を表示してはならない。

図8・11で，アクティビティ④→⑥というと，Bの作業か，Cの作業かが不明である。そこで，このような場合にはダミーを使用して，図

8・12のように示すと，作業
Bはアクティビティ⑤→⑥，
作業Cはアクティビティ④→
⑥と表示できる。

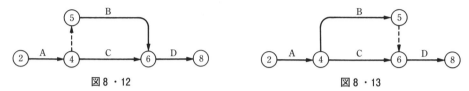

図8・11

また，図8・13のように表
現しても，意味は同じである。

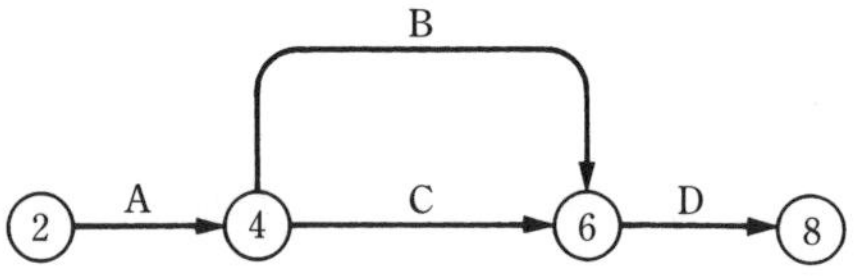

図8・12

図8・13

（4）　時間管理の手法

(a)　イベントタイム

イベントタイムとはイベントのもつ時間的性格を，ネットワークの開始の時点を0として計算した経過時間によって表したものである。

①　**最早開始時刻**：EST（Earliest Start Time）　　ネットワークの開始の時点から考えて，そのイベントを始点とするアクティビティのどれもが，最も早く開始できる時刻を最早開始時刻という。

ネットワークの開始のイベントの最早開始時刻を0とし，アクティビティのデュレイションを順次加算して最早開始時刻を求める。

その計算の方法を説明すると，図8・14において，アクティビティ④ → ⑤は，アクティビティ② → ③ → ④と，② → ④とが完了しないと着手できない。ここで，アクティビティ② → ③は，3日に開始して5日かかるから8日には完了する（この時刻を，アクティビティ② → ③の最早完了時刻という）が，③ → ④はダミーで結ばれているため，作業時間は必要ではない。したがって，アクティビティ② → ③ → ④は，8日に完了することになる。また，もう1つのアクティビティ② → ④は，3日に開始して3日かかるから，6日には完了する（この時刻を，アクティビティ② → ④の最早完了時刻という）。この2つの流れの作業が完了しないと，その後に続くアクティビティ④ → ⑤に着手できないから，アクティビティ④ → ⑤の最早開始時刻は，6日ではなく8日となる。いい替えると，「あるイベントに集まったアクティビティの最早完了時刻のうちで最大のものが，次の作業の最早開始時刻を決定する」ことになる。

図8・14のネットワークの最早開始時刻を計算すると，表8・3のようになる。

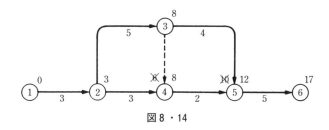

図8・14

表8・3

イベント	アクティビティ	計　算	最早開始時刻
①		0	0
②	① ⟶ ②	0 + 3 = 3	3
③	② ⟶ ③	3 + 5 = 8	8
④	② ⟶ ④ ③ ⋯⟶ ④	3 + 3 = 6 8 + 0 = 8 } 8 > 6	8
⑤	③ ⟶ ⑤ ④ ⟶ ⑤	8 + 4 = 12 8 + 2 = 10 } 12>10	12
⑥	⑤ ⟶ ⑥	12 + 5 = 17	17

② **最遅完了時刻**：LFT（Latest Finish Time）　ネットワークの終了の時点から考えて，そのイベントを終点とするそれぞれのアクティビティが，遅くとも完了していなくてはならない時刻を，最遅完了時刻という。いい替えると，それまでに完了すれば，それからあとのアクティビティが当初の予定どおりに進むことを前提として，終了の時点に間に合うというぎりぎりの時点を表す時刻をいう。

　ネットワークの最終イベントの最遅完了時刻 LFT を，先に計算した最早開始時刻 EST と等しくおき，逆算してアクティビティのデュレーションを順次差し引いて，最遅完了時刻 LFT を求める。

　図8・15において，イベント②の最遅完了時刻 LFT を計算する。アクティビティ② → ④では3日の日程を要するが，イベント④の最遅完了時刻 LFT が10日であるため，10 − 3 = 7で，7日に開始すれば全体工程に影響を与えることなく作業を進めることが可能である（この時刻を，アクティビティ② → ④の最遅開始時刻という）。また，アクティビティ② → ③では5日を必要としていて，イベント③の最遅完了時刻 LFT が8日であるため，8 − 5 = 3で3日に開始しなければならない（この時刻をアクティビティ②→③の最遅開始時刻という）。しかしながら，アクティビティ① → ②は3日で完了するのに，その後に続く作業を7日に開始すると，全体工程は17日ではなく，4日延びて21日となってしまう。したがって，イベント②の最遅完了時刻 LFT は7日ではなく，3日となる。いい替えると，「あるイベントに集まった作業の最遅開始時刻のう

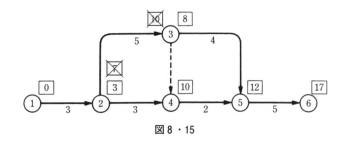

図8・15

表8・4

イベント	アクティビティ	計　算	最遅完了時刻
⑥		17	17
⑤	⑤ ⟶ ⑥	$17 - 5 = 12$	12
④	④ ⟶ ⑤	$12 - 2 = 10$	10
③	③ ⟶ ⑤ ③ ⟶ ④	$\left.\begin{array}{l}12 - 4 = 8\\10 - 0 = 10\end{array}\right\}\ 10 > 8$	8
②	② ⟶ ④ ② ⟶ ③	$\left.\begin{array}{l}10 - 3 = 7\\8 - 5 = 3\end{array}\right\}\ 7 > 3$	3
①	① ⟶ ②	$3 - 3 = 0$	0

ちで最小のものが，次の作業の最遅完了時刻 LFT を決定する」ことになる。

　図8・15のネットワークの最遅完了時刻を計算すると，表8・4のようになる。

　以上の計算結果を，ネットワーク上に記入する。EST と区別するため，図8・14のように，LFT は□の中に記入する。

これらのイベントタイムは，工程管理上次のような意味をもっている。

・暦日との関連を付けられる。

・フロート計算のもととなる。

　結合点に2つ以上のアクティビティが集まる場合，それらの中で最も遅く到達するアクティビティ以外は，時間的余裕があることになる。この時間的余裕をフロートという。

・EST＝LFT のイベントはクリティカルイベントと呼ばれ，クリティカルパスは必ずそこを通る。

　クリティカルパスは，作業開始点から終了点までのすべての経路の中で，最も長い経路である。また，クリティカルパスは1経路とは限らず複数の経路のこともある。

（5）　並行作業とクリティカルパス

　ネットワーク工程表では，<u>どの作業が並行して作業ができるか，どの作業が完了していないと次の作業に着手できないかなどの判断</u>を求められる。

施工管理法

図8・16において,

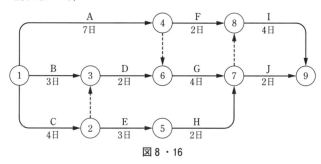

図8・16

1) 作業A, B, Cは, 並行して作業を行うことができる。

2) 作業Aは, 作業B, C, D, 及び作業Eと並行して作業を行うことができる。

  作業Aは7日間必要なので, 7日を超える工程の作業G, Hは, 作業Aと同時作業ができない。

3) 作業Dは, 作業B及び作業Cが完了すれば, 着手できる。

  イベント②から③にダミー（破線の矢線）があるので, 作業Cの完了も必要である

4) 作業Fは, 作業G, Hに関係なく, 作業Aが完了すれば着手できる。

5) 作業Gは, 作業A及び作業Dが完了すれば, 着手できる。

  イベント④から⑥にダミー（破線の矢線）があるので, 作業Aの完了も必要である

6) 作業Iは, 作業F及び作業G, Hが完了すれば, 着手できる。

  イベント⑦から⑧にダミー（破線の矢線）があるので, 作業G, Hの完了も必要である

7) 作業Bは, 作業Aより2日あとに着手できる。

8) 作業Cは, 作業Aより1日あとに着手できる。

また, <u>クリティカルパスと所要日数（所要工期）を求める</u>と, 図8・17 ◀ よく出題される
におけるクリティカルパスは,

  作業A→G→I（または　イベント①→④→⑥→⑦→⑧→⑨）, 所要日

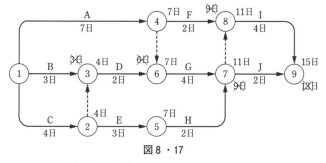

図8・17

数（所要工期）は, 15日である。

確認テスト〔正しいものには○，誤っているものには×をつけよ。〕

□□(1)　ガントチャートは，各作業の現時点における進行状態を達成度により把握でき，作成も容易である。

□□(2)　ガントチャートは，各作業の前後関係がわかりやすい。

□□(3)　バーチャートは，作成が簡単であるが，作業の順序関係にあいまいさがある。

□□(4)　バーチャート工程表は，各工事細目の予定出来高から，Sカーブと呼ばれる予定進度曲線が得られる。

□□(5)　ネットワーク工程表は，作業間の関連が明確でないため，工事途中での工事内容の変更に対応しにくい。

□□(6)　バーチャート工程表は，ガントチャート工程表よりも必要な作業日数がわかりづらい。

□□(7)　バーチャートは，ネットワークより遅れに対する対策が立てやすい。

□□(8)　ネットワーク工程表とアクティビティーは，関連する用語の組合せである。

□□(9)　図のネットワーク工程表のクリティカルパスにおける所要日数は31日である。

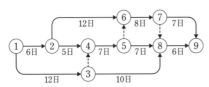

確認テスト解答・解説

(1)　○

(2)　×：ガントチャートは，現時点における進行状況は容易に把握できるが，各作業の前後関係，進行の度合いや各作業の所要日数等が不明である。

(3)　○

(4)　○

(5)　×：ネットワーク工程表は，作業間の関連が明確であり，工事途中での工事内容の変更があった場合に対応しやすい。

(6)　×：各作業の完了時点を100%としたガントチャート工程表は，作業日数の経過がわかりにくいが，バーチャート工程表は，横軸に暦日がとられるために必要な作業日数がガントチャート工程表よりもわかりやすい。

(7)　×：バーチャート工程表は，ネットワーク工程表に比べて簡単につくれるため，比較的小さな工事に適しているが，各作業の進行や遅れの関係がつかみにくい。

(8)　○

(9)　×：クリティカルパスは，①→③→④→⑤→⑥→⑦→⑨となり，所要日数は34日である。

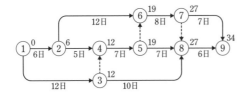

8・3 品質管理

学習のポイント

1. 品質管理データ整理の手法について理解する。
2. 全数検査と抜取検査のそれぞれの目的と用途を理解する。

8・3・1 品質管理の概要

(1) 品質管理の目的

　品質管理は，工程管理・原価管理・安全管理と並んで，4大管理の1つである。品質管理の目的は，設計図・仕様書に示された規格を十分満足するように，統計的手法を用いて最も経済的に施工することである。

(2) 品質管理の効果

　品質管理を実施することにより，次のような効果が得られる。

① 品質が向上し，不良品の発生やクレームが減少する。

② 品質が信頼される。

③ 原価が下がる。

④ 無駄な作業がなくなり，手直しが減少する。

⑤ 品質が均一化される。

⑥ 新しい問題点や改善の方法が発見される。

⑦ 検査の手数を大幅に減らすことができる。

8・3・2 品質管理のサイクル

品質管理には，次の4つの段階がある。

① 第1段階：計画・設計となる品質標準を作成する段階で，プラン（P）という。

② 第2段階：計画・設計どおりのものを作成するために，施工標準を作成して施工する段階であり，ドゥ（D）という。

③ 第3段階：施工された製品等が設計・施工標準に合致したものであるかどうかを検査する段階であり，チェック（C）という。

図8・18
デミングサークル

施工管理法

④　第4段階：第3段階で市場に供用された製品等が，利用者の満足を得ているものであるかどうかの調査を行い，問題点があれば改善し，第1段階であるプランに反映させるという，アクション（A）を起こす段階である。

　これは，品質管理についてデミング博士が提唱したデミングサークルといわれ，このPDCAを回すことにより，品質管理の目的が達せられる（図8・18）。

8・3・3　品質管理データ整理の手法

　品質管理を行うには，測定や調査などで得られたデータを整理し，結果を考察することから入る。これは「品質管理の7つ道具」ともいわれている整理の手法である。

（1）　パレート図

　製品や部材などの不良品・欠点・故障などの発生個数等を，原因や現象別に分類して大きい順に並べ，その大きさを棒グラフで表し，これらの大きさを順次累積し，各棒グラフの右肩を折れ線グラフで表した図を，パレート図（図8・19）という。

　パレート図から，以下のことを読むことができる。

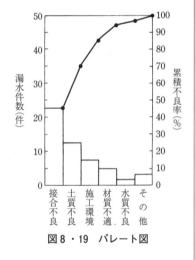

図8・19　パレート図

①　大きな不良項目
②　不良項目の順位
③　不良項目のそれぞれが全体に占める割合
④　全体の不良率を下げるための重点不良項目

　通常，上位3点を削減できれば，全体の不良件数を80～85%減少できるといわれている。

（2）　特性要因図

　問題としている特性（結果）と，それに影響を与える要因（原因）との関係を体系的に整理した図を，特性要因図（図8・20）という。その形から，「魚の骨」ともいわれている。

　不良発生の要因（原因）となると思われる大項目と，その特性（結果）の組み合わせを，中項目・小項目へと進展させる。ブレーンストーミングなどによって作成される。

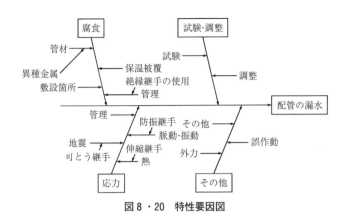

図8・20 特性要因図

（3） ヒストグラム

　柱状図とも呼ばれるもので，データがどんな分布をしているかを，縦軸に度数，横軸に計量値をある幅ごとに区分し，その幅を底辺とした柱状図で表したものである。上限規格値・下限規格値を入れる。

　ヒストグラムから，下記のことを読み取ることができる。

① データの全体の分布状態

② 規格や標準値からの外れの度合

③ 大体の平均値やばらつき

④ 工程の異常

　図8・21に示されたヒストグラムの形状図から，以下のことも読みとれる。

① 上限規格値・下限規格値内で，ゆとりをもっている。正常である。

② 上限規格値・下限規格値とも外れている。無管理状態である。

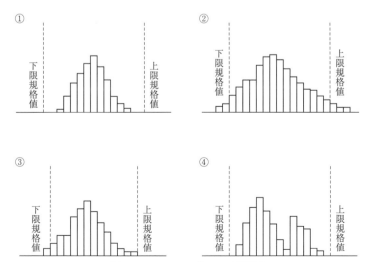

図8・21 ヒストグラムの形状図

施工管理法

③　下限規格値を外れている。平均値を両規格値の中心にもってくるようにする。上限規格値を外れていても同様である。

④　山が2つあり，作業工程に異常があるか，他の母集団のデータが入っている可能性もあるため，再度調査しなおす必要がある。

（4）　チェックシート

不良数・欠点数など計数値として数えることのできるデータを，項目別に収集・分類して整理分析ができるように，記入できるようにした記録用紙をいう。

（5）　散　布　図

関連のある2つの対になったデータの1つをy軸に，もう1つをx軸にとり，これらの相関関係をプロットした図である。

強い相関関係がある場合は，図8・22(a)に示すように，プロットした点は直線状または曲線状に近づく。

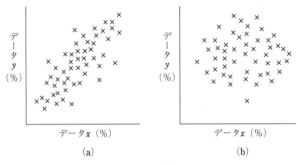

図8・22　散布図

相関関係が見出せなければ，図8・22(b)に示すように，プロットした点は円形状となる。

（6）　層　　別

データの特性を適当な範囲別にグルーピングすることを，**層別**という。層別は，パレート図やヒストグラムを作成するときに使用する。

層別することにより，下記のことが明確となる。

①　データ全体の傾向が把握しやすくなる。

②　グループ間の相違が明確となる。

③　管理対象範囲が把握しやすくなる。

（7）　管　理　図

図8・23に示すように，中心線の上下に，上方管理限界線・下方管理限界線を設けた図に，データをプロットしてその点を直線で結んだ折れ線グラフである。

この上下管理限界線内で，一方的に上昇または下降する，周期的に変動するなど，形式的に変動するのではなく，中心線を中心に，上下適切にば

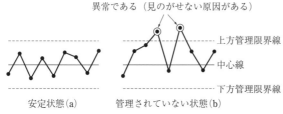

異常である（見のがせない原因がある）

上方管理限界線

中心線

下方管理限界線

安定状態(a)　　管理されていない状態(b)

図 8・23　管理図

らついている状態が好ましい。

管理図から，下記のことが判明する。

① データの時間的変化

② 異常なバラツキの発見

8・3・4　検　　査

（1）全 数 検 査

検査は，施工された品質の状態を点検して良否の判定をすることであるが，品質管理のねらいは，最初から不良品が発生しないように管理することである。検査の方法には，全数検査と抜取検査の2通りがある。

全数検査が望ましいものには，次のようなものがある。

機器類

① 冷凍機のような大型機器

② ボイラの安全弁等の作動試験　　　　　　　　　　　　　◀よく出題される

③ 冷凍機の関連機器との連動試験（インターロック試験）

④ 不良品を見逃すと人身事故のおそれのあるために確実な作動が求められる防災機器（スプリンクラヘッドや防火ダンパのように，ヒューズが溶解することにより機能を発揮する型式のものは除く）

⑤ 送風機の回転方向の確認

⑥ 市販品として市場に出回っていない新製品

⑦ 設置後，取りはずして工場に持ち帰って再検査することのできない機器

施工関連

① 配管の水圧試験・満水試験・通水試験・気密試験など　　◀よく出題される

② 試運転調整

③ 防火区画貫通箇所の穴埋め　　　　　　　　　　　　　　◀よく出題される

④ 埋設および隠蔽される配管の勾配，保温・保冷施工　　　◀よく出題される

（2）抜 取 検 査

これに対して抜取検査とは，検査しようとする1グループの製品（これ

施工管理法

をロットという。）から，ランダム（無作為）に抜き取った少数のサンプルを調べ，その結果をロットに対する判定基準と比較し，ロットの合否を判定する検査である。抜取検査には，計数抜取検査と計量抜取検査がある。

計量検査：ダクトの寸法検査など。
計数検査：ネジなどの検査で不良品の個数で判断するものなど。

(a) **抜取検査が必要な場合**

① **破壊検査の場合**　品物を破壊しなければ検査の目的を達成できないもの，または，試験を行ったら商品価値のなくなってしまうものには全数検査は行えない。

・防火ダンパ用温度ヒューズの作動試験　◀ よく出題される

② **連続体やカサモノ**　すべてのものを検査することは可能であるが，非常に不経済となる場合は抜取検査を適用する。

・コンクリート圧縮強度試験　◀ よく出題される
・ダクトの板厚・寸法等の確認　◀ よく出題される
・配管のねじ加工の確認
・配管のつり間隔や振止めの確認
・ダクト用つりボルトのねじ加工の精度
・ダクトのつり間隔の確認
・換気扇の風量試験
・給水栓から吐き出した水の残留塩素濃度試験

(b) **抜取検査が有利な場合**

① **多数・多量のもので，ある程度の不良品の混入が許される場合**
多額の費用と多くの手間をかけて全数検査を行うよりも，抜取検査によって費用と手間を減らして，ある程度の不良品の混入を許すほうが経済的である。

② **生産者に品質向上の刺激を与えたい場合**　全数検査は不良品を摘出するだけで，生産者には検査結果が直接大きな影響を与えることはない。しかし，抜取検査では，製品はロットで合格，不合格が判定されるため，不合格となった場合の影響は大きいものがあり，場合によっては，全数検査を行わざるをえないケースも発生する。そのため，生産者は品質向上に努力を払うことになる。製品のリコールが，これに相当する。

(c) **抜取検査を行う場合の必要条件**

① 製品がロットとして処理できること。　◀ よく出題される
② 合格ロットの中にも，ある程度の不良品の混入は許せること。　◀ よく出題される
③ 資料の抜取りがランダムにできること。
④ 品質基準が明確であり，再現性が確保されること。
⑤ 計量抜取検査では，ロットの検査単位の特性値の分布がほぼわかっていること。

（3）　立 会 検 査

　試験や検査時に監督員の立会いを求められる場合には，事前に立会計画を立てることが必要になる。また完成検査には，契約書や設計図書のほか，工事記録写真，試運転記録などを用意しなければならない。

（4）　その他の試験・検査

①　排水用水中モーターポンプの試験において，レベルスイッチからの信号による発停を確認する。

②　防火区画を給水管が貫通する箇所において，貫通部の隙間がモルタルその他の不燃材料で埋められていることを確認する。

③　洗面器の取付けにおいて，がたつきがないこと，及び，付属の給排水金具等から漏水がないことを確認する。

④　高置タンク以降の給水配管の水圧試験において，静水頭に相当する圧力の2倍の圧力が0.75 MPa 未満の場合，0.75 MPa の圧力で試験を行う。

確認テスト〔正しいものには○，誤っているものには×をつけよ。〕

□□(1)　防火ダンパ用温度ヒューズの作動試験は，全数検査で確認する。

□□(2)　冷凍機の関連機器とのインタロック試験は，抜取検査で行う。

□□(3)　防火区画貫通箇所の穴埋めの確認は，抜取検査とした。

□□(4)　埋設排水管の勾配確認は，抜取検査を行う。

□□(5)　抜取検査では，ロットとして，合格，不合格が判定される。

確認テスト解答・解説

(1)　×：温度ヒューズの作動試験は，抜取検査で行う。全数検査を行うと，合格した製品はすべてヒューズが溶解したものとなり，製品として成立しない。

(2)　×：冷凍機の関連機器とのインターロックは，未確認部分があると，冷凍機が正常に作動しない。したがって，インターロックの確認は全数検査で行う。

(3)　×：防火区画貫通箇所の穴埋めの確認は，全数検査である。

(4)　×：埋設排水管の勾配確認は，全数検査である。

(5)　○

8·4 安全管理

> ## 学習のポイント
>
> 労働安全衛生規則の次の項目について覚える。
> 1. 架設通路
> 2. 移動はしご等
> 3. 特別の教育により，できる業務とできない業務
> 4. 酸素欠乏危険作業 　　　　　　　　　　　　（＊…学科試験に出題）

8・4・1　安全管理用語

（1）　ツールボックスミーティング

ツールボックスミーティング（TBM）とは，作業開始前だけでなく，必要に応じて，昼食後の作業再開時や作業切替時などに，関係する作業者が集まり，当該作業における安全などについて話し合いを行うことで，職場安全会議とも呼ばれている。また，指差呼称は，指で差し示し，目で確認して，大きな声で呼称する安全確認の手法である。

（2）　安全施工サイクル

安全施工サイクルとは，安全朝礼に始まり，TBM，安全巡回，工程打合せ，片付けまでの1日の活動のサイクルのことである。

8・4・2　災害発生原因

事故が発生した場合，人が関係する不安全行動と，物に起因する不安全状態とがあるが，一般に人と物との両面からの要因が発見される場合が極めて多い。災害を未然に防ぐためには，高所作業には，高血圧症，低血圧症，心臓疾患等を有する作業員を配置しない，気温の高い日に作業を行う場合，熱中症予防のため，気温，湿度及び放射熱（軸射熱）に関する値を組み合わせて計算する，暑さ指数（WBGT値）を確認するなどが必要である。

Wet Bulb Globe Temperature

建設業における労働災害の死傷者数は，墜落・転落の要因による割合が第1位であり，一時に3人以上の労働者が業務上死傷または，罹病した災害事故を重大災害という。

労働者が，就業場所から他の就業場所へ移動する途中で被った災害は通勤災害である。

8・4・3　墜落等による危険防止に関する安全管理

労働安全衛生規則等（抜粋）

（1）　墜落等による危険の防止

＊**【作業床の設置等】**

第518条　事業者は，高さが2m以上の箇所（作業床の端，開口部等を除く。）で作業を行う場合において墜落により労働者に危険を及ぼすおそれのあるときは，足場を組み立てる等の方法により作業床を設けなければならない。

2　事業者は，前項の規定により，作業床を設けることが困難なときは，防網を張り，労働者に要求性能墜落制止用器具を使用させる等墜落による労働者の危険を防止するための措置を講じなければならない。

第519条　事業者は，高さが2m以上の作業床の端，開口部等で墜落により労働者に危険を及ぼすおそれのある箇所には，囲い，手すり，覆い等（以下この条において「囲い等」という。）を設けなければならない。

2　事業者は，前項の規定により，囲い等を設けることが著しく困難なとき又は作業の必要上臨時に囲い等を取りはずすときは，防網を張り，労働者に要求性能墜落制止用器具を使用させる等墜落による労働者の危険を防止するための措置を講じなければならない。

【要求性能墜落制止用器具等の取付け設備等】

第521条　事業者は，高さが2m以上の箇所で作業を行う場合において，労働者に要求性能墜落制止用器具等を使用させるときは，要求性能墜落制止用器具等を安全に取り付けるための設備等を設けなければならない。

【悪天候時の作業禁止】

第522条　事業者は，高さが2m以上の箇所で作業を行う場合において，強風，大雨，大雪等の悪天候のため，当該作業の実施について危険が予想されるときは，当該作業に労働者を従事させてはならない。

＊**【照度の保持】**

第523条　事業者は，高さが2m以上の箇所で作業を行うときは，当該作業を安全に行うため必要な照度を保持しなければならない。

＊**【昇降するための設備の設置等】**

第526条　事業者は，高さ又は深さが1.5mをこえる箇所で作業を行うときは，当該作業に従事する労働者が安全に昇降するための設備等を設けなければならない。ただし，安全に昇降するための設備等を設けることが作業の性質上著しく困難なときは，この限りでない。

*【移動はしご】

第527条 事業者は，移動はしごについては，次に定めるところに適合したものでなければ使用してはならない。

一 丈夫な構造とすること。

二 材料は，著しい損傷，腐食等がないものとすること。

三 <u>幅は30 cm 以上</u>とすること。

四 <u>すべり止め装置の取付け</u>その他転位を防止するために必要な措置を講ずること。

◀ よく出題される

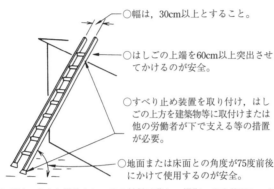

○幅は，30cm以上とすること。

○はしごの上端を60cm以上突出させてかけるのが安全。

○すべり止め装置を取り付け，はしごの上方を建築物等に取付けまたは他の労働者が下で支える等の措置が必要。

○地面または床面との角度が75度前後にかけて使用するのが安全。

○移動はしごは，丈夫な構造とし，その材料は著しい損傷，腐食等がないものであること。
○踏さんは25cm以上35cm以下の間隔で等間隔に設けられていることが大切。

図8・24 移動はしご

*【脚立】

第528条 事業者は，脚立については，次に定めるところに適合したものでなければ使用してはならない。

一 丈夫な構造とすること。

二 材料は，著しい損傷，腐食等がないものとすること。

三 <u>脚と水平面との角度を75度以下</u>とし，かつ，折りたたみ式のものにあっては，<u>脚と水平面との角度を確実に保つための金具等</u>を備えること。

四 踏み面は，作業を安全に行うため必要な面積を有すること。

踏み面は適当な面積を有すること

開止め金具

75°以下

図8・25 脚 立

◀ よく出題される

【可搬式作業台】

天板の高さが700 mm 以上は手掛り棒，1,500 mm 以上は手掛り棒に補助手摺又は感知バーの設置が望ましい。（則第527条，第528条の準用）

（2） 飛来崩壊災害による危険の防止

【地山の崩壊等による危険の防止】

第534条 事業者は，地山の崩壊又は土石の落下により労働者に危険を及

施工管理法

ぼすおそれのあるときは，当該危険を防止するため，次の措置を講じな
ければならない。

一　地山を安全なこう配とし，落下のおそれのある土石をとり除き，又
　　は擁壁，土止め支保工等を設けること。

二　地山の崩壊又は土石の落下の原因となる雨水，地下水等を排除する
　　こと。

【高所からの物体投下による危険の防止】

第536条　事業者は，3 m以上の高所から物体を投下するときは，適当な
投下設置を設け，監視人を置く等労働者の危険を防止するための措置を
講じなければならない。

【物体の落下による危険の防止】

第537条　事業者は，作業のため物体が落下することにより，労働者に危
険を及ぼすおそれのあるときは，防網の設備を設け，立入区域を設定す
る等当該危険を防止するための措置を講じなければならない。

＊【物体の飛来による危険の防止】

第538条　事業者は，作業のため物体が飛来することにより労働者に危険
を及ぼすおそれのあるときは，飛来防止の設備を設け，労働者に保護具
を使用させる等当該危険を防止するための措置を講じなければならない。

（3）　通路等に関する安全管理

＊【屋内に設ける通路】

第542条　事業者は，屋内に設ける通路については，次に定めるところに
よらなければならない。

一　用途に応じた幅をもつこと。

二　通路面は，つまずき，すべり，踏抜等の危険のない状態に保持する
　　こと。

三　通路面から高さ1.8 m以内に障害物を置かないこと。

【機械間等の通路】

第543条　事業者は，機械間又はこれと他の設備との間に設ける通路につ
いては，幅80 cm以上のものとしなければならない。

＊【架設通路】

第552条　事業者は，架設通路については，次に定めるところに適合した
ものでなければ使用してはならない。

一　丈夫な構造とすること。

二　勾配は，30度以下とすること。ただし，階段を設けたもの又は高さ
　　が2 m未満で丈夫な手掛を設けたものはこの限りでない。

三　勾配が15度を超えるものには，踏みさんその他の滑り止めを設ける

こと。

四　墜落の危険のある箇所には，次に掲げる設備（丈夫な構造の設備であって，たわみが生ずるおそれがなく，かつ，著しい損傷，変形又は腐食がないものに限る。）を設けること。

　イ　高さ85 cm 以上の手すり

　ロ　高さ35 cm 以上50 cm 以下のさん又はこれと同等以上の機能を有する設備（以下［中さん等］という。）

六　建設工事に使用する高さ8 m 以上の登り桟橋には，7 m 以内ごとに踊場を設けること。

2　前項第四号の規定は，作業の必要上，臨時に手すり等又は中さん等を取りはずす場合において，次の措置を講じたときは適用しない。

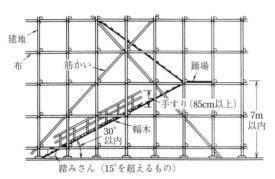

図8・26　架設通路

（4）　足場等に関する安全管理

【最大積載荷重】

第562条　事業者は，足場の構造及び材料に応じて，作業床の最大積載荷重を定め，かつ，これをこえて積載してはならない。

＊【作業床】

◀ よく出題される

第563条（抜）　事業者は，足場（一側足場を除く。）における<u>高さ2 m 以上の作業場所</u>には，次に定めるところにより，作業床を設けなければならない。

二　つり足場の場合を除き，幅，床材のすき間及び床材と建地のすき間は，次に定めるところによること。

　イ　<u>幅は40 cm 以上</u>

　ロ　床材間のすき間は3 cm 以下

　ハ　床材と建地のすき間は12 cm 未満

三　墜落により労働者に危険を及ぼすおそれのある箇所には，次に掲げる足場の種類に応じて，それぞれ次に掲げる設備を設けること。

　イ　わく組足場

施工管理法

⑴　交さ筋かい及び高さ15 cm 以上40 cm 以下のさんもしくは高さ15 cm 以上の幅木又はこれらと同等以上の機能を有する設備

⑵　手すりわく

ロ　わく組足場以外の足場　手すり等および中さん等

2　省略

3　作業の性質上これらの設備を設けることが著しく困難な場合又は作業の必要上臨時に手すり等を取りはずす場合において，防網を張り，労働者に要求性能墜落制止用器具を使用させる等墜落による労働者の危険を防止するための措置を講じたときは，この限りでない。

【つり足場】

第574条　事業者は，つり足場については，次に定めるところに適合したものでなければ使用してはならない。

六　作業床は，幅を40 cm 以上とし，かつ，すき間がないようにすること。

【作業禁止】

第575条　事業者は，つり足場の上で，脚立，はしご等を用いて労働者に作業させてはならない。

8・4・4　各種工事における安全管理

（1）　揚重作業における安全管理

クレーン等安全規則（抜粋）

【運転の合図】

第25条　事業者は，クレーンを用いて作業を行うときは，クレーンの運転について一定の合図を定め，合図を行う者を指名して，その者に合図を行わせなければならない。ただし，クレーンの運転者に単独で作業を行わせるときは，この限りでない。

【搭乗の制限】

第26条　事業者は，クレーンにより，労働者を運搬し，又は労働者をつり上げて作業させてはならない。

【運転位置からの離脱の禁止】

第32条　事業者は，クレーンの運転者を，荷をつったままで，運転位置から離れさせてはならない。

2　前項の運転者は，荷をつったままで，運転位置を離れてはならない。

【移動式クレーンの検査証の備付け】

第63条　事業者は，移動式クレーンを用いて作業を行うときは，当該移動

式クレーンに，その移動式クレーン検査証を備え付けておかなければならない。

【移動式クレーンの定格荷重の表示】

第70条の2 事業者は，移動式クレーンを用いて作業を行うときは，移動式クレーンの運転者及び玉掛けをする者が当該移動式クレーンの定格荷重を常時知ることができるよう，表示その他の措置を講じなければならない。

【使用の禁止】

第70条の3 事業者は，<u>地盤が軟弱であること</u>（中略）等により移動式クレーンが転倒するおそれのある場所においては，（中略）作業を行つてはならない。ただし，当該場所において，移動式クレーンの転倒を防止するため必要な広さ及び<u>強度を有する鉄板等が敷設</u>され，その上に移動式クレーンを設置しているときは，この限りでない。

【移動式クレーンの作業開始前の点検】

第78条 事業者は，移動式クレーンを用いて作業を行うときは，その日の作業を開始する前に，巻過防止装置，過負荷警報装置その他の警報装置，ブレーキ，クラッチ及びコントローラーの機能について点検を行わなければならない。

【玉掛け用ワイヤロープの安全係数】

第213条 事業者はクレーン，移動式クレーン又はデリックの玉掛け用具であるワイヤロープの安全係数については，6以上でなければ使用してはならない。

（2） 溶接工事における安全管理

労働安全衛生規則（抜粋）

【ガス等の容器の取扱い】

第263条 事業者は，ガス溶接等の業務（令第20条第10号に掲げる業務をいう。以下同じ。）に使用するガス等の容器については，次に定めるところによらなければならない。

一　次の場所においては，設置し，使用し，貯蔵し，又は放置しないこと。

　イ　通風又は換気の不十分な場所

　ロ　火気を使用する場所及びその付近

　ハ　火薬類，危険物その他爆発性もしくは発火性の物又は多量の易燃性の物を製造し，又は取り扱う場所及びその附近

二　容器の温度を40度以下に保つこと。

　　三　転倒のおそれがないように保持すること。

　　四　衝撃を与えないこと。

　　五　運搬するときは，キャップを施すこと。

　　六　使用するときは，容器の口金に付着している油類及びじんあいを除
　　　　去すること。

　　七　バルブの開閉は，静かに行うこと。

　　八　溶解アセチレンの容器は，立てて置くこと。

（3）　電気工事における安全管理

> ### 労働安全衛生規則（抜粋）

＊【手袋の使用禁止】

第111条　事業者は，ボール盤，面取り盤等の回転する刃物に作業中の労　　　　　　◀ よく出題される
　　働者の手が巻き込まれるおそれのあるときは，当該労働者に手袋を使用
　　させてはならない。

【強烈な光線を発散する場所】

第325条　事業者は，アーク溶接のアークその他強烈な光線を発散して危
　　険のおそれのある場所については，これを区画しなければならない。た
　　だし，作業上やむを得ないときは，この限りでない。

＊【電気機械器具の囲い等】

第329条　事業者は，電気機械器具の充電部分で，労働者が作業中又は通
　　行の際に，接触し，又は接近することにより感電の危険を生ずるおそれ
　　のあるものについては，感電を防止するための囲い又は絶縁覆いを設け
　　なければならない。

【漏電による感電防止】

第333条　事業者は，電動機を有する機械又は器具（以下「電動機械器
　　具」という。）で，対地電圧が150ボルトをこえる移動式若しくは可搬式
　　のもの又は水等導電性の高い液体によって湿潤している場所その他鉄板
　　上，鉄骨上，定盤上等導電性の高い場所において使用する移動式若しく
　　は可搬式のものについては，漏電による感電の危険を防止するため，当
　　該電動機械器具が接続される電路に，当該電路の定格に適合し，感度が
　　良好であり，かつ，確実に作動する感電防止用漏電しや断装置を接続し
　　なければならない。

＊【電気機械器具の使用前点検等】

第352条　事業者は，次の表の上欄に掲げる電気機械器具等を使用すると
　　きは，その日の使用を開始する前に当該電気機械器具等を種別に応じ，
　　それぞれ同表の下欄に掲げる点検事項について点検し，異常を認めたと

きは，直ちに補修し，又は取り換えなければならないとして，<u>交流アーク溶接機用自動電撃防止措置</u>の点検事項に作業状態が規定されている。

＊【電気機械器具の囲い等の点検等】

第353条　事業者は，第329条の囲い及び絶縁覆いについて，毎月１回以上，その損傷の有無を点検し，異常を認めたときは，直ちに補修しなければならない。

（4）　掘削工事等における安全管理

労働安全衛生規則（抜粋）

【掘削面の勾配の基準】

第356条　事業者は，手掘りにより地山の掘削の作業を行うときは，掘削面のこう配を，以下の値以下としなければならない。

・岩盤又は堅い粘土からなる地山：

　掘削面の高さが５ｍ未満の場合は，こう配が90度以下。５ｍ以上は75度以下。

・その他の地山：

　掘削面の高さが２ｍ未満の場合は90度以下。２ｍ以上５ｍ未満は75度以下。５ｍ以上は60度以下。

第357条　事業者は，手掘りにより砂からなる地山又は発破等により崩壊しやすい状態になっている地山の掘削の作業を行うときは，次に定めるところによらなければならない。

一　砂からなる地山にあっては，掘削面の勾配を35度以下とし，又は掘削面の高さを５ｍ未満とすること。

二　発破等により崩壊しやすい状態になっている地山にあっては，掘削面の勾配を45度以下とし，又は掘削面の高さを２ｍ未満とすること。

【誘導者の配置】

第365条　事業者は，明り掘削の作業を行なう場合において，運搬機械等が，労働者の作業箇所に後進して接近するとき，又は転落するおそれのあるときは，誘導者を配置し，その者にこれらの機械を誘導させなければならない。

（5）　酸素欠乏等に対する安全管理

酸素欠乏症等防止規則（抜粋）

【用語の定義】

第2条　この省令において，次の各号に掲げる用語の意義は，それぞれ当該各号に定めるところによる。

施工管理法

一　酸素欠乏　空気中の酸素の濃度が18％未満である状態をいう。

【作業環境測定等】

第3条第2項　事業者は，前項の規定による測定を行ったときは，そのつど，次の事項を記録して，これを3年間保存しなければならない。

一　測定日時

二　測定方法

三　測定箇所

四　測定条件

五　測定結果

六　測定を実施した者の氏名

七　測定結果に基づいて酸素欠乏症等の防止措置を講じたときは，当該措置の概要

＊【換気】

第5条　事業者は，酸素欠乏危険作業に労働者を従事させる場合は，当該作業を行う場所の空気中の酸素の濃度を18％以上（第二種酸素欠乏危険作業に係る場所にあっては，空気中の酸素の濃度を18％以上，かつ，硫化水素の濃度を100万分の10以下）に保つように換気しなければならない。ただし，爆発，酸化等を防止するため換気することができない場合又は作業の性質上換気することが著しく困難な場合は，この限りでない。

2　事業者は，前条の規定により換気するときは，純酸素を使用してはならない。

＊【人員の点検】

第8条　事業者は，労働者を酸素欠乏危険作業の場所に入場および退場させる時に，人員を点検しなければならない。

＊【作業主任者】

第11条　事業者は，酸素欠乏危険作業主任者技能講習又は酸素欠乏硫化水素危険作業主任者技能講習を終了した者のうちから，酸素欠乏危険作業主任者を選任しなければならない。

2　事業者は，第一種酸素欠乏危険作業に係る酸素欠乏危険作業主任者に，次の事項を行わせなければならない。

一　作業に従事する労働者が酸素欠乏の空気を吸入しないように，作業の方法を決定し，労働者を指揮すること。

二　その日の作業を開始する前，作業に従事するすべての労働者が作業を行う場所を離れた後再び作業を開始する前及び労働者の身体，換気装置等に異常があつたときに，作業を行う場所の空気中の酸素の濃度を測定すること。

◀ よく出題される
大気中の酸素濃度は約21％。

第二種酸素欠乏危険作業に係る場所は，既設汚水ピット内やし尿タンクなどである（令別表第九号）。

施工管理法

　三　測定器具，換気装置，空気呼吸器等その他労働者が酸素欠乏症にか

　　　かることを防止するための器具又は設備を点検すること。

　四　空気呼吸器等の使用状況を監視すること。

3　前項の規定は，第二種酸素欠乏危険作業に係る酸素欠乏危険作業主任

　　者について準用する。この場合において，同項第一号中「酸素欠乏」と

　　あるのは「酸素欠乏等」と，同項第二号中「酸素」とあるのは「酸素及

　　び硫化水素」と，同項第三号中「酸素欠乏症」とあるのは「酸素欠乏症

　　等」と読み替えるものとする。

＊【特別の教育】

第12条　事業者は，労働者に対して特別の教育を行わなければならない。

＊【監視人等】

第13条　事業者は，常時作業の状況を監視し，異常があったときに直ちに

　　酸素欠乏危険作業主任者及び関係者に通報する者を置く等の必要な措置

　　を講じなければならない。

8・4・5　資格等を必要とする業務

＊（1）　特別教育を必要とする業務（労働安全衛生規則第36条）

　事業者は，危険又は有害な業務で，厚生労働省令で定めるものに労働者

をつかせるときは，厚生労働省令で定めるところにより，当該業務に関す

る安全又は衛生のための特別の教育を行わなければならない。（法第59条）

　以下に，特別の教育が必要な業務の例を示す。

　① 　つり上げ荷重5トン未満のクレーンの運転業務

　② 　つり上げ荷重1トン未満の移動式クレーンの運転業務

　③ 　ゴンドラの操作業務

　④ 　つり上げ荷重1トン未満のクレーン（移動式クレーン含む）の玉掛

　　　けの業務

　⑤ 　建設用リフトの運転業務

　⑥ 　アーク溶接機を用いて行う金属の溶接・溶断の業務

　　　（ただし，可燃性ガスの使用は不可）

◀ よく出題される

＊（2）　作業主任者の資格を必要とする業務（法第14条，令第6条）

　事業者は，高圧室内作業その他の労働災害を防止するための管理を必要

とする作業で，政令で定めるものについては，都道府県労働局長の免許を

受けた者又は都道府県労働局長の登録を受けた者が行う技能講習を修了し

た者のうちから，厚生労働省令で定めるところにより，当該作業の区分に

応じて，作業主任者を選任し，その者に当該作業に従事する労働者の指揮

その他の厚生労働省令で定める事項を行わせなければならない。

施工管理法

　また，作業主任者を選任したときは，その者の氏名と行わせる事項を作業所の見やすい箇所に掲示することにより，関係労働者に周知させなければならない。

　以下に作業主任者を選任しなければならない業務を示す。

① ガス溶接作業主任者：アセチレン溶接装置又はガス集合溶接装置を用いて行う金属の溶接，溶断又は加熱の作業

② ボイラー取扱作業主任者：ボイラー（小型ボイラーを除く）の取扱いの作業

③ 地山の掘削作業主任者：掘削面の高さが2m以上となる地山の掘削

④ 土止め支保工作業主任者：土止め支保工の切りばり又は腹おこしの取付け又は取りはずしの作業

⑤ 型わく支保工の組立て等作業主任者：型わく支保工の組立て又は解体の作業

⑥ 足場の組立て等作業主任者：つり足場，張出し足場又は高さが5m以上の構造の足場の組立て解体又は変更の作業

⑦ 酸素欠乏危険作業主任者：酸素欠乏危険場所における作業および酸素欠乏症，硫化水素中毒の危険場所における作業

⑧ 石綿作業主任者：石綿等を取り扱う作業

＊（3）　就業制限に係る業務（令第20条）

　事業者は，クレーンの運転その他の業務で，政令で定めるものについては，都道府県労働局長の当該業務に係る免許を受けた者又は都道府県労働局長の登録を受けた者が行う当該業務に係る技能講習を修了した者その他厚生労働省令で定める資格を有する者でなければ，当該業務に就かせてはならない。

　以下に技能講習を修了した者ができる業務の例を示す。

① ボイラー（小型ボイラーを除く）の取扱い業務

② つり上げ荷重が1トン以上5トン未満の移動式クレーンの運転業務

③ つり上げ荷重が1トン以上のクレーン，移動式クレーンの玉掛け業務

④ 可燃性ガス及び酸素を用いて行う金属の溶接・溶断又は加熱の業務

⑤ 作業床の高さ10m以上の高所作業車の運転業務

（4）　そ　の　他

　一つの荷物で重量が100kg以上のものを貨物自動車に積む作業，または卸す作業を行うときは，当該作業を指揮する者を定める必要がある。（則第420条）

確認テスト〔正しいものには○，誤っているものには×をつけよ。〕

□□(1)　安全施工サイクルとは，安全朝礼から始まり，安全ミーティング，安全巡回，工程打合せ，片付けまでの日常活動サイクルのことである。

□□(2)　気温の高い日に作業を行う場合，熱中症予防のため，暑さ指数（WBGT）を確認する。

□□(3)　脚立を用いた作業は，脚と床水平面の角度を85度以下での使用を指示した。

□□(4)　高さが2mとなる作業床は，幅を30cmとし，床材間のすき間を5cmとなるように設置した。

□□(5)　回転する刃物に労働者の手が巻き込まれるおそれのある作業だったため，手袋を使用して作業させた。

□□(6)　湧水ピット内での作業をする場合には，ピット内の酸素濃度が18％以上になるように換気設備を設けた。

□□(7)　事業者は，作業主任者を選任したので，その者の氏名及び行わせる事項を作業場の見やすい箇所に掲示した。

□□(8)　つり上げ荷重が1トン以上のクレーンの玉掛けの業務は，労働安全衛生法上，特別の教育を受けるだけで就かせることができる業務である。

□□(9)　特別の教育を受けたものが，可燃性ガスを用いた溶接の業務を行った。

□□(10)　ゴンドラ操作の業務につかせる者に，事前に，当該業務の安全に関する特別の教育を行った。

確認テスト解答・解説

(1)　○

(2)　○

(3)　×：脚と水平面との角度を75度以下とし，かつ，折りたたみ式は，脚と水平面との角度を確実に保つための金具等を備えるとことされている。

(4)　×：高さが2mとなる作業床は，幅を40cm以上，床材のすき間を3cm以下にしなければならない。

(5)　×：回転する刃物に作業中の労働者の手が巻き込まれるおそれのあるときは，手袋を使用させてはならない。

(6)　○

(7)　○

(8)　×：つり上げ荷重が1トン以上のクレーンの玉掛けの業務は，都道府県労働局長の免許又は登録を受けた者が行う技能講習を受けた者でなければ就かせてはならない業務である。

(9)　×：可燃性ガスを用いた溶接の業務ができるのは，作業主任者，技能講習の修了者などであり，特別の教育ではできない。

(10)　○

8·5 設備施工

学習のポイント

1. 重量機器を据付ける場合，コンクリート基礎の養生期間を覚える。
2. 耐震機器，重量機器のアンカボルト施工方法について理解する。

8・5・1　機器据付け用共通工事

（1）　共 通 事 項

① 機器からの騒音・振動が建物に伝達することを防止する必要がある場合には，防振基礎を設ける。

② 送風機やポンプの防振基礎に取り付ける防振材は，機器の固有振動数，回転数，荷重等を考慮して選定する。

③ 送風機やポンプのコンクリート基礎をあと施工する場合，当該コンクリート基礎は，ダボ鉄筋等で床スラブと一体化する。

> 令和4年度基礎的な能力問題として出題

④ 地震・風圧などにより，機器が移動または浮上するおそれのある場合には，アンカボルトで堅固に固定し，または転倒防止のためのストッパを設ける。

⑤ 大型ボイラなどの重量機器は無筋コンクリート基礎にしてはならない。また無筋コンクリート基礎上で箱抜きアンカボルトとしてはならない。

◀ よく出題される

⑥ ポンプのコンクリート基礎表面には排水溝に排水目皿を設け，間接排水する。

◀ よく出題される

⑦ 送風機のコンクリート基礎の幅は，地震時などで基礎が破壊しないように機器または架台より100〜200 mm程度大きくする。また，アンカボルトの中心とコンクリート基礎の端部の間隔は，一般的に，150 mm以上を目安とする。

⑧ 防振装置付きの機器や地震力が大きくなる重量機器は，できるだけ地階又は低層階に設置する。

（2）　アンカボルト

① アンカボルトを選定する場合，常時荷重に対する許容引抜き荷重は，長期許容引抜き荷重とし，地震時荷重に対しては短期許容引抜き荷重を使用する。

② アンカボルトの径は，アンカボルトに加わる引抜き力，せん断力，アンカボルトの本数等から決定する。

③　ボルト径が M12 以下のアンカボルトの短期許容引抜き荷重は，一般的に，J 型のほうが同径の L 型アンカボルトより大きい。

④　埋込式アンカボルトを使用して機器を固定する場合，機器設置後，<u>ナットからねじ山が 2 ～ 3 山程度出るようにアンカボルトの埋込み深さを調整する。</u>　◀ よく出題される

⑤　あと施工アンカボルトを使用して機器を固定する場合，あと施工アンカボルトは，機器をコンクリート基礎上に据える前に打設する。

⑥　耐震基礎及び重量機器（冷凍機，ボイラ，受水タンクなど）の場合，アンカボルトは基礎の鉄筋と緊結する（図 8・27）。

図 8・27　基礎鉄筋に緊結したアンカボルト

（3）　コンクリート基礎

①　コンクリート設計基準強度は，一般には 18 N/mm² 以上とする。また，現場調合の場合は，調合比（容積比）をセメント 1：砂 2：砂利 4 程度とする。

②　仕上げは，コンクリート打設後に金ごてにて仕上げる。または，モルタルによって平滑に仕上げる。

③　コンクリートの打込み後，10 日以内に機器を据え付けてはならない。

④　機器の荷重は，コンクリート基礎に均等に分布するようにする。

8・5・2　機器の据付け

学習のポイント

1. 冷凍機など機器に必要なメンテナンススペースについて理解する。
2. パッケージ形空調機，冷却塔，送風機，タンク，ポンプなどの据付け方法を理解する。

（1）　空 調 機 器

（a）　冷凍機

①　冷凍機は，運転重量の 3 倍以上の長期荷重に耐えるコンクリート基礎上に据え付ける。

②　大形重量物のため設置後，不等沈下などが生じないよう堅固な基礎の上に水平に取り付ける。

③　<u>冷凍機の保守点検のため，凝縮器のチューブ引抜きのためのスペースを確保し，また周囲に少なくとも 1 m 以上のスペースを確保する</u>（操作盤のある前面は 1.2 m 以上）。　◀ よく出題される

（注）：1 日の冷凍能力が 20 トン以上の場合に，左右側面，裏面は 0.5 m 以上の作業空間距離を確保する必要がある。

④　ターボ冷凍機は，耐震施工として地震時の転倒防止に，ストッパ等を

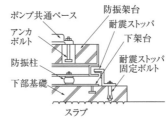

図 8・28　耐震ストッパの例

施工管理法

設ける。図8・28に，ポンプの場合の耐震ストッパの例を示す。

⑤　耐震ストッパは，機器の長辺や短辺の適切な位置に設けて，固定ベルトで基礎コンクリートに固定する。また，防振架台には，架台下部ベースの4隅に固定するものもある。

(b)　ガス直だき吸収冷温水機

①　回転機器が小型なので，振動が少なく，防振装置は不要である。　　◀ よく出題される

②　地震時にガスを遮断するための地震感知器を，近辺の柱・壁等に設置する。

③　据付け後に，工場出荷時の気密が保持されているか確認する。　　◀ よく出題される

(c)　ボイラ

ボイラを室内に設置する場合，ボイラの最上部から上部の天井，配管その他の構造物までの距離を1.2 m以上，ボイラの側面からボイラ室の壁面，配管その他の構造物までの距離を0.45 m以上とする。ボイラ前面はメンテナンス上，壁まで1.5 m以上の距離が望ましい。ボイラ室内に液体燃料タンクを設置する場合，燃料タンクからボイラ側面までの距離は，原則として2 m以上とする。

> ☞ 令和4年度基礎的な能力問題として出題

> ☞ 令和4年度基礎的な能力問題として出題

(d)　パッケージ形空調機

①　コンクリート基礎上に防振ゴムパッドを敷いて水平に据え付ける。　◀ よく出題される

②　空気熱源ヒートポンプ式の屋外機の設置は，霜取りの排水を考慮する。

③　冷媒配管の長さが増加すると，冷媒の充塡量が増加する。

④　屋内機が床置形の場合，基礎の高さは，ドレン配管の排水トラップの深さ（封水深）が確保できるよう150 mm程度とする。　◀ よく出題される

⑤　防振架台の場合は，地震による転倒防止のため，耐震ストッパを取り付ける。形鋼などで本体と壁を固定してはならない。

⑥　パッケージ形空気調和機を室内の床上に設置する場合，前面に1 m程度の保守スペースを確保する。

⑦　屋外機は，ショートサーキット防止のために周囲に十分な空間を確保する。

⑧　屋外機は，必要により騒音対策として，防音壁を設置する。　　◀ よく出題される

⑨　壁掛形ルームエアコンは，内装材や下地材に応じて補強を施して取り付ける。

⑩　床置き形のパッケージ形空気調和機などのように縦横比の大きい自立機器は，頂部の支持材取付けを原則2箇所以上とする。

(e)　ユニット形空気調和機

①　基礎の高さは，ドレンパンからの排水管に空調機用トラップを設けるため，150 mm程度とする。

> ☞ 令和4年度基礎的な能力問題として出題

(f)　ファンコイルユニット

① 天井吊り形は，地震による振れ止めが必要である。

② 天井吊り露出形は，通常，吹出し口が1方向であるため，吹出し気流の方向を考慮して壁側に設ける。

③ 天井隠蔽形には，保守および点検が容易となるように，ファンコイルユニット近くに点検口を設ける。

④ 床置形は，固定金物を用いて壁または床に堅固に取り付ける。

⑤ 天井内に設置する場合の設置高さは，ドレンアップポンプを設けない場合，ドレン管の勾配が1/50程度とれる高さとする。

(g) 冷却塔

① 冷却塔から排出した空気が，ショートサーキットにより再び塔内に吸い込まれないよう，周辺に十分なスペースを設ける。

② 煙突などからの煙を吸い込まないよう，煙突頂部から離れた位置にするなど風向と煙突からの距離を検討する。

③ 冷却塔の給水口は，高置タンクの低水位より3m以上の落差（水頭圧）が必要である。

④ 冷却塔を屋上に設置する場合，必要に応じて防振装置を取り付ける。

> 令和4年度基礎的な能力問題として出題

(h) 送風機（遠心送風機）

(注) 必要によりブレースを入れる。

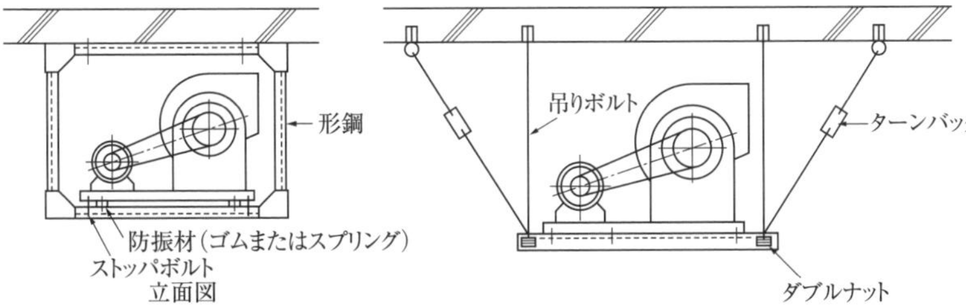

(a) 送風機（呼び番号2以上）天井吊り　(b) 送風機（呼び番号2未満）天井吊り

図8・29　天井吊りの送風機の据付施工例

① 呼び番号2番以上の天吊り送風機は，形鋼製の架台上に据付け，アンカボルトで上部スラブに固定する（図8・29(a)）。　◀よく出題される

② 送風機の呼び番号2番未満のものをつりボルトで天井つりとする場合，ブレースの振れ止めを設ける（図8・29(b)）。

③ 送風機が水平になるように，基礎面とベッド間にライナを入れて調整する。　◀よく出題される

④ 送風機は，あらかじめ心出し調整されて出荷されるが，現場据付け時までに狂いやベルト類の張り具合を調整するため，再度心出し調整を行う必要がある。Vベルトの張りが強すぎると，軸受の過熱の原因にもなる。芯出しは，プーリの外側面に定規，水糸等を当て出入りを調整する。

⑤ ベルト駆動の送風機は，電動機と送風機を共通架台の上に設置し，共通架台と基礎との間に防振装置を設ける。

施工管理法

⑥　Vベルト駆動の送風機は，ベルトの引張り側が下側になるように電動機を配置する。

⑦　送風機のVベルトの張りは，電動機のスライドベース上の配置で調整する。

⑧　送風機の振動・騒音が問題となる場合は，防振ゴムまたは防振スプリングを挿入する。

⑨　送風機の吸込み口および吐出し口には，たわみ継手を設け，吸込み側のたわみ継手には，ピアノ線入りのものを使用する。

⑩　送風機周辺に点検や部品交換を行うための保守管理スペースを確保する。

（2）衛生設備機器

(a)　衛生器具類

①　防水層床に取り付ける床排水トラップは，つば付き形を使用する。

②　施工中の器具は，汚損または破損による被害を防護するため，適切な養生を行う。

③　洗面器や壁掛け小便器などを軽量鉄骨ボード壁や金属製パネル壁に取り付ける場合は，鉄板またはアングルまたは堅木で枠を組んだ加工材をあらかじめ取り付けた後，バックハンガを所定の位置に固定する。

◀ よく出題される

④　水栓の吐水口端と水受け容器のあふれ縁との間には，十分な吐水口空間をとる。

🖝
令和4年度基礎的な能力問題として出題

5・3・1（2）（p.119）参照

⑤　防火区画を貫通する和風大便器の据付けには，建築基準法令に適合する耐火カバー等を使用する。

⑥　和風大便器は，コンクリート・モルタルとの接触部にアスファルト等で被覆を施す。

(b)　受水タンク（飲料用給水タンク）

①　受水タンク上部と天井面（スラブ面）との離隔距離は1m以上，受水タンク周壁と壁との間及び床スラブとタンク底面の間は60cm

◀ よく出題される

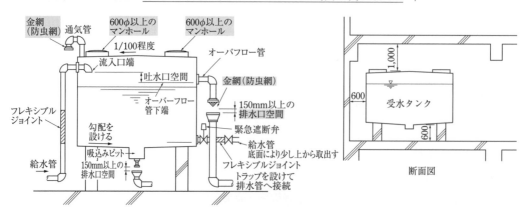

図8・30　受水タンクの据付施工

以上とする。したがって，基礎の高さは60 cm 以上必要である。

② 受水タンクの直下に天井スラブの梁がある場合，タンク上面から梁下面までの距離は，点検用マンホールなどの保守点検に支障のある場合を除いて，450 mm 以上を標準とする。

③ 受水タンクに設ける点検用のマンホールは，直径60 cm の円が内接できる大きさとする。

④ 高さが2 m を超える高置タンクの昇降タラップに，転落防止防護柵を設ける。

⑤ 屋内に設置する受水タンクの基礎は，床スラブの鉄筋に緊結した鉄筋コンクリート基礎とする。

⑥ 水抜き管，オーバフロー管の排水は，最寄りの排水管に排水口空間を設けた間接排水とする。

⑦ 建物内に設置する受水タンクの上部に設備機器や空調用配管，排水管等を設けないようにする。　◀よく出題される

⑧ 受水タンクの通気管の管端には，衛生上有害なものが入らないように金網（防虫網）を設ける。

⑨ FRP 製受水タンクに接続する給水管には，合成ゴム製フレキシブルジョイント（またはゴム製変位吸収管継手）を設ける。　◀よく出題される

(c)　貯湯タンク

① 貯湯タンクの断熱被覆外面から壁面までの距離は，原則として450 mm 以上とる。　◀よく出題される

② 貯湯タンクは振動する部分がないため，基礎にアンカボルトで堅固に固定する。

③ 加熱コイルを引き出すためのスペースを確保する。

④ 水平に据え付け，脚に無理な力がかからないようにする。

(d)　排水タンク

排水タンクの底は，排水用水中ポンプを据え付けるピットに向かって1/15〜1/10の下がり勾配とする。

（3）　空調・衛生共通機器

(a)　陸上ポンプ

施工管理法

（a）連成計
（マイナスの指針がある）

（b）圧力計

図8・31　連成計と圧力計

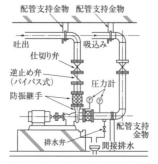

図8・32　ポンプ周り配管の例

①　ポンプの据付け位置は，できるだけ吸水面の近くとする。常温水では吸水面からポンプ中心までの許容最大吸込み高さは，6 m 程度である。

②　据付け完了後，ポンプと電動機の軸心の狂いがないことを確認し，カップリング外周の段違いや面間に誤差がないように調整する。　◀ よく出題される

③　遠心ポンプの設置において，受水タンクなど吸水面がポンプより低い場合には，吸込み管がポンプに向かって上り勾配（1/100以上）とし，空気だまりのないようにする。　◀ よく出題される

④　受水タンクより低い位置に揚水ポンプを据え付ける場合の配管は，受水タンクから取り出して立ち下げた後は，ポンプに向かって先上がり勾配で接続する。

⑤　管および弁の荷重が，直接ポンプにかからないようにする（図8・32）。

⑥　負圧となるおそれがあるポンプの吸込み管には，図8・31(a)に示す連成計を設ける。

⑦　振動・騒音のおそれがある場合は，ポンプの吸込み・吐出しの両側に防振継手を設ける。

⑧　ポンプ軸封装置から滴下する水は，最寄の排水系統に間接排水で排水する。ただし，軸封部がメカニカルシール方式の冷却水ポンプなどをコンクリート基礎上に設置する場合，コンクリート基礎表面に排水目皿及び当該目皿からの排水管を設けないこととしてもよい。

⑨　ポンプの吐出し側に附属する弁類は，ポンプ出口に近い順に，防振継手，逆止め弁，仕切弁とする（図8・32）。逆止め弁はごみをかむことがあるため，その上流に仕切弁を設けて保守点検できるようにする。　◀ よく出題される

⑩　ポンプ類は，高さが床上300 mm のコンクリート基礎上に据え付ける。

(b)　水中ポンプ

令和4年度基礎的な能力問題として出題　☞

①　ポンプは，吸込みピットの壁面より20 cm 以上離して設置する。

②　排水水中ポンプの据付け位置は，空気を吸い込まないように排水流入口からできるだけ離して設置する。　◀ よく出題される

③　水槽点検用マンホールは，ポンプの保守点検が容易に行えるように，水中ポンプの真上近くに設置する。　◀ よく出題される

④　排水用水中ポンプの吐出し管に取り付ける仕切弁は，排水槽外に設置する。

⑤　排水用水中ポンプの運転水位は，ポンプの始動最低水位を確認してから決める。

⑥　水位制御はフロートスイッチを使用する。

確認テスト〔正しいものには○，誤っているものには×をつけよ。〕

8・5・1～2 機器の据付け

□□(1) 無筋コンクリート基礎に，箱抜きアンカボルトで重量機器を固定した。

□□(2) ガス直だき吸収冷温水機は，圧縮式冷凍機と同様に振動が大きいため，防振基礎とする。

□□(3) 屋上に設置する冷却塔は，その補給水口が，高置タンクから必要な水頭圧を確保できる高さに据え付ける。

□□(4) 揚水ポンプの吐出し側には，ポンプに近い順に，防振継手，逆止め弁，仕切弁を取付ける。

□□(5) 地上設置のポンプの吸込み管は，ポンプに向かって下がり勾配とする。

□□(6) 排水用水中ポンプの据付け位置は，排水流入口の真下付近とした。

□□(7) 遠心送風機の据付けは，レベルを水準器で検査し，水平が出ていない場合は基礎と共通架台の間にライナを入れて調整する。

□□(8) 建物内に設置する有効容量 $5\,m^3$ の飲料用受水タンクの上部は，保守・点検をするために天井との距離を60 cm とした。

□□(9) 受水タンクのオーバフロー管を，直接最寄りの雑排水系統の配管に接続した。

□□(10) 壁付洗面器を軽量鉄骨ボード壁に取り付ける場合は，あと施工アンカでバックハンガを所定の位置に固定した。

確認テスト解答・解説

8・5・1～2 機器の据付け

(1) ×：重量機器のコンクリート基礎は，鉄筋コンクリートとして，アンカボルトをこの鉄筋に緊結させる。箱抜きアンカボルトは抜けやすいため，使用しない。

(2) ×：ガス直だき吸収冷温水機は，大形の回転機器がないため，防振基礎とする必要はない。

(3) ○

(4) ○

(5) ×：吸込み管をポンプに向かって下がり勾配とすると，吸込み管内にエアが溜まる恐れがあるため，必ず上り勾配とする。

(6) ×：排水流入口から水槽に落下した汚水は空気を巻き込んでいるため，流入口の近くに排水ポンプを設置すると，ポンプが空気を吸い込んで揚水不良となるおそれがある。

(7) ○

(8) ×：飲料用水タンク上部と天井との離隔距離は1 m 以上確保する。

(9) ×：受水タンクのオーバフロー管を直接雑排水系統の配管に接続すると，クロスコネクションとなるため，オーバフロー管に排水口空間を確保してから雑排水系統の配管に接続する。

(10) ×：軽量鉄骨ボード壁は強度が弱いので，アングル加工材などをあらかじめ取り付けた後，バックハンガを所定の位置に固定する。

8・5・3　配管施工

> ### 学習のポイント
>
> 1. 配管の切断・接合法について理解する。
> 2. 給排水配管，空調配管の施工上の留意事項について覚える。

（1）　共通事項

（a）　配管の切断

① 水道用硬質塩化ビニルライニング鋼管の切断に，パイプカッタを使用してはならない。パイプカッタで切断すると，管内にバリが出るのみならず，管とライニング層が剥離するため，帯鋸盤（バンドソー）・弓鋸盤や自動金鋸盤を使用する。パイプカッタは，管径が小さい銅管やステンレス鋼管の切断に使用される。

◀ よく出題される

令和4年度基礎的な能力問題として出題

② 水道用硬質塩化ビニルライニング鋼管の管端部の面取りの際には，鉄部を露出させてはならない。

◀ よく出題される

（b）　配管の接合

（ア）　鋼　管

① 鋼管の接合には，ねじ込み接合（ねじ込み式鋼管製管継手（白）など）・溶接接合・フランジ継手接合・ゴムリング継手接合などがある。

② 鋼管のねじ加工には，切削ねじ加工と転造ねじ加工がある。

③ 配管用炭素鋼鋼管のねじ込み接合の際には，一般的に管用テーパねじが用いられる。

令和4年度基礎的な能力問題として出題

④ 配管用炭素鋼鋼管のねじ加工後，図8・33に示すテーパねじ用リングゲージを手で廻してねじ径を確認する。

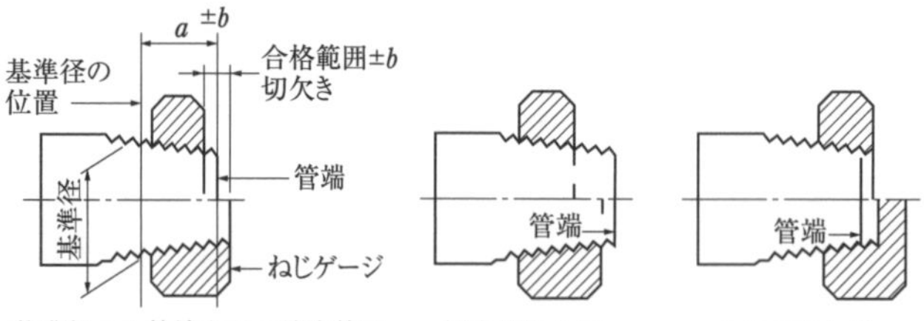

基準径の位置　　合格範囲±b　切欠き　　管端　　ねじゲージ　　基準径から管端までの許容範囲　　細すぎるねじ　　太すぎるねじ　　管端

図8・33　テーパねじ用リングゲージ

⑤ 鋼管のねじ接合後の余ねじ部は，切削油を拭き取ってから油性塗料で防錆する。

令和4年度基礎的な能力問題として出題

⑥ ねじ込み接合の際には，所定の最小ねじ山数を確保する。

⑦ 鋼管の溶接方法には，被覆アーク溶接，ガスシールドアーク溶接およびTIG溶接があり，ステンレス鋼鋼管の溶接方法には

TIG 溶接がある。

⑧ 鋼管の溶接接合に開先加工を行い，ルート間隔を保持し突合せ溶接で施工する。

(イ) **硬質塩化ビニルライニング鋼管**

① 水道用硬質塩化ビニルライニング鋼管をねじ込み接合する場合には，継手内面と管端部の防食性能を管本体の防食性能に近づけるため，管端防食継手を使用する。

② 排水用硬質塩化ビニルライニング鋼管は，薄肉鋼管の内面に硬質ポリ塩化ビニル管をライニングしたものであり，軽量で取扱いが容易であるが，ねじ接合ができないため，排水鋼管用可とう継手（MD 継手）などを用いる（図8・35）。

令和4年度基礎的な能力問題として出題

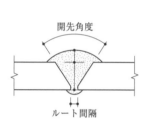

図8・34 Ｖ形開先

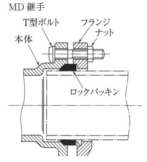

MD 継手

図8・35 排水鋼管用可とう継手

TS 接合：接着剤による硬質ポリ塩化ビニル管の膨潤と弾力性を利用したもので，受け口と差し口を一体化する工法

図8・36 TS 継手

(ウ) **一般配管用ステンレス鋼鋼管**

① 一般配管用ステンレス鋼鋼管の接合には，（TIG）溶接接合・フランジ接合・メカニカル接合・ハウジング形接合がある。 ◀ よく出題される

② 一般配管用ステンレス鋼鋼管の溶接接合の溶接作業は，原則として工場で行う。

③ 一般配管用ステンレス鋼鋼管のフランジ接合に用いるガスケットは，アスベスト製のものを使用すると塩素イオンが溶け出し，すき間腐食が発生することがあるため，テフロン製などを使用する。

(エ) **銅 管** 銅管の接合には，差込み・フランジおよびフレアによる方法がある。冷媒用銅管の接続で，フレア式管継手の接続の場合，加工後は，フレア部の肉厚や大きさが適切かを確認する。 ◀ よく出題される

(オ) **硬質ポリ塩化ビニル管**

① 硬質ポリ塩化ビニル管の接合は，図8・36に示す TS 継手接合による冷間接合とする。

② 接着接合（TS 接合）は接着剤は少なめに使用し，受口内面および差口外面に均一に塗布する。 ◀ よく出題される

施工管理法

㊟　**架橋ポリエチレン管**

①　接合は，メカニカル継手による方法や電気融着式を使用する。

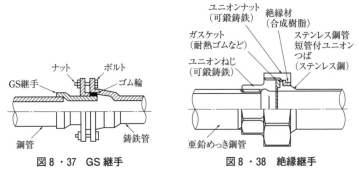

図8・37　GS 継手　　　　　図8・38　絶縁継手

㊗　**異種管の接合**

①　鋼管と鋳鉄管の接合には，フランジ接合および図8・37に示す GS 継手接合がある。

②　配管用炭素鋼鋼管と硬質塩化ビニル管ユニオン接合は，接合する異種管と接合方法の組合せである。

③　配管用ステンレス鋼鋼管と配管用炭素鋼鋼管絶縁フランジ接合は，接合する異種管と接合方法の組合せである。

④　銅管と配管用ステンレス鋼鋼管ルーズフランジ接合は，接合する異種管と接合方法の組合せである。

⑤　配管用炭素鋼鋼管と銅管の接合は，絶縁フランジ継手接合，ユニオン継手と絶縁ガスケットを用いたユニオン接合などがある。

⑥　青銅製の水栓と硬質塩化ビニルライニング鋼管との接続には，絶縁継手又はコア付き青銅製継手を使用する。

⑦　金属異種管の接合でイオン化傾向が大きく異なるものは，図8・38に示す絶縁継手を介して接合する。鋼管と一般配管用ステンレス鋼鋼管とを直接接続すると，両者間には電位差が大きく，鋼管が腐食する。

⑧　銅管とステンレス鋼鋼管，銅管とビニル管，鋼管と鋳鉄管の接続の場合は絶縁継手が不要である。

（2）　給水管の施工

①　配管内の水圧が高い配管には，ウォータハンマを防止するため，エアチャンバを設ける等の措置を講ずる。

②　横走り給水管から上方への枝管を取り出す場合は，横走り管の上部から取り出す。　◀ よく出題される

③　配管は，先上がり勾配または先下がり勾配とし，空気だまりを防止する。

④ 給水立て主管から各階への分岐管には，分岐点に近接して止水弁を設ける。

⑤ 飲料水配管は，飲料水以外の系統の配管と接続してはならない。これを行うことをクロスコネクションといい，禁止事項である。

5・3・1（1）(p.119)参照

⑥ 土中埋設される給水管の埋設深さは，<u>一般に敷地内では300 mm 以上</u>，車両通路では600 mm 以上とする。

⑦ 屋外埋設配管は，凍結を防止するため凍結深度より深く埋設する。

⑧ 土中埋設配管の水圧試験は埋戻し前に行う。

⑨ 給水配管の水圧試験は，配管工事が完了し，保温工事施工前に行う。

⑩ 配管の頂部には空気抜き弁，最低部には水抜き弁を取り付ける。

⑪ 横走り給水管の管径を縮小する際は，径違いソケットを使用する。

⑫ さや管ヘッダ配管方式のさや管と実管を同時に施工してはならない。

⑬ 給水栓には，クロスコネクションが起きないように吐水口空間を設ける。

（3） 排水管の施工

（a） 屋内排水管

① <u>横走り排水管の勾配</u>は，表8・5を標準とする。

表8・5 横走り排水管の勾配

呼び径〔mm〕	勾 配
65以下	最小 1/50
75，100	最小 1/100
125	最小 1/150

② 排水横技管などが合流する場合は，必ず<u>45°以内の鋭角とし，水平に近い勾配で合流</u>させる。

③ 排水トラップの封水深は，50 mm 以上100 mm 以下とする。

④ 器具トラップの他に，排水管にも配管トラップを設けると二重トラップになるので，排水管は，二重トラップにならないように計画する。

⑤ 排水管には，次の位置に掃除口を設ける。

　イ 直管部においては，一般に管径の120倍以内の箇所

　ロ 45°以上の角度で方向を変換する箇所

　ハ 排水横走り管の上流末端部

　ニ 排水立て管の最下部またはその付近

⑥ <u>便所の床下の排水管は，勾配を考慮し，給水管に優先して配管を行う。</u>

⑦ 冷水器の間接排水管の端部は，<u>水受け容器のあふれ縁より高い位置</u>に，排水口空間を確保して開放する。雑排水系統の排水管に直接接続してはならない。

⑧ 飲料用タンクに設ける水技管やオーバフロー管は間接排水とし<u>排水口空間は，150 mm 以上</u>とする（<u>雑排水管に直接接続してはならない</u>）。

令和4年度基礎的な能力問題として出題

施工管理法

⑨　排水の流れ方向が変化する箇所には，他の排水管を接続しない。

⑩　排水立管は，最上階まで最下階の配管サイズと同サイズとする。　◀ よく出題される

⑪　雑排水用に配管用炭素鋼鋼管を使用する場合は，ねじ込み式鋳鉄製管継手で接続する。

⑫　3階以上にわたる排水立て管には，各階ごとに満水試験継手を取り付ける。

(b)　**屋外排水管**

①　図8・39に示すように，汚水ますにはインバートを設け，雨水ますには，深さ150 mm以上の泥だまりを設ける。

②　合流式の敷地排水管に雨水管を接続する場合には，トラップますを介して接続する。

③　屋外排水管の直管部においては，管径の120倍以内ごとに，排水ますを設ける。

④　地中で給水管と排水管を交差させる場合には，給水管を排水管よりも上方に埋設する。

⑤　排水管の方向転換箇所には，原則として排水ますを設ける。

⑥　汚水ますには，ます間に排水や固形物が，滞留しないようにインバートを設ける。

令和4年度基礎的な能力問題として出題

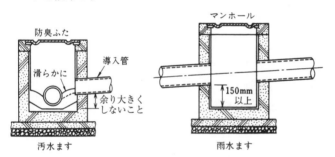

図8・39　汚水ます・雨水ます

（4）通　気　管

①　雨水立て管は，排水立て管および通気立て管と兼用させてはならない。

②　通気管の開口部は，窓や出入口および吸込みガラリなど，臭気が室内に侵入するおそれのある付近に設けてはならない（図8・40）。

③　通気横走り管は通気立て管に向かい，先上がり勾配

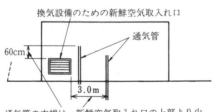

通気管の末端は，新鮮空気取入れ口の上部より少なくとも60 cm以上上部または水平距離で3.0 m以上離して開口すること

図8・40　通気管末端開口位置

とする。

④　排水横枝管からの通気管の取り出しは，垂直ないし45°以上の角度で取り出す。

⑤　排水横枝管から取り出した通気管は，その排水系統の最高位の衛生器具のあふれ縁より150 mm 高い位置で他の通気管に接続する。

⑥　<u>汚水槽・排水槽の通気管は，一般の通気管とは別系統にして単独に立ち上げ</u>，外部に開放する。　◀ よく出題される

⑦　<u>ループ通気管は，最上流の器具排水管が接続される箇所のすぐ下流の排水横枝管から立ち上げ，その階の最高位の器具のあふれ縁より150 mm 以上の高さで横走りして通気立て管か伸頂通気管に接続する。取り出した階の床下で通気立て管に接続してはならない。</u>

◀ よく出題される

5・5・7（p.133）図5・21参照

（5）　水配管・蒸気配管における注意事項

（a）　空気だまりの防止（水配管）

　配管中の空気は装置完成後の空気抜きが十分でなかったり，運転中に水から分離したり，または他から侵入して生ずる。このような空気は，管材の腐食を早め水の流れを阻害して，場合によっては配管を振動させたりし，ポンプのスムーズな運転の障害などとなるので，配管の勾配に注意し，流体の流れとともに空気が抜けるよう先上がり配管にするとか，空気抜き弁を必要に応じて取り付ける必要がある。

（b）　配管の伸縮対策

　冷温水配管や給湯配管は熱膨張による伸びや収縮が生じるので，伸縮を吸収するために伸縮管継手を設ける。フレキシブル形管継手（<u>フレキシブルジョイント</u>）は，<u>管軸に対して直角方向の変位を吸収するためのもので，管軸方向の伸縮を吸収するためのものではない。</u>

令和4年度基礎的な能力問題として出題

◀ よく出題される

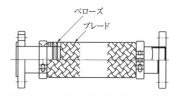

ベローズ
ブレード

図8・41　フレキシブルジョイント

（c）　冷却塔の配管

　開放式冷却塔を使う場合のように，管内の水を強制的に大気と接触させるので，空気中の亜硫酸ガスなど有害ガスを吸収する。水を循環使用しているのでしだいに凝縮され配管の腐食を促進する。このため，薬液注入装置や連続ブロー装置などの使用が必要になる。また，砂じんやごみなども混入するので，冷却塔出口側にストレーナを設ける。

施工管理法

(d)　蒸気配管

蒸気トラップは，蒸気の流れを阻止して凝縮水と空気を排出する装置で，放熱器や蒸気配管の端末などの凝縮水がたまりやすい箇所に設ける。

(e)　その他

①　銅管および一般配管用ステンレス鋼鋼管に取り付ける仕切弁は，弁棒を脱亜鉛腐食を起こさない青銅などの材質のものとする。

②　給水管の流路を遮断するための止め弁として仕切弁を使用する。

③　給水用の仕切弁には，管端防食ねじ込み形弁等がある。

④　ポンプの吐出側垂直配管に使用される逆止め弁で，リフト逆止め弁にばねと案内傘を内蔵し，バイパス弁付きの構造に，衝撃吸収式のスモレンスキー式逆止め弁がある（図8・42）。

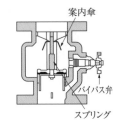

図8・42　スモレンスキー式逆止め弁

⑤　配管に混入した空気を排出するために自動空気抜き弁を使用する。

⑥　ユニット形空気調和機の冷温水流量を調整するために玉形弁を使用する。

⑦　パッケージ形空気調和機の屋内外ユニットの連絡配線は，冷媒配管の保温施工後に，その上に沿わせて施工してもよい。

（6）　配管の支持

①　配管の支持位置や支持方法は，自重支持・振止め支持・固定支持・防振支持・耐震支持などがあり，それぞれ目的を検討して決定する。

②　横走り配管を支持するつりボルトの長さは，できるだけ短くする。

③　振止め支持に使用するUボルトは，強く締めつけてはならない。

④　横走り配管が上下に並行している場合，下の配管が軽量であっても，上の配管から直接吊る共吊りを行ってはならない。

⑤　機器廻りの配管を支持する場合は，機器に配管の荷重が加わらないように，配管をアングルなどで支持する。

⑥　配管の曲がり部・分岐部等の近くには，支持を設ける。

⑦　熱による配管の移動量の大きい支持箇所は，ローラ支持（図8・43）あるいはスライド支持とする。

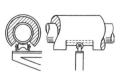

図8・43　ローラ支持の例

⑧　単式伸縮管継手を取り付ける場合は，継手本体を配管に接続して，その配管を固定し，一方の継手側の配管にガイドを設ける（図8・44(a)）。

令和4年度基礎的な能力問題として出題

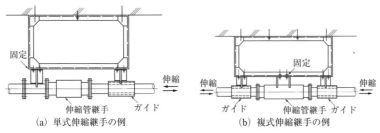

図8・44　単式伸縮管継手と複式伸縮管継手の固定例

⑨　複式伸縮管継手を用いる場合は，伸縮管継手本体を固定する（図
8・44(b)）。なお，伸縮する配管は，横走り管のすべての支持点で堅
固に固定してはならない。

⑩　銅管やステンレス鋼鋼管を鋼製金物で支持する場合は，異種金属の
接触腐食により，鋼製金物が腐食するため，ゴム等で管の絶縁保護を
行う。　◀ よく出題される

⑪　横走り主管には，地震動により脱落などを起こさないように，最長
でも12 mピッチ以下の箇所に振止めを設ける。

⑫　建物のエキスパンション・ジョイント部を横断する配管は，できる
だけ低層階で横断させる。

⑬　鋼管の立て配管は，スラブを利用して，各階ごとに管の座屈防止の
ために形鋼振れ止め支持を設ける。

⑭　立て管最下部の固定は，配管荷重に十分耐えうる構造とする。

施工管理法

確認テスト〔正しいものには○，誤っているものには×をつけよ。〕

8・5・3　配管施工

□□(1)　硬質ポリ塩化ビニルライニング鋼管の切断には，パイプカッタを受用してはならない。

□□(2)　硬質ポリ塩化ビニルライニング鋼管のライニング部の面取りの際に鉄部を露出させてはならない。

□□(3)　ねじ込み式鋼管製管継手（白）は，水道用硬質塩化ビニルライニング鋼管の接合に使用される。

□□(4)　硬質ポリ塩化ビニル管を接着接合する際には，受口には接着剤を塗布しない。

□□(5)　ステンレス鋼鋼管と銅管の接合は，絶縁継手を必要とする配管の組合せである。

□□(6)　便所の床下排水管は，勾配を考慮して，排水管を給水管より優先して施工した。

□□(7)　機器廻りの配管を支持する場合は，配管の荷重を機器で支持するように施工する。

□□(8)　汚水槽の通気管は，単独で外気に開放する。

□□(9)　ループ通気管は，最上流の器具排水管を接続した排水横枝管の下流直後から立ち上げる。

□□(10)　単式伸縮管継手を用いる場合は，継手本体を固定し，両側にガイドを設ける。

確認テスト解答・解説

8・5・3　配管施工

(1)　○

(2)　○

(3)　×：ねじ込み式鋼管製管継手（白）は，配管用炭素鋼鋼管（白）のねじ接合に用いる継手であり，水道用ライニング鋼管用ねじ込み式管端防食管継手を使用する。

(4)　×：接着剤は少なめに使用し，受口内面および差口外面にむらなく塗布する。

(5)　×：ステンレス鋼鋼管と銅管は，イオン化傾向がほぼ同じで腐食電位差が小さく，絶縁継手は不要である。

(6)　○

(7)　×：機器に配管の荷重をかけると，機器が破損するおそれがあるとともに，回転機器では，機器の振動が配管に伝達される。

(8)　○

(9)　○

(10)　×：継手本体を固定するのは，複式伸縮管継手である。

8・5・4　ダクト施工

学習のポイント

1. 送風機廻りダクトの施工について覚える。
2. ダクト工法，ダクト付属品について理解する。

（1）　送風機廻りのダクト

① 送風機の吐出し口直後での曲がり部の方向は，できるだけ送風機の回転方向とする。また，ダクト直角曲り部が送風機の吐出側や吸入側の近くであるときは，直角曲り部にガイドベーン（案内羽根）を設けてダクトの局部抵抗および騒音の発生量を減少させる。（図8・45）　◀ よく出題される

② 送風機吐出しダクトは急激な変形を避け，傾斜角15°以内の漸大形とする（図8・45）。

③ 送風機とダクトの接続部に設けるたわみ継手は，振動を吸収させるため両端のフランジ間隔を150 mm 程度とし，折込み部分を緊張させない。　◀ よく出題される

🖝 令和4年度基礎的な能力問題として出題

④ 送風機の軸方向に直角に接続される吸込ダクトは，ダクトの幅をできるだけ大きくして，圧力損失を小さくする。

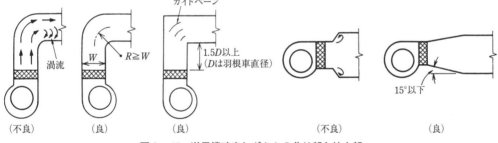

図8・45　送風機吐出しダクトの曲り部と拡大部

（イ）1点接続法　　（ロ）2点接続法
図8・46　角ダクトのはぜの位置

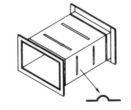

図8・47　ダクトの補強リブ

（2）　ダクトの施工

（a）　**ダクト一般**

① 2枚の鉄板を組み合わせて製作されるダクトは，はぜの位置によりL字型，U字型などがある（図8・46）。

施工管理法

②　亜鉛鉄板製長方形ダクトの継目（はぜ）は，平板の剛性を高めてダクトの強度を増す役割があるので，継目（はぜ）の箇所数が多いほど剛性が高くなる。継目（はぜ）は2箇所以上とするが，長辺が750 mm以下は1箇所以上とする。

③　亜鉛鉄板製ダクトの施工方法には，アングルフランジ工法とコーナボルト工法がある。

④　ダクトの変形や板振動を防止するために，補強リブを設ける（図8・47）。　◀ よく出題される

⑤　幅または高さが450 mmを超える保温を施さないダクト面には，300 mm以下のピッチで補強リブを設ける。ただし，保温の有無に関係なく長方形ダクトは，ダクトの長辺の寸法に応じて横方向，縦方向の形鋼補強が必要である。

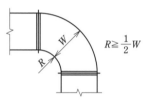

$R \geq \dfrac{1}{2}W$

図8・48　エルボ　　◀ よく出題される

⑥　図8・48に示すように，エルボの内側半径は，ダクトの半径方向の幅の1/2以上とする。

⑦　横走り主ダクトには，ダクトの末端部や必要箇所に形鋼による耐震用振止めを施す。ダクトの吊りボルトが長い場合にも，振れ止めを設ける。

⑧　ダクトからの振動伝播を防ぐ必要がある場合は，ダクトの吊りを防振吊りとする。

⑨　アスペクト比とは，長方形ダクトの長辺と短辺の比をいう。同一断面積の場合，アスペクト比が小さいほど正方形に近づく。長方形ダクトでは，正方形の摩擦損失抵抗が最も小さく，アスペクト比が大きくなって，扁平になるほど，摩擦損失抵抗は大きくなる。通常長辺と短辺の比は4以下とする。　◀ よく出題される

⑩　ダクトの割込み分岐の割込み比率は，風量比とする。

⑪　曲がり・分岐部の直近部には，つり・支持を必要とする。なお，排気フードの吊りは，四隅のほか最大1,500 mm間隔で行う。

⑫　ダクト内を流れる風量が同一の場合，ダクトの断面寸法を小さくすると，必要となる送風動力は大きくなる。　　令和4年度基礎的な能力問題として出題

⑬　ダクトの断面を変化させるときは急激な変化を避け，図8・49に示すように，拡大部は15°以下，縮小部は30°以下とする。　◀ よく出題される

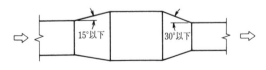

15°以下　　30°以下

図8・49　ダクトの拡大・縮小

⑭ 長方形ダクトの板厚は，ダクトの長辺により決定する。 ◀ よく出題される

⑮ 浴室等の多湿箇所の排気ダクトは，継手および継目の外側よりシールを施す。 ◀ よく出題される

⑯ 浴室の排気に長方形ダクトを使用する場合は，できるだけダクトの継目が下面にならないように取り付ける。

⑰ 浴室の排気ダクトは，凝縮水の滞留を防止するため，排気ガラリに向けて下り勾配とする。

⑱ 厨房の排気ダクトには，油や結露水が滞留するおそれがあるため，継手部に耐熱性の材料のシールを施す。

⑲ 厨房の排気ダクトには，ダクト内の点検が定期的にできるように点検口を設ける。

(b) アングルフランジ工法

① 図8・50に示すように，アングルフランジ工法のダクトのガスケットは，フランジの幅と同一のものを用いる。

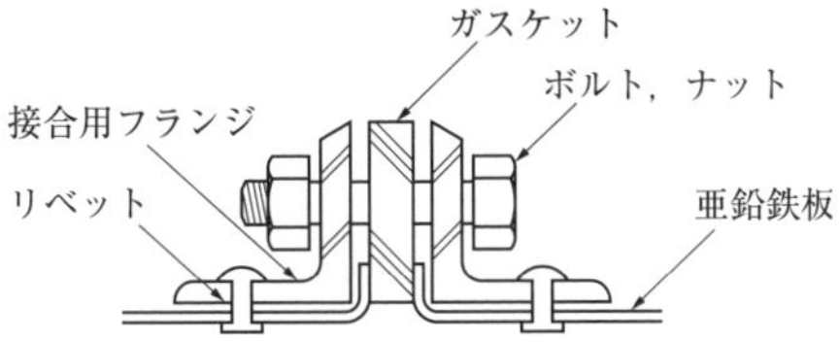

図8・50 フランジ継手

◀ よく出題される

表8・6 亜鉛鉄板製長方形ダクトのフランジ接続部の構造

| | アングルフランジダクト（AF ダクト） | コーナボルト工法ダクト | |
		共板フランジダクト（TF ダクト）	スライドオンフランジダクト（SF ダクト）
構 成 図	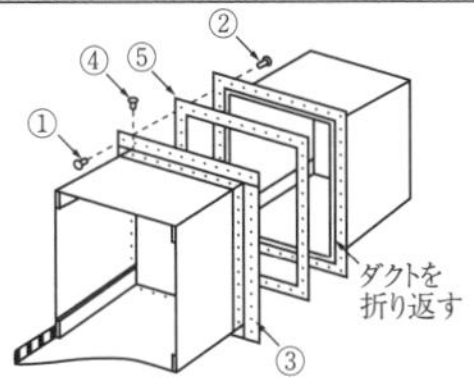	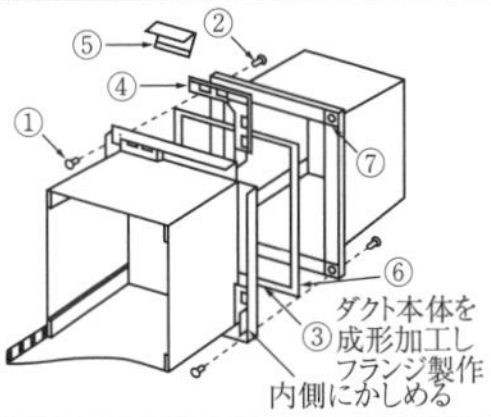	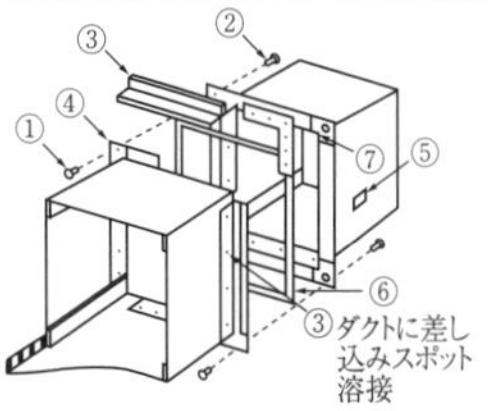
フ ラ ン ジ 接 続 方 法	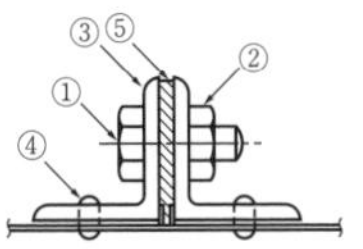	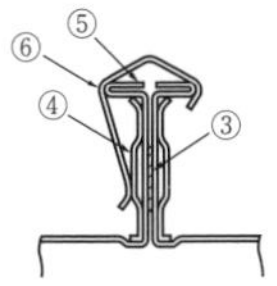	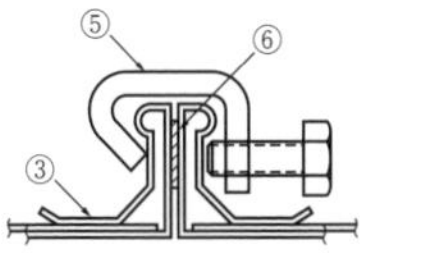
構 成 部 材	1) ボルト（全周） 2) ナット（全周） 3) アングルフランジ 4) リベット（全周） 5) ガスケット	1) ボルト（4隅コーナ部のみ） 2) ナット（4隅コーナ部のみ） 3) 共板フランジ 4) コーナ金具（コーナピース） 5) フランジ押え金具（クリップ・ジョイナ） 6) ガスケット 7) シール材（4隅コーナ部）	1) ボルト（4隅コーナ部のみ） 2) ナット（4隅コーナ部のみ） 3) スライドオンフランジ 4) コーナ金具（コーナピース） 5) フランジ押え金具（ラッツ・スナップ・クリップ・ジョイナ） 6) ガスケット 7) シール材（4隅コーナ部）

施工管理法

②　アングルフランジ工法のダクトは，長辺が大きくなるほどたわみやすくなり，空気の脈動による振動・騒音が出やすいため，必要に応じて補強を入れる。しかし，接合用フランジの取付け間隔は長辺のサイズに関係なく，最大1820 mm である。　◀ よく出題される

(c)　**コーナボルト工法**（共板フランジ工法，スライドオン工法）

①　コーナボルト工法には，共板フランジダクトとスライドオンダクトがある。

②　コーナボルト工法のダクトは，四隅をボルト・ナットで締め，フランジ押え金具で接続する。　◀ よく出題される

③　低圧ダクトに用いるコーナボルト工法のダクトの板厚は，アングルフランジ工法と同じ厚さとする。　◀ よく出題される

    ☞ 令和4年度基礎的な能力問題として出題

④　保温を施すコーナボルト工法ダクトには，補強リブは不要である。

⑤　共板フランジダクトは，ダクトの端部を折曲げ成形してフランジとする。　◀ よく出題される

⑥　共板フランジ工法ダクトでは，クリップなどの押え金具は再利用しない。

⑦　共板フランジ工法ダクトの最大つり支持間隔は，アングルフランジ工法ダクトより短い。

表8・6にアングルフランジ工法ダクトとコーナボルト工法ダクトを示す。

(d)　**スパイラルダクト**

①　スパイラルダクトの接続は，小口径が差込み継手とし，継手，シール材，鋼製ビス，ダクト用テープ（二層）を使用する（図8・51）。

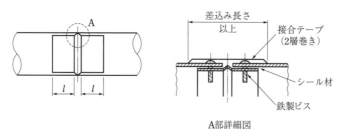

A部詳細図
図8・51　スパイラルダクトの差込み継手接合

②　スパイラルダクトは，保温を施さないダクトであっても，一般に補強を必要としない。　◀ よく出題される

    ☞ 令和4年度基礎的な能力問題として出題

(e)　**ダクト付属品**

①　シーリングディフューザ形吹出し口は，アネモスタット形吹出し口とも呼ばれ，誘引作用が大きく，気流分布に優れている。中コーンには，落下防止用のワイヤー等を取り付ける。

②　吹出し口を壁面に取り付ける場合は，天井のよごれを防ぐために天井と吹出し口上端との間隔は150 mm 以上とする。

誘引作用：吹出し口からの空気が周囲の空気を誘引し，しだいに風量を上げるとともに，速度を低下させて拡散させる作用。

③ 吹出し口を配置する際は，煙感知器と近接しないよう離隔距離を確保する。

④ 吹出口の配置は，吹き出し空気の拡散半径や到達距離を考慮して決定する。

⑤ 吹出し口ボックスとダクトとの接続は，取付け位置の微調整やダクトからの振動伝達防止にフレキシブルダクトを用いる。

⑥ フレキシブルダクトは，気密に，かつ，有効断面積を損なわないように取り付ける。

⑦ 吸込み口は，通常気流調整の必要がないため，固定ガラリとする。

⑧ 送風機の接続ダクトに設ける風量測定口は，送風機の吐出口の直径ではなく，気流が安定した，整流された直線部に設ける。 ◀ よく出題される

⑨ 風量測定口の数は，一般的に，取り付け位置のダクト長辺が300 mm 以下は1個，700 mm 以下は2個，700 mm を超える場合は3個とする。

> 令和4年度基礎的な能力問題として出題

⑩ 消音チャンバの消音材には，グラスウール保温材を内張りして使用する。ポリスチレンフォーム保温材は，通気性がなく，消音効果が低いので使用できない。 ◀ よく出題される

> 令和4年度基礎的な能力問題として出題

⑪ 定風量ユニット（CAV）や変風量ユニット（VAV）の上流側に，整流になるようダクトの直管部を設ける。ただし，厨房排気系統には使用しない。

⑫ 建物の外壁に設ける給排気ガラリの面風速は，騒音の発生や雨水の侵入を考慮して許容風速以下とする。

> 令和4年度基礎的な能力問題として出題

⑬ 外壁ガラリに接続するチャンバは，浸入した雨水を排除できるように勾配を設ける。

⑭ 風量調節ダンパには，多翼ダンパ，単翼ダンパがあり，原則として，気流の整流されたところに取り付ける。

(f) 防火区画

① 防火ダンパを天井内に設ける場合は，保守点検が容易に行える点検口を設ける（一般に450 mm ×450 mm）。 ◀ よく出題される

② 防火ダンパは，火災による脱落がないように，小形のものを除き，4本吊りとする。小形のものとは長方形ダンパが長辺300 mm 以下，円形ダンパが内径300 mm 以下とし，2本吊りとする。

> 令和4年度基礎的な能力問題として出題

③ 防火区画と防火ダンパの間のダクトは，厚さ1.5 mm 以上の鋼板製とする。 ◀ よく出題される

④ 防火区画貫通部のダクトと壁のすき間は，ロックウールなどの不燃材で埋める。 ◀ よく出題される

⑤ 一般空調・換気用防火ダンパのヒューズは，溶解温度72℃，厨房排気系統は120℃とする。 ◀ よく出題される

確認テスト〔正しいものには○，誤っているものには×をつけよ。〕

8・5・4 ダクト施工

□□(1) 送風機の吐出口直後におけるダクトの曲げ方向は，送風機の回転方向と逆の方向とした。

□□(2) エルボの内側半径は，ダクトの半径方向の幅の1/2以上とする。

□□(3) 長方形ダクトの板厚は，ダクトの周長により決定する。

□□(4) 浴室等の多湿箇所の排気ダクトは，継手及び継目の外側からシールを施す。

□□(5) アングルフランジ工法ダクトでは，ダクト長辺が大きくなると，接合用フランジの最大間隔を長くする。

□□(6) コーナボルト工法は，フランジ押え金具で接続するために，ボルト・ナットを必要としない。

□□(7) スパイラルダクトは，保温を施さないダクトであっても，一般に補強を必要としない。

□□(8) 風量測定口を設ける場合には，送風機の吐出し口直後に設ける。

□□(9) 消音エルボ・消音チャンバの消音材には，ポリスチレンフォーム保温材等を使用する。

□□(10) 防火ダンパを天井内に設ける場合は，保守点検が容易に行えるように天井点検口を設ける。

確認テスト解答・解説

8・5・4 ダクト施工

(1) ×：送風機の吐出口直後にダクトの曲げ方向を送風機の回転方向と逆の方向にすると，曲がり部に大きな渦流が生じて，騒音や振動の原因となる。したがって，送風機の吐出口から十分な距離をとり，送風機の回転方向に曲げることが必要である。

(2) ○

(3) ×：ダクトは，短辺より長辺のほうが弱いため，長方形ダクトの板厚は長辺の長さにより決定する。周長で決定するのではない。

(4) ○

(5) ×：接合用フランジの最大間隔はダクト長辺のサイズに関係なく最大1820 mm である。

(6) ×：コーナボルト工法の接合は，4隅をボルト・ナット締め付け，専用のフランジ押さえ金具を取り付ける。

(7) ○

(8) ×：送風機の吐出し口直後は乱流となっているので，正確な風量測定はできない。整流された部分，少なくとも送風機吐出し口から直線距離で，口径の6倍以上離れた位置に測定口を設けて計測する。

(9) ×：消音材は，通気性のあるグラスウールやロックウール材を内張りとして使用する。ポリスチレンフォーム等の通気性のないものは不適である。

(10) ○

施工管理法

8・5・5 保温・保冷・塗装

> **学習のポイント**
>
> 1. 保温・保冷材の特徴について理解する。
> 2. 保温施工法と塗装施工法について覚える。

（1） 保温・保冷材料

保温・保冷材料に関する注意事項のおもなものは，下記のとおりである。

① 保温の厚さは保温材の厚さとし，外装材および補助材の厚さは含まない。 ◀ よく出題される

② 熱間収縮温度は，ロックウール保温材が400～650℃，グラスウール保温材が250～400℃であり，ロックウール保温材は，グラスウール保温材より使用できる最高温度が高く，耐熱性に優れている。 ◀ よく出題される

熱間収縮温度とは，直径50 mm，厚み50～80 mmの寸法の断熱材料に対して約100 gの円板の重りを載せ，これを炉内で3℃／分で昇温した場合に断熱材料の厚みの収縮率が10％となった時の温度のことである。

③ グラスウール保温材は，密度により，24 K，32 K，40 K などに区分され，数値が大きいほど熱伝導率等が小さい。

④ ポリスチレンフォーム保温材とポリエチレンフォーム保温材は，ほとんど吸水・吸湿性がなく，グラスウール保温材やロックウール保温材に比べ，防湿性がよい。

⑤ ポリスチレンフォーム保温材やポリエチレンフォーム保温材は耐熱性がないので，蒸気管には使用できない。

⑥ 冷水・冷温水配管の保温工事でポリエチレンフィルムを巻く目的は，保温材への透湿を防ぐためである。保温材の脱落防止や保温効果の向上，仕上がりを良くするなどのためではない。 ◀ よく出題される

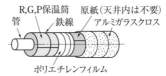

図 8・52 冷水・冷温水管保温施工の例

（管　R,G,P保温筒　鉄線　原紙（天井内は不要）　アルミガラスクロス　ポリエチレンフィルム）

（2） 施　工

施工に関する注意事項のおもなものは，下記のとおりである。

① 保温筒相互の間げきは，可能な限り少なくし，重ね部の継目は同一線上にならないようにずらして取り付ける。

② 横走り配管に取り付けた筒状保温材の抱合わせ目地は，管の垂直上下面を避け，管の横側に位置するようにする。

③ 保温筒は，鉄筋で巻き締め，きっ甲金網やアルミガラスクロステープで仕上げる。配管に直接鋲などを植えつけて取り付けることはしない。

④ 室内配管の保温見切り箇所には菊座を，また，分岐・曲がり部等にはバンドを取り付ける。

⑤ 立て管の場合，保湿外装材のテープ巻きは，配管の下方より上向き

に巻き上げる。

⑥　蒸気配管をローラ支持する場合，ローラ前後の保温材の下部を切り取る。

⑦　温水管の還り管は，保温が必要である。

⑧　給水配管および排水配管の地中またはコンクリート埋設部は，保温を行わない。

⑨　排水配管で，暗きょ内配管（ピット内を含む。）および屋外露出配管は，保温を行わなくてもよい。

⑩　防火区画を貫通する給排水管・冷温水管・ダクトの保温は，貫通する部分をロックウール保温材を使用し，貫通部の管と壁のすき間はモルタルまたはロックウール保温材で埋める。

⑪　ポンプ廻りの防振継手には，原則として保温を行わない。

⑫　配管の保温・保冷施工は，水圧試験の後で行う。　◀ よく出題される

⑬　冷水・冷温水配管の吊バンドの支持部は，合成樹脂製の支持受けとする。　◀ よく出題される

⑭　屋外及び多湿箇所の外装金属板の継目は，シーリング材によりシールを施す。

⑮　配管の床貫部は，保温材を保護するため，床面より150 mm 程度までステンレス鋼板などで被覆する。

（3）　塗装施工

塗装の主な目的は，材料面の保護のため防錆・防水・耐薬品性・耐久性を高めることである。

塗装施工に際しての注意事項は，下記のとおりである。

①　塗装は，乾燥しやすい場所で行い，溶剤による中毒を起こさないように十分な換気を行う。　◀ よく出題される

②　塗装場所の気温5℃以下，湿度が85％以上，換気が十分でなく結露する等，塗料の乾燥に不適当な場合は，原則として，塗装は行わない。外部の塗装は，降雨のおそれのある場合及び強風時には，原則として行ってはならない。

③　塗装の工程間隔時間は，材料の種類，気象条件等に応じて定める。

④　塗料は，原則として，調合された塗料をそのまま使用し，塗料の調合は工事現場で行わない。

⑤　塗装箇所周辺は，必要に応じて，あらかじめマスキングテープ等で養生する。

⑥　鋼管のねじ接合の余ねじ部やパイプレンチ跡には，切削油を拭き取ったうえで，防錆塗料を塗布する。　◀ よく出題される

⑦　亜鉛めっき面をもつ鋼管およびダクトの表面処理には，エッチングプライマなどの表面処理材で，必ず下地処理を行う。　◀ よく出題される

⑧　下塗り塗料は，一般的に，さび止めペイントとする。

⑨　合成樹脂調合ペイントは，一般的なダクトや配管の仕上げに使用される。　◀よく出題される

⑩　アルミニウムペイントは，耐水性，耐食性および耐熱性がよく，蒸気管や放熱器の塗装に使用される。　◀よく出題される

⑪　アルミニウム・ステンレス鋼面および防振ゴムなどのゴム部分は，一般に，塗装を行わない。

⑫　製作工場でさび止め塗装された機材の現場でのさび止め補修は，塗装のはく離した部分のみとしてよい。

⑬　JIS Z 9102に規定されている配管の識別表示は，表8・7のとおりである。　◀よく出題される

表8・7　安全色彩および配管識別

色彩の種類	管内物質
暗い赤	蒸気
薄い黄赤	電気
茶	油
薄い黄	ガス
青	水
白	空気

（4）防　　食

①　外面被覆されていない地中埋設された鋼管の電位は，コンクリート中の鉄筋の電位より低く，鋼管が鉄筋と電気的に接触するとマクロセルが形成され陽極側の地中埋設配管に電流が流れ，鋼管の腐食が促進される。

②　土中埋設配管の防食テープ巻きは，図8・53に示すように，配管本体にペトロラタム系防食テープを$\frac{1}{2}$重ねで巻き，その上に逆向きに防食用ビニルテープを巻いて仕上げる。

③　イオン化傾向が大きい金属ほど腐食しやすいので，鋼材は亜鉛で表面を被覆し，鋼材の腐食を防止している。イオン化傾向の大きい金属の順に，亜鉛，鋳鉄，炭素鋼，鉛，銅，ステンレス鋼である。

マクロセル腐食
　相対的に自然電位の卑な部分（陽極部 Anode）と貴な部分（陰極部 Cathode）が巨視的電池（マクロセル）を形成して，陰極部の腐食が促進されるもの。

施工管理法

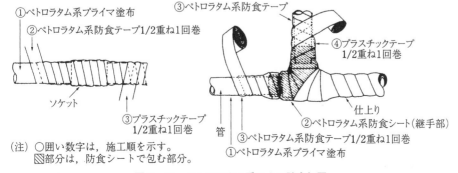

①ペトロラタム系プライマ塗布
②ペトロラタム系防食テープ1/2重ね1回巻
③ペトロラタム系防食テープ
④プラスチックテープ1/2重ね1回巻
ソケット
③プラスチックテープ1/2重ね1回巻
管
②ペトロラタム系防食シート（継手部）
③ペトロラタム系防食テープ1/2重ね1回巻
①ペトロラタム系プライマ塗布
仕上り

（注）○囲い数字は，施工順を示す。
　　　▨部分は，防食シートで包む部分。

図8・53　ペトロラタム系による防食処置

確認テスト〔正しいものには○，誤っているものには×をつけよ。〕

8・5・5　保温・保冷・塗装

□□(1)　ロックウール保温材は，グラスウール保温材に比べ，使用できる最高温度が低い。

□□(2)　冷温水配管の保温工事でポリエチレンフィルムを巻く目的は，保温材の脱落を防ぐためである。

□□(3)　給水および排水の地中またはコンクリート埋設配管は，保温を行わない。

□□(4)　保温の厚さとは，一般に保温材・外装材・補助材の各々の厚さを合計したものである。

□□(5)　保温筒を用いた施工では，保温筒相互の間げきは少なくして重ね部の継目が同一線上になるように取り付ける。

□□(6)　機器まわり配管の保温・保冷工事は，水圧試験後に行う。

□□(7)　立て管の保温外装材のテープ巻きは，上部より下部に向かって行う。

□□(8)　合成樹脂調合ペイントは，ダクトや配管の仕上げに使用される。

□□(9)　JIS に規定されている配管の識別表示において，油は白である。

□□(10)　鋼管の亜鉛めっき面に塗装を行う場合は，エッチングプライマーを下地処理として使用する。

確認テスト解答・解説

8・5・5　保温・保冷・塗装

(1)　×：ロックウール保温材の熱間収縮温度は400〜650℃，グラスウール保温材の熱間収縮温度は250〜400℃で，ロックウール保温材のほうが最高使用温度は高い。

(2)　×：冷温水配管の保温工事でポリエチレンフィルムを巻く目的は，保温材への透湿を防ぐためである。

(3)　○

(4)　×：保温の厚さとは保温材本体の厚さをいい，外装材・補助材の厚さは含めない。

(5)　×：保温筒の重ね部の継目が同一線上になると，その部分の保温効果が減少するので，継目は同一線上にならないようにずらして取り付ける。

(6)　○

(7)　×：上方から巻くとテープの合わせ目が上になるために，ほこりが付着して合わせ目を広げることになるとともに，テープがずり下がる原因となる。下方より上向きに巻き上げる。

(8)　○

(9)　×：油は茶色である。白は空気を表している。

(10)　○

8・5・6 試験・検査・試運転調整

　試運転調整に必要な図書等としては，設計図書，施工計画書，施工図，単体試運転調整記録などである（完了検査済証は関係がない）。

（1）　**配管等の試験方法**

①　給水・給湯，冷温水・冷却水，蒸気配管，排水ポンプの吐出し管等は，水圧試験を行う。

②　自然流下の排水設備の試験として，満水試験，煙試験，通水試験等が採用される。配管系全体としての水圧試験の必要はない。　◀よく出題される

③　浄化槽は，満水試験を行う。

④　組立後の受水タンクは，満水試験を行う。

⑤　油配管は，乾燥空気等による気密試験を行う。

⑥　機器接続前の冷媒管は，窒素ガスによる気密試験を行う。

⑦　ガス配管は，空気や窒素などの不活性ガスによる気密試験を行う。

（2）　**主要機器の試運転調整**

(a)　**渦巻ポンプ**

①　定規等を用いて，カップリングの水平度を確認する。

②　軸受の注油を確認する。

③　ポンプを手回しして回転むらがないか，グランドパッキンを締めすぎていないかを点検する。

④　呼び水じょうごより注水し，空気抜きをして満水にする。または，開放式膨張タンク等から注水し，機器，配管系の空気抜きを行う。

⑤　瞬時運転して回転方向を確認する。

⑥　吸込み側の弁を全開にし，吐出し弁を閉めて起動し，吐出し弁を徐々に開いて，電流値と性能曲線より規定水量に調整する。　◀よく出題される

⑦　メカニカルシール部からの漏水がないことを確認する。

⑧　グランドパッキンは，適度の水滴が落下していることを確認する。

⑨　軸受温度が，周囲空気温度より40℃以上高くないことを確認する。

⑩　異常音・異常振動がないかを点検する。

⑪　キャビテーションやサージング現象が起きていないことを確認する。

(b)　**多翼送風機**

①　Vベルトの張りを確認する。Vベルトを指で押したとき，ベルト　◀よく出題される

　の厚さ程度たわむこと。

② 手で回して，羽根と内部に異常がないことを確認する。

③ 手元スイッチで瞬時運転を行い，回転方向を確認し，逆回転の場　　　◀ よく出題される
　合は，結線を入れ替える。

④ 風量調整ダンパ（吐出しダンパ）が全閉となっていることを確認
　してから，吐出しダンパを全閉して起動し，吐出しダンパを徐々に　　　◀ よく出題される
　開いて，規定風量に調整する。

⑤ 風量測定口がない場合の風量調整は，試験成績表の電流値を参考
　にする。

⑥ 軸受温度が，周囲空気との温度差を確認する。　　　　　　　　　　温度差は40℃未満とする。

⑦ 異常音・異常振動がないかを点検する。

(c)　マルチパッケージ形空気調和機

　試運転前に，屋外機と屋内機の間の電気配線及び冷媒配管の接続について確認する。

（3）各種測定

(a)　圧力測定

① ガス栓の供給圧測定は，マノメータで行う。

② 空調機やダクト内の圧力は，マノメータで測定する。

(b)　風量測定

① 風量は，熱線風速計等で測定する。

② 風量を熱線風速計で測定する場合は，受感部を風向に対して直角
　に当てる。

③ ダクト内の風量測定は，偏流が起こらない直管部分にて行い，ダ
　クトを等断面積に区分し，各中心風速を測定し，全体の平均を求め，
　これに断面積を乗じて風量を求める。

④ シーリングディフューザの吹出し風速測定は，ホッパを用いる。

⑤ 吹出口の風量は，シャッタを全開にし，徐々に絞って調整する。

(c)　騒音測定

① 騒音は，騒音計で測定する。

② 冷却塔の騒音測定は，最も近い敷地境界線上で行う。　　　　　　　◀ よく出題される

(d)　温湿度測定

① 温湿度は，アスマン通風乾湿計で測定する。

(e)　その他の測定

① 残留塩素の濃度測定は，高置タンクあるいは直送ポンプから最も　　　◀ よく出題される
　遠い末端の給水栓で行う。

② 二酸化炭素濃度は，検知管で測定する。

③ 石油等の流量は，容積流量計で測定する。

④ 室内気流は，熱線風速計やカタ温度計で測定する。

確認テスト〔正しいものには○，誤っているものには×をつけよ。〕

8・5・6　試運転調整

□□(1)　自然流下の排水設備の試験として，水圧試験がある。

□□(2)　油配管の試験方法は，水圧試験で行う。

□□(3)　冷媒配管の試験方法は，水圧試験で行う。

□□(4)　渦巻ポンプは，グランドパッキン部から漏水していないことを確認する。

□□(5)　送風機は，吐出しダンパを全開にしてから起動し，その後，規定風量に吐出しダンパを絞っていく。

□□(6)　風量は，熱線風速計で測定する。

□□(7)　高置タンク方式の給水設備における残留塩素の測定は，高置タンクに最も近い水栓で行う。

確認テスト解答・解説

8・5・6　試運転調整

(1)　×：自然流下の排水設備では，管系全体としての水圧試験の必要はなく，満水試験・煙試験・通水試験等が採用される。

(2)　×：試験に使用した水が抜けない場合，油に水が混入するため，水圧試験は行わず，空気圧試験とする。

(3)　×：冷媒に，空気・水蒸気等が混入すると，冷凍能力が低下するため，冷媒配管接続後，装置全体として窒素ガス・炭酸ガスまたは乾燥空気を用いて気密試験を行う。

(4)　×：グランドパッキンは締め付けすぎると，パッキンの摩耗を速めたり，シャフトを傷めるため，グランドパッキン部から水が滴下する程度に締め付ける。一方，メカニカルシールの場合は，ほとんど漏水がない機構となっている。

(5)　×：吐出しダンパを全開にして起動すると，ダクト系の抵抗が小さい場合には，規定風量以上になり，オーバーロードとなる。そのために，吐出しダンパは，全閉として起動し，徐々に開きながら，規定風量に調整する。

(6)　○

(7)　×：高置タンク方式の給水設備における残留塩素の測定は，高置タンクに最も遠い水栓で行う。

第9章　関連法規

関連法規の出題傾向

　第9章からは10問出題されて，8問を選択する。

9・1　労働安全衛生法

　4年度前期は，労働安全衛生管理に関して出題されている。4年度後期は，建設工事の作業所における安全衛生管理に関して出題された。

9・2　労働基準法

　4年度前期は，労働条件に関して出題されている。4年度後期は，災害補償に関して出題された。

9・3　建築基準法

　4年度前期は，建築の用語，建築物に設ける飲料用タンクに関して各1問出題されている。4年度後期は，建築物の各種算定方法，居室の空気環境基準に関してが，各1問出題された。

9・4　建設業法

　4年度前期は，建設業法上の用語の定義，建設業の許可に関する全般の各1問出題されている。4年度後期は，現場に置く主任技術者等，請負契約についてが，各1問出題された。

9・5　消防法

　4年度前期は，届出書等とその届出者の組合せに関するものが出題された。4年度後期は，消防の用に供する設備に関して出題されている。

9・6　廃棄物の処理及び清掃に関する法律（廃棄物処理法）

　4年度前期は，廃棄物の処理に関するものが出題された。4年度後期も，廃棄物の処理に関するものが出題された。

9・7　建設工事に係る資材の再資源化に関する法律（建設リサイクル法）

　4年度前期は，出題がなかった。4年度後期は，特定建築資材に関して出題されている。

9・8　その他の法律

　4年度前期は，フロン類の使用の合理化及び管理の適正化に関する法律，浄化槽法について各1問出題された。4年度後期は，騒音規制法に関して出題されている。

関連法規

9・1 労働安全衛生法

1. 事業場の規模により，選任すべき管理者の名称について覚える。
2. 作業主任者の選任すべき作業について覚える。
3. 8・4安全管理もあわせて確認し，理解する。

9・1・1　安全管理体制

（1）　安全管理体制

　図9・1，図9・2に，常時50人以上および10人以上50人未満の労働者を使用する単一事業場の安全管理体制を示す。また，図9・3に，下請企業を含めて，常時50人以上の労働者のいる工事現場の安全管理体制を示す。

（2）　各事業場の管理者と業務

　表9・1に単一事業場の管理者と業務を，表9・2に下請混在事業場の管理者と業務の内容を示す。

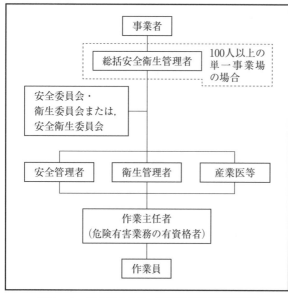

図9・1　50人以上の単一事業場の安全管理体制

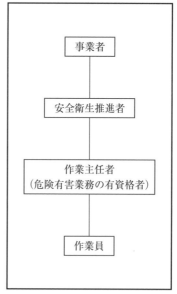

図9・2　10人以上50人未満の単一事業場の安全管理体制

関連法規

　単一事業場の事業者は，労働者の数が<u>常時50人以上</u>の事業場においては，安全管理者を選任し，その者に安全にかかる技術的事項を管理させなければならない。

　また，労働者の数が<u>常時10人以上50人未満</u>の事業場においては，安全衛生推進者を選任しなければならない。　　　　　　　◀ よく出題される

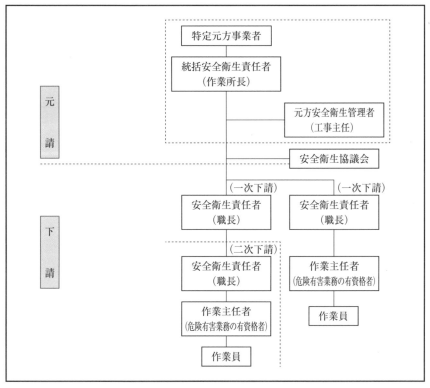

図9・3　50人以上の下請混在事業場の安全管理体制

　また，常時10人以上50人未満の労働者のいる単一事業場は，安全衛生推進者が安全と衛生の業務を担当することが定められている。

表9・1　単一事業場の管理者と業務

項目／管理者	選任者	事業場の規模	選任までの期間	業 務 の 内 容
総括安全衛生管理者	事業者	常時100人以上	14日以内	1. 安全管理者・衛生管理者の指揮 2. 危険または健康障害防止の措置 3. 安全・衛生教育 4. 健康診断等，健康保持推進措置 5. 労働災害原因調査・防止対策 6. 安全衛生方針の表明 7. 危険・有害性調査および対策処置 8. 安全衛生計画の作成・改善

関連法規

安全管理者	常時50人以上		1. 作業場の巡視 2. 労働者の危険防止 3. 安全教育 4. 労働災害再発防止等
衛生管理者			1. 作業場の定期巡視（毎週1回） 2. 健康障害防止 3. 衛生教育 4. 健康診断等，健康管理
産業医			1. 健康診断の実施・結果の処置 2. 作業環境の維持管理 3. 作業の管理・健康管理 4. 健康の教育・相談・保持増進 5. 衛生教育 6. 健康障害の原因調査・再発防止 7. 作業場の定期巡視
安全衛生推進者	常時10人以上50人未満		1. 安全と衛生の業務を担当 2. 危険または健康障害防止の措置 3. 安全・衛生教育 4. 健康診断等，健康保持増進措置 5. 労働災害原因調査・防止対策 6. 安全衛生方針の表明 7. 危険・有害性調査と対策処置 8. 安全衛生計画の作成・改善
作業主任者	—	—	当該作業に従事する労働者の指揮，その他

表9・2　下請混在事業場の管理者と業務

管理者 ＼ 項目	選任者	事業場の規模	選任までの期間	業務の内容
統括安全衛生責任者	特定元方事業者	常時50人以上（ずい道建設または圧気工法による作業は30人以上）	遅滞なく	元方安全衛生管理者の指揮，特定元方事業者と関係請負人との労働者が同一の場所で作業を行うことによる労働災害防止のための下請の各事項を統括管理 以下は統括安全衛生責任者に統括管理をさせて行う業務である。 1. 協議組織の設置・運営 2. 作業間の連絡・調整 3. 作業場所の巡視（作業日に少なくとも1回） 4. 関係請負人が行う安全衛生教育の指導・援助 5. 工程および機械・設備の配置計画 6. 労働災害防止 上記各項の技術的事項の管理
元方安全衛生管理者				

安全衛生責任者	特定元方事業者以外の関係請負人		1. 統括安全衛生責任者との連絡および受けた連絡事項を関係者へ連絡 2. 統括安全衛生責任者からの連絡事項の実施について管理 3. 請負人が作成する作業計画等を統括安全衛生責任者と調整 4. 混在作業による危険の有無確認 5. 請負人が仕事の一部を下請けさせる場合，下請けの安全衛生責任者と連絡調整
店社安全衛生管理者	元方事業者	S造またはSRC造の作業場は常時20人（その他は50人）※統括安全衛生責任者を選任している事業場は除く。	1. 現場の巡視（毎月1回） 2. 工事の実施状況の把握 3. 協議組織の随時参加 4. 統括安全衛生責任者との連絡，および受けた連絡事項の関係者への周知

9・1・2 労働者の就業に当たっての措置

（1）雇入れ，作業内容を変更したときの安全衛生教育

労働者を雇い入れたとき，または作業内容を変更したときは，労働者に対して，次の安全または衛生のための教育を行う。

① 機械・原材料などの危険性，有害性とこれらの取扱い方法

② 安全装置・保護具の性能と取扱い方法

③ 作業手順

④ 作業開始時の点検

⑤ 発生するおそれのある疾病の原因と予防

⑥ 整理整頓と清潔の保持

⑦ 事故発生時における応急措置と退避

⑧ 上記以外の安全衛生に必要な事項

（2）特別教育を必要とする業務

事業者は，危険なまたは有害な業務をさせる場合は，安全または衛生のための特別な教育を行う。特別教育を必要とするおもな業務は，次のとおりである。

① 研削といしの取替えまたは取替え時の試運転の業務

② アーク溶接機を用いて行う金属の溶接・溶断等の業務

③ 作業床の高さが10m未満の高所作業車の運転の業務

④ 小型ボイラの取扱いの業務

⑤ つり上げ荷重が5t未満のクレーンの運転の業務

関連法規

⑥　つり上げ荷重が1t未満の移動式クレーンの運転業務

⑦　つり上げ荷重が5t未満のデリックの運転業務

⑧　建設リフトの運転業務

⑨　つり上げ荷重が1t未満のクレーン，移動式クレーンまたはデリックの玉掛けの業務

⑩　ゴンドラの操作の業務

⑪　酸素欠乏危険場所における作業に係る業務

⑫　足場の組立て，解体又は変更の作業に係る業務

⑬　石綿等使用建築物の解体等の作業に係る業務

（3）　職長等の安全衛生教育

　事業者は，新たに職務に就くことになった職長その他の作業中の労働者を直接指導または監督する者に対し，次の事項について省令に定めるところにより，安全または衛生のための教育を行う。

①　作業手順の定め方

②　労働者の適正な配置の方法

③　指導および教育の方法

④　作業中における監督および指示の方法

⑤　危険性又は有害性等の調整の方法

⑥　危険性又は有害性等の調整の結果に基づき講ずる措置

⑦　設備，作業等の具体的な改善の方法

⑧　異常時における措置

⑨　災害発生時における措置

⑩　作業に係る設備及び作業場所の保守管理の方法

⑪　労働災害防止についての関心の保持及び労働者の創意工夫を引き出す方法

（4）　作業主任者を選任すべき作業周知

　事業者は，高圧室内作業その他の労働災害を防止するための管理を必要とする作業で，政令で定めるものについては，都道府県労働局長の免許を受けた者または都道府県労働局長の登録を受けた者が行う技能講習を修了した者のうちから，厚生労働省令で定めるところにより，当該作業の区分に応じて，作業主任者を選任し，その者に当該作業に従事する労働者の指揮その他の厚生労働省令で定める事項を行わせなければならない。　　　◀ よく出題される

　次の作業は，作業主任者を選任する必要がない。

①　小型ボイラー取り扱い作業

②　アーク溶接・溶断作業

③　移動式クレーンの玉掛け作業

表9・3 作業主任者を選任すべき業務

	作業の区分	名　　称	資格を有する者
①	ボイラー（小型ボイラーを除く。）の取扱いの作業	ボイラー取扱作業主任者	ボイラー技士免許を受けた者
②	掘削面の高さが2m以上となる地山の掘削の作業	地山の掘削作業主任者	地山の掘削および土止め支保工作業主任者技能講習を修了した者
③	土止め支保工の切り梁または腹起こしの取付けまたは取はずしの作業	土止め支保工作業主任者	地山の掘削および土止め支保工作業主任者技能講習を修了した者
④	型枠支保工の組立てまたは解体の作業	型枠支保工の組立て等作業主任者	型枠支保工の組立て等作業主任者技能講習を修了した者
⑤	つり足場（ゴンドラのつり足場を除く。），張出し足場または高さが5m以上の構造の足場の組立て・解体または変更の作業	足場の組立て等作業主任者	足場の組立て等作業主任者技能講習を修了した者
⑥	令別表第6に掲げる酸素欠乏危険場所における作業（汚水槽内，床下ピットの作業など）	酸素欠乏危険作業主任者	酸素欠乏危険作業主任者技能講習または酸素欠乏・硫化水素危険作業主任者技能講習を修了した者
⑦	石綿もしくは石綿をその重量の0.1%を超えて含有する製剤その他の物を取り扱う作業	石綿作業主任者	石綿作業主任者技能講習を終了した者
⑧	アセチレン溶接装置又はガス集合溶接装置を用いて行う金属の溶接・溶断又は加熱の作業	ガス溶接作業主任者	ガス溶接作業主任者の免許を受けた者

（5）就業制限に係る業務

　事業者は，クレーンの運転その他の業務で，政令で定めるものについては，都道府県労働局長の当該業務に係る免許を受けた者または都道府県労

表9・4 就業制限に係る業務

	業務の区分	業務に就くことができる者
①	ボイラー（小型ボイラーを除く。）の取扱いの業務	・特級〜2級ボイラー技士免許を受けた者 ・ボイラー取扱技能講習を修了した者
②	吊り上げ荷重が5t以上のクレーン（跨線テルハは除く。）の運転の業務	・クレーン運転士免許を受けた者（床上操作式のクレーンでは，技能講習でも可）
③	移動式クレーンの運転の業務（吊り上げ荷重が5t以上のもの）	・移動式クレーン運転士免許を受けた者
④	移動式クレーンの運転の業務（吊り上げ荷重が1t以上5t未満のもの）	・移動式クレーン運転士免許を受けた者 ・小型移動式クレーン運転技能講習を修了した者
⑤	吊り上げ荷重が5t以上のデリックの運転の業務	・クレーン・デリック運転士免許を受けた者
⑥	可燃性ガスおよび酸素を用いて行う金属の溶接・溶断または加熱の業務	・ガス溶接作業主任者免許を受けた者 ・ガス溶接技能講習を修了した者 ・その他厚生労働大臣が定める者
⑦	作業床の高さが10m以上の高所作業車の運転の業務	・高所作業車運転技能講習を修了した者 ・その他厚生労働大臣が定める者
⑧	制限荷重が1t以上の揚貨装置または吊り上げ荷重が1t以上のクレーン，移動式クレーンもしくはデリックの玉掛けの業務	・玉掛け技能講習を修了した者 ・職業能力開発促進法による一定の訓練等を修了した者 ・その他厚生労働大臣が定める者

関連法規

働局長の登録を受けた者が行う当該業務に係る技能講習を修了した者その他厚生労働省令で定める資格を有する者でなければ，当該業務に就かせてはならない。

　車両重量（機体重量）が3トン以上のクレーン機能付油圧ショベルで掘削作業を行う場合，車輌系建設機械の運転業務に係る技能講習終了者等の有資格者が行わなければならない。

　また，クレーン機能を利用してのつり上げ荷重に応じた移動式クレーン運転の有資格者が行うとともに，つり上げ荷重に応じた玉掛け作業の有資格者が行わなければならない。

機体重量：ショベル等の作業装置や燃料，油，冷却水を除いた重量

9・1・3　墜落等現場における危険防止

　墜落等による危険防止として，労働安全衛生規則には，次のように規定されている。

① 　高さが2m以上の箇所（作業床の端，開口部等を除く）で作業を行う場合，墜落を防止するために，足場を組み立てる等の方法により，作業床を設けなければならない。

　　作業床を設けることが困難なときは，防網を張り，労働者に要求性能墜落制止用器具を使用させる等墜落防止の措置を講じなければならない。

② 　高さが2m以上の箇所で作業を行う場合，労働者に要求性能墜落制止用器具を使用させるときは，要求性能墜落制止用器具を安全に取り付けるための設備等を設けなければならない。

　　また，要求性能墜落制止用器具とその取り付ける設備の異常の有無について，随時定検しなければならない。

③ 　高さが2m以上の箇所で作業を行う場合には，そのほかに悪天候時の作業禁止，安全な照度の保持等の措置を行わなければならない。

④ 　高さが1.5mを超える箇所で作業を行うときは，昇降設備を設けなければならない。

⑤ 　移動はしごの安全な使用については，幅が30cm以上，すべり止め装置の取付けの措置を講ずる。

⑥ 　脚立の安全な使用については，脚と水平面との角度を75度以下とし，折りたたみ式は脚と水平面との角度を確実に保つための金具等を備える。

⑦ 　つり足場の上で，脚立，はしご等を用いた作業は禁止されている。

⑧ 　事業者は，可燃性ガス及び酸素を用いて行う金属の溶接，溶断又は加熱の業務に使用するガス等の容器の温度を40度以下に保たなければならない。

関連法規

⑨　ボール盤，面取り盤等を使用する作業において，手の滑りを防止するため，手袋を労働者に着用させてはならない。滑り止めを施した手袋でも着用してはならない。

⑩　明り掘削の作業において，運搬機械が転落するおそれがある場合，誘導者を配置して機械を誘導させなければならない。

⑪　明り掘削の作業において，物体の飛来又は落下による危険を防止するため，保護帽を労働者に着用させなければならない。

⑫　事業者は，最大積載量が5トン以上の貨物自動車に荷を積むまたは荷を卸す作業を行うときは，床面と荷台上の荷の上面との間を安全に昇降するための設備を設けなければならない。

⑬　事業者は，労働者に危険を及ぼすおそれのないときを除き，フォークリフトを荷のつり上げの用途に使用してはならない。

⑭　事業者は，高所作業車を用いて作業（道路上の走行の作業を除く。）を行うときは，あらかじめ，作業法を示した作業計画を定めなければならない。

9・1・4　酸素欠乏危険作業

①　酸素欠乏危険場所は，下記をいう。（令別表第6より）
- ・ケーブル，ガス管その他地下に敷設される物を収容するための暗きょ，マンホール又はピットの内部
- ・し尿，腐泥，汚水，パルプ液その他腐敗し，又は分解しやすい物質を入れてあり，又は入れたことのあるタンク，船倉，槽，管，暗きょ，マンホール，溝又はピットの内部

②　酸素欠乏とは，空気中の酸素の濃度が18%未満である状態をいう。

③　事業者は，酸素欠乏危険作業に労働者を従事させる場合は，当該作業を行う場所の空気中の酸素の濃度を18%以上に保つように換気しなければならない。

④　事業者は，酸素欠乏危険作業に就かせるとき，労働者に特別の教育を行わなければならない。

⑤　事業者は，労働者を酸素欠乏危険作業を行う場所に入場及び退場させるときに，人員を点検しなければならない。

⑥　事業者は，し尿を入れたことのあるタンクの内部での作業に労働者を従事させる場合は，その日の作業を開始する前に，当該作業場における空気中の酸素及び硫化水素の濃度の測定を行ったときは，そのつど，所定の事項を記録して，これを3年間保存しなければならない。

確認テスト〔正しいものには○，誤っているものには×をつけよ。〕

□□(1)　労働者の数が常時50人以上の事業場において，安全衛生推進者を選任し，その者に安全にかかる技術的事項を管理させなければならない。

□□(2)　小型ボイラの取扱い作業は，作業主任者の選任が必要である。

□□(3)　掘削面の高さが1.5mとなる地山の掘削作業には，作業主任者の選任が必要である。

□□(4)　事業者は，つり上げ荷重が1トン以上5トン未満の移動式クレーンの運転の業務を，都道府県労働局長の登録を受けた者が行う当該業務に係る特別の教育を修了した者にさせた。

□□(5)　酸素欠乏危険作業において，酸素欠乏とは，空気中の酸素の濃度が20％未満である状態をいう。

確認テスト解答・解説

(1)　×：選任すべきは，安全衛生管理者である。安全衛生推進者の選任は10人以上50人未満の事業所である。
(2)　×：ボイラ取扱作業主任者を選任すべき作業から，小型ボイラの取扱い作業は除かれている。
(3)　×：作業主任者の選任が必要な作業は，掘削面の高さが2m以上となる地山の掘削の作業である。
(4)　×：特別の教育ではなく，技能講習である。
(5)　×：酸素欠乏とは，空気中の酸素の濃度が18％未満である状態をいう。

9・2 労働基準法

学習のポイント

1. 労働者の労働時間，休憩時間，休日，有給休暇の日数について覚える。
2. 年少者についての使用者，親権者または後見人の義務と制限事項について覚える。

9・2・1 労働条件の基本

労働条件は，労働者が人たるに値する生活を営むための必要を充たすべきものでなければならない。また，労働条件の基準は最低のものであるから，労働関係の当事者は，この基準を理由として労働条件を低下してはならなく，差別的取扱いをしない均等待遇，男女同一賃金の原則がとり決められている。

（1） 労働条件の決定

労働条件は，労働者と使用者が対等の立場において決定すべきものであり，労働者および使用者は，労働契約，就業規則および労働協約を遵守し，誠実に各々その義務を履行しなければならない。

（2） 男女同一賃金の原則

使用者は，労働者が女性であることを理由として，賃金について，男性と差別的取扱いをしてはならない。

9・2・2 労働契約

使用者と労働者が対等な立場で決定した労働契約であっても，労働基準法に定める基準に達しない労働条件の部分については無効である。

使用者は，労働契約の締結に際し，労働者に対して賃金，労働時間その他の労働条件を明示しなければならない。明示する主な労働条件は次のとおりであり，明示された労働条件と事実が相違する場合，労働者は即時に労働契約を解除することができる。

① 労働契約の期間
② 就業の場所及び従事すべき業務
③ 始業及び終業の時刻，所定労働時間を超える労働の有無，休憩時間，
　 休日，休暇など

関連法規

④　賃金の決定，計算及び支払の方法，支払の時期

　　（なお，福利厚生施設の利用に関する事項は，使用者が労働者に対して明示しなければならない労働条件ではない。）

9・2・3　賃　　金

（1）　賃金支払いの 5 原則

賃金とは，賃金，給料，手当，賞与などをいう。

①　毎月 1 回以上の支払い
②　一定の支払日（第 4 金曜日支払いは違反）
③　<u>通貨支払い</u>（銀行振出し小切手は不可）
④　全額支払い
⑤　直接労働者への支払い

（2）　時間外労働

労働時間外の労働には，通常の労働時間の賃金の計算額の 2 割 5 分増の率で計算した割増賃金を支払わなければならない。ただし，深夜労働または法に定める休日の労働ではなく，かつ，延長して労働させた時間が 1 箇月について60時間を超えないものとする。

（3）　休 日 労 働

休日労働に対する賃金は 3 割 5 分増しとし，また，休日の労働時間が午後10時から午前 5 時までの間に及ぶ場合は，その労働時間については，6割増以上の割増賃金を支払う。

（4）　休 業 手 当

使用者の責任とされるような事由によって休業する場合には，使用者は，休業期間中，平均賃金の 6 割以上の手当を支払わなければならない。

9・2・4　労働時間，休憩等

（1）　労 働 時 間

使用者は，労働者に休憩時間を除き，1 日について 8 時間，<u>1 週間について40時間を超えて労働させてはならない。</u>

（2）　休 憩 時 間

労働時間が<u>6 時間を超えるときは45分，8 時間を超えるときは 1 時間</u>の休憩時間を労働時間の途中に一斉に与えなければならない。また，休憩時間は自由に利用させなければならない。

◀ よく出題される

（3） 休　　日

毎週1回，または4週間に4日以上与えなければならない。　　◀ よく出題される

（4） 有 給 休 暇

使用者は，その雇入れの日から起算して6箇月間継続勤務し，全労働日の8割以上出勤した労働者に対して，継続し，または分割した10労働日の有給休暇を与えなければならない。

9・2・5 年 少 者

（1） 年少労働者

使用者は，児童が満15歳に達した日以後の最初の3月31日が終了するまで，使用してはならない。

（2） 年少者の証明

使用者は，満18歳に満たない者を午後10時から午前5時までの間において使用してはならない。また，その年齢を証明する戸籍証明書を事業場に備え付けなければならない。

（3） 未成年者の労働契約

親権者または後見人は，未成年者に代わって労働契約を締結してはならない。（親権者，後見人，行政官庁は，労働契約が未成年者に不利と認める場合には，将来に向って解除できる。）　　◀ よく出題される

（4） 未成年者の賃金の請求

独立して，賃金を請求することができる。

親権者または後見人は，未成年者の賃金を代わって受け取ってはならない。　　◀ よく出題される

（5） 年少者の就業制限

使用者は，満18歳に満たない者に，運転中の機械もしくは動力伝導装置の危険な部分の掃除，注油，検査もしくは修繕をさせ，運転中の機械もしくは動力伝導装置にベルトもしくはロープの取付けもしくは取りはずしをさせ，動力によるクレーンの運転をさせ，その他省令で定める危険な業務に就かせ，また，省令で定める重量物を取り扱う業務に就かせてはならない。

（6） 年少者の就業制限の業務範囲

① ボイラ（小型ボイラを除く。）の取扱いの業務

② クレーン・デリックまたは揚貨装置の運転の業務

③ 最大荷重2t以上の人荷共用エレベータの運転の業務

④ 動力により駆動される巻上げ機（電気ホイストおよびエアホイストを除く。），運搬機または索道の運転の業務

関連法規

⑤　クレーン・デリックまたは揚貨装置の玉掛けの業務（2人以上の者によって行う玉掛けの業務における補助作業の業務を除く。）

⑥　動力により駆動される土木建築用機材等の運転の業務

⑦　土砂が崩壊するおそれのある場所または深さが5m以上の地穴における業務

⑧　高さが5m以上で，墜落により労働者が危害を受けるおそれのある場所における業務

⑨　足場の組立て・解体または変更の業務（地上または床上における補助作業の業務を除く。）

9・2・6　災害補償

（1）　療養補償

労働者が業務上負傷し，または疾病にかかった場合においては，使用者は，その費用で必要な療養を行い，または必要な療養の費用を負担しなければならない。

（2）　休業補償

労働者が業務上の負傷または疾病による療養のため，労働することができないために賃金を受けない場合においては，使用者は，労働者の療養中，平均賃金の6割の休業補償を行わなければならない。

（3）　障害補償

労働者が業務上負傷し，または疾病にかかり，治った場合において，その身体に障害が存するときは，使用者は，その障害の程度に応じて障害補償を行わなければならない。

（4）　休業補償および障害補償の例外

労働者の重大な過失による業務上の負傷の場合，その過失が認定されれば，休業または障害補償を行わなくてもよい。

（5）　遺族補償

労働者が業務上死亡した場合は，使用者は，遺族に対して，平均賃金の1,000日分の遺族補償を行わなければならない。

（6）　打切り補償

業務上の負傷または疾病によって補償を受ける労働者が，療養開始後3年を経過しても負傷または疾病が治らない場合においては，使用者は，平均賃金の1,200日分の打切り補償を行い，その後は「労働基準法」の規定による補償を行わなくてもよい。

関連法規

9・2・7　就業規則

（1）　就業規則の作成および届出の義務

　常時10人以上の労働者を使用する使用者は就業規則を作成し，行政官庁に届け出る。

（2）　就業規則の内容

　①　始業・終業の時刻，休憩，休日，休暇，交代制，賃金の計算方法・支払い方法・締切り日，解雇・退職など。

　②　その他，一定の基準を設定する場合にその記載を必要とする事項として，退職金，安全衛生，職業訓練，災害補償，傷病補償，表彰および制裁など。

9・2・8　雑　　　則

（1）　法令規則の周知義務

　使用者は，この法律および命令の要旨，並びに就業規則を，常時各作業場の見やすい場所に掲示し，または備え付ける等によって，労働者に周知させなければならない。

（2）　労働者名簿

　使用者は，各事業所に労働者名簿を，各労働者について調製し，労働者の氏名，生年月日，履歴その他の事項を記入しなければならない。

（3）　労働者名簿の記載事項

　①　氏名　②　生年月日　③　性別　④　住所　⑤　従事する業務の種類　⑥　雇入の年月日　⑦　退職の年月日及びその事由（退職の事由が解雇の場合には，その理由）　⑧　死亡の年月日及びその原因

　なお，戸籍は記載不要である。

（4）　賃金台帳

　使用者は，各事業所に賃金台帳を調製し，賃金計算の基礎となる事項および賃金の額その他の事項を賃金支払いの都度遅滞なく記入しなければならない。

（5）　賃金台帳の記載事項

　①氏名　②性別　③賃金計算期間　④労働日数　⑤労働時間数　⑥残業時間数，休日労働時間数および深夜労働時間数　⑦基本給，手当その他賃金の種類ごとにその額　⑧控除した場合はその金額（⑨年齢は記載不要）

（6）　記録の保存

　使用者は，労働者名簿，賃金台帳および雇入れ，解雇，災害補償，賃金その他労働関係に関する重要な書類を３年間保存しなければならない。

関連法規

確認テスト〔正しいものには○，誤っているものには×をつけよ。〕

□□(1)　労働時間が8時間を超える場合は，少なくとも45分の休憩時間を与えなければならない。

□□(2)　使用者は，雇入れの日から起算して6箇月間継続勤務し，全労働日の8割以上出勤した労働者に対して，継続し，または分割した8労働日の有給休暇を与えなければならない。

□□(3)　使用者は労働者に対して毎週1回又は，4週間で4日以上の休日を与えなければならない。

□□(4)　親権者又は後見人は，未成年者に代わって賃金を受け取ってはならない。

□□(5)　クレーンの玉掛けの業務を2人以上で行う場合の補助作業の業務は，満18歳未満の者に就かせることができない業務である。

確認テスト解答・解説

(1)　×：使用者は，労働時間が6時間を超える場合においては少なくとも45分，8時間を超える場合においては少なくとも1時間の休憩時間を労働時間の途中に与えなければならない。

(2)　×：10労働日の有給休暇を与えなければならない。

(3)　○

(4)　○

(5)　×：クレーンの玉掛け業務を2人以上で行う場合の補助作業の業務は，満18歳未満でも就かせることができる。

9·3 建築基準法

1. 建築基準法の用語の定義について覚える。
2. 建築物に該当する事項について覚える。
3. 空気調和設備の室内空気環境基準について覚える。
4. 防火区画におけるダクト，配管，防火ダンパの構造について覚える。
5. 給排水設備の構造について覚える。

9·3·1 目 的

　この法律は，建築物の敷地，構造，設備及び用途に関する最低の基準を定めて，国民の生命，健康及び財産の保護を図り，もって公共の福祉の増進に資することを目的とする。

9·3·2 用語の定義

（1） 建 築 物

　土地に定着する工作物のうち，屋根，柱，壁のあるもの，これらに附属する門もしくはへい，観覧のための工作物，地下または高架工作物内に設けられる事務所，店舗，興行場，倉庫等，およびこれらに附属する建築設備も含まれる。

（2） 建築物に該当しないもの

　鉄道の線路敷地内にある運転保安用施設，跨線橋，プラットホームの上屋，サイロなど。

（3） 特殊建築物

◀ よく出題される

　学校，体育館，病院，劇場，集会場，百貨店，市場，遊技場，公衆浴場，旅館，寄宿舎，共同住宅，工場，倉庫，自動車車庫などがある。事務所，銀行，公官庁庁舎等は特殊建築物ではない。

（4） 建 築 設 備

◀ よく出題される

　電気，ガス，給水，排水，換気，冷房，暖房，消火，排煙もしくは汚物処理の設備または煙突，昇降機もしくは避雷針が建築設備である。

　浄化槽，受水槽，高置水槽も含まれる。工作物に該当する広告塔は，建築設備に該当しない。

関連法規

（5）居　　　室

　居住，執務，作業，集会，娯楽，その他これらに類する目的のために<u>継</u><u>続的に使用する室</u>をいう。 ◀ よく出題される

　　例：住居の居間，食堂，台所，応接室，寝室，書斎，工場の作業室，店
　　　　舗の売り場，各種建築物の当直室，事務室，<u>会議室</u>，映画館の客室
　　　　など

（6）主要構造部 ◀ よく出題される

　<u>壁，柱，床，梁，屋根，階段をいう。</u><u>屋内避難階段は該当し</u>，建築物の
構造上重要でない間仕切壁，小梁，ひさし，局部的な小階段，<u>屋外階段，</u>
<u>最下階の床基礎ぐいは除く。</u>

（7）構造耐力上主要な部分

　基礎，基礎ぐい，壁，柱，小屋組，土台，斜材（筋かい，方づえ，火打
ち材等），床板，屋根板，横架材（梁，桁等）をいい，建築物の自重，積
載荷重，積雪荷重，風圧，土圧，水圧や地震その他の振動や衝撃に耐え得
るものをいう。階段は含まれない。

（8）延焼のおそれのある部分

　隣地境界線，道路中心線または同一敷地内の2以上の建築物相互の外壁
間の中心線から建築物の1階の部分で3m以下，2階以上にあっては5m
以下の距離にある部分は，延焼のおそれのある部分である。

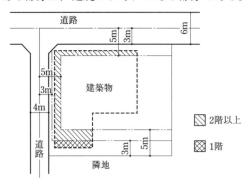

図9・4　延焼のおそれのある部分

（9）設　計　図　書

　建築物，その他敷地または法で規定する工作物に関する工事用の図面
（現寸図，施工図などは除く。）および仕様書をいう。

（10）建　　　築

　建築物を新築し，増築し，改築し，移転することをいう。

（11）大規模の修繕

　壁，柱，床，梁，屋根，階段の主要構造部の一種以上について行う過半
の修繕をいう。

設備機器や建築物内の配管全体を更新する工事は，建築物の主要構造部に該当しないため，大規模の修繕ではない。

(12)　大規模の模様替え

壁，柱，床，梁，屋根，階段の主要構造部の一種以上について行う過半の模様替えをいう。

(13)　耐 火 構 造

壁，柱，床，その他の建築物の部分の構造のうち，耐火性能に関して政令で定められた技術的基準に適合する鉄筋コンクリート造・れんが造等の構造で，大臣が定めた構造方法を用いるものや，大臣の認定を受けたものをいう。

(14)　耐火建築物

主要構造部が耐火構造化，政令の技術的基準に適合するもので，かつ，外壁の開口部で延焼のおそれのある部分に政令に適合する防火戸，その他の防火設備（遮炎性能）を有するものをいう。

(15)　耐 水 材 料

れんが，石，人造石，コンクリート，アスファルト，陶磁器，ガラス等をいう。

(16)　不 燃 材 料

◀ よく出題される

建築材料のうち，不燃性能（建築物の周囲において発生する通常の火災時における火熱により燃焼しない性能）の技術基準に適合し，国土交通大臣が定めたもの又は認定を受けたもの。

コンクリート，れんが，かわら，陶磁器質タイル，鉄鋼，アルミニウム，ガラス，モルタル，しっくい，石，厚さ12 mm 以上のせっこうボード，ロックウール，グラスウール板などがある。なお，アスファルトは不燃材料ではない。

9・3・3　面積・高さ等の算定方法

（1）　建 築 面 積

建築物の外壁または柱の中心線で囲まれた部分の最大水平投影面積による。ひさしが1 m 以上あるときは，1 m 後退した線をもって建築面積とする（図9・5参照）。

（2）　床 面 積

建築物の各階またはその一部で，壁その他の区画の中心線で囲まれた部分の水平投影面積による。

（3）　延 べ 面 積

建築物の各階の床面の合計による。

関連法規

（4）　地　　階

　床が地盤面下にある階で，床面から地盤面までの高さがその階の天井の高さの1/3以上のものをいう。

（5）　階　　数

　昇降機塔などその他これらに類する建築物の屋上部分または地階の倉庫，機械室等その他これらに類する建築物の部分で，水平投影面積の合計がそれぞれ当該建築面積の1/8以下のもの（エレベータ機械室，装飾塔など）は，その建築物の階数に算入しない。

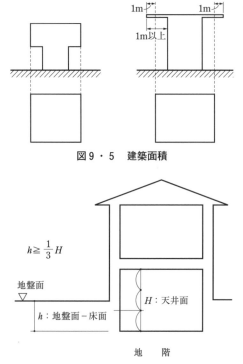

図 9 ・ 5　　建築面積

図 9 ・ 6　　地階の建築面積の求め方

（6）　建築物の高さ

　建築物の高さは，前面道路の路面中心から測り，階段室・昇降機塔などの屋上突出部が建築面積の1/8以内であり，かつ，その部分の高さが12 m までの場合は，当該建築物の高さに算入しない。屋根の棟飾りも，建築物の高さに算入しない。

9・3・4　制度の規定・単体規定

（1）　建 築 確 認

　建築主は，建築物の建築工事等を行う場合に，その計画が建築基準関係規定に適合するものであることの確認を受けるために，建築主事または指定確認検査機関に対して確認申請を提出し，確認済証の交付を受けなければならない。

　一定規模以上（特殊建築物：$100 \mathrm{~m}^2$ 超える，特殊建築物以外：$200 \mathrm{~m}^2$ を超える又は 2 階建て以上，木造：$500 \mathrm{~m}^2$ を超えるなど）の建築物で新築，増築，移転，大規模の修繕，大規模の模様替，用途変更を行う場合には確認申請が必要となる。したがって，用途に供する部分の床面積の合計が$100 \mathrm{~m}^2$ を超える病院や共同住宅の大規模の模様替え，中学校の大規模の修繕は，確認申請書を提出しなければならない。しかし，ホテルから旅館，劇場から映画館，図書館から博物館，公会堂から集会場などのような類似の建物への用途変更は確認申請書の提出が不要である。

（2）　確認を必要とする工作物

　①　高さが 6 m を超える煙突

② 高さが8mを超える高架水槽

③ 高さが2mを超える擁壁

④ 乗用エレベータまたはエスカレータで観光用のもの（一般交通の用に供するものを除く。）

⑤ エレベータまたはエスカレータの設備

⑥ 定期報告を義務づけられている建築設備（し尿浄化槽を除く。）

工事用仮設建築物および災害時の応急仮設建築物は，確認申請は不要である。また，建築物の仮使用の申請は，建築主事を経由して，特定行政庁に提出する。指定確認検査機関に対しての届出ではない。

（3） 居室の採光

居室には，採光のため窓その他開口部を設けなければならない。

（4） 居室の換気

居室の換気上の有効面積は，居室の床面積の1/20以上である。ただし，政令で定める技術的基準にしたがって換気設備を設けた場合は，この限りでない。

（5） 居室の天井高

① 天井高は，2.1m以上とする。玄関・廊下などはこの制限を受けない。

② 天井高が1室で異なる場合は，その高さは平均とする。

9・3・5　防火設備等

（1） 特定防火設備の構造方法

法に規定する防火設備であって，これに通常の火災による火熱が加えられた場合に，加熱開始後1時間当該加熱面以外の面に火炎を出さないものとして，国土交通大臣が定めた構造方法を用いるものまたは大臣の認定を受けたものをいう。

鉄製で鉄板の厚さが1.5mm以上の防火戸または防火ダンパとする。

（2） 給水管・配電管等が準耐火構造もしくは耐火構造の防火区画を貫通する場合

給水管などと準耐火構造の防火区画との間に生じたすき間をモルタルその他の不燃材料で埋めなければならない。

（3） 換気，暖冷房の風道が準耐火構造もしくは耐火構造の防火区画を貫通する場合

換気，暖房または冷房の設備の風道が準耐火構造の防火区画を貫通する場合は，貫通する部分またはこれに近接部分に，特定防火設備で，火災により煙が発生したときまたは火災により温度が急激に上昇したときに自動的に閉鎖するものおよび閉鎖したときに防火上支障のない遮煙性能を有するものを設ける。

また，防火区画を貫通する部分に設ける防火ダンパと防火区画との間の

部分にあっては，鉄板の厚さを1.5 mm 以上とし，または，鉄網モルタル塗その他の不燃材料で被覆しなければならない。

9・3・6　建築設備等

（1）　給水，排水その他配管設備の設置および構造

全般にわたる基本事項を一〜八まで定めている。

一　コンクリートへの埋設等により腐食するおそれのある部分には，その材質に応じ有効な腐食防止のための措置を講ずること。

二　構造耐力上主要な部分を貫通する配管をする場合においては，建築物の構造耐力上支障を生じないようにすること。

三　昇降機の昇降路内に配管設備を設けないこと。ただし，昇降機に必要な配管設備の設置および構造はこの限りでない。

四　圧力タンクおよび給湯設備には，有効な安全装置を設けること。

五　水質，温度その他の特性に応じ，安全上，防火上および衛生上支障のない構造とすること。

六　地階を除く階数が3以上である建築物，地階に居室を有する建築物または延べ面積が3,000 m² を超える建築物に設ける換気，暖房または冷房設備の風道およびダクトシュート，メールシュート，リネンシュート等は，不燃材料で造ること（配管は除く））。　◀ よく出題される

七　給水管，排水管，風道，配電管等が，政令で定める防火構造等の防火区画，防火壁，界壁，間仕切壁，隔壁を貫通する場合は，原則として貫通する部分および貫通する部分からそれぞれ両側1 m 以内の距離にある部分を不燃材料で造ること。

八　3階以上の階を共同住宅の用途に供する建築物の住戸に設けるガスの配管設備は，国土交通大臣が安全を確保するために必要があると認めて定める基準によること。

（2）　建築物に設ける中央管理方式の空気調和設備の性能　◀ よく出題される

表9・5　室内空気環境管理基準

管理項目	基準値
①浮遊粉じんの量	0.15 mg/m³ 以下
②一酸化炭素の含有量	10 ppm 以下（100万分の10以下）
③二酸化炭素の含有量	1,000 ppm 以下（100万分の1,000 以下）
④温　　度	17〜28℃，冷房時は外気との温度差を著しくしないこと （おおむね7℃以下）
⑤相対湿度	40〜70%
⑥気　　流	0.5 m/s 以下

酸素の含有率は規定されていない。

（3）　換 気 設 備

火を使用する室でも，換気設備を設けなくてもよい室は，次のとおりである。

① 密閉式燃焼器具等を設けた室

② 床面積の合計が100 m²以内の住宅等の合計が12 kW以下の発熱量以下である調理室で，一定以上の換気上有効な窓等を有するもの

③ 発熱量の合計が6 kW以下である火を使用する設備を設けた室（調理室を除く。）

④ 地階に住宅等の居室を設ける場合は，室内に換気設備または湿度を調節する設備があればよい。

⑤ 会場で，ふすま，障子その他随時開放することができるもので仕切られた2室は，1室とみなす。

⑥ 建築物に設ける自然換気設備の給気口は，居室の天井高さの1/2以下の位置に設け，常時外気に開放された構造としなければならない。

⑦ 電源を必要とする排煙設備には，予備電源を設けなければならない。

（4）　給排水衛生設備

給排水衛生設備については，次のとおり定められている。

① 給水立て主管からの各階への分岐管等主要な分岐管には，分岐点に近接した部分に止水弁を設ける。

② 飲料水の配管設備とその他の配管設備は，直接連結させてはならない。　◀ よく出題される

③ 飲料水の配管設備の水栓の開口部は，流し台のあふれ面との垂直距離を適当に保つ等有効な水の逆流防止のための措置を講じなければならない。

④ 飲料水に用いる給水タンクの天井，底または周壁は，建築物の他の部分と兼用してはならない。

⑤ 飲料用給水タンクに設けるマンホールは，直径60 cm以上の円が内接することができる大きさとしなければならない。小規模容量は除く。

⑥ 有効容量が1 m³以上の給水タンクには，圧力タンク等を除き，ほこりその他衛生上有害なものが入らない構造の通気のための装置を有効に設けなければならない。

⑦ 給水タンク等の上部にポンプ，ボイラー，空気調和機等の機器を設ける場合においては，飲料水を汚染することのないように，衛生上必要な措置を講じなければならない。

⑧ 金属製の給水タンクには，衛生上支障のない有効なさび止めのため

関連法規

の措置を講じなければならない。

⑨　排水管は，給水ポンプ，空気調和機その他これらに類する機器の排水管に直接連結してはならない。

⑩　排水トラップの封水深は，5 cm 以上10 cm 以下（阻集器を兼ねる排水トラップについては5 cm 以上）とする。

⑪　阻集器は，汚水から油脂，ガソリン，土砂等を有効に分離することができる構造としなければならない。

⑫　建築物に設ける排水のための配管設備で，汚水に接する部分は不浸透質の耐水材料で造らなければならない。　◀よく出題される

⑬　排水再利用配管設備は，洗面器・手洗器と連結してはならない。

⑭　排水再利用配管設備の水栓には，排水再利用水であることを示す表示をしなければならない。

⑮　汚水排水のための配管設備に雨水排水管（雨水排水立て管を除く。）を連結する場合は，当該雨水排水管に排水トラップを設ける。

⑯　雨水排水立て管は，汚水排水管もしくは通気管と兼用し，またはこれらの管に連結してはならない。　◀よく出題される

⑰　排水のための配管設備の末端は，公共下水道，都市下水路その他の排水施設に排水上有効に連結しなければならない。

⑱　排水のための配管設備は，二重トラップとしてはならない。

⑲　排水槽に設けるマンホールは，原則として，直径60 cm 以上の円が内接することができるものとする。

⑳　排水槽の通気のための装置は，衛生上直接外気に有効に開放しなければならない。

㉑　給水管および排水管は，エレベータの昇降路内に設けてはならない。　◀よく出題される

（5）　石綿その他の物質の飛散又は発散に対する衛生上の措置

　居室を有する建築物にあっては，石綿等以外の物質でその居室内において衛生上の支障を生ずるおそれのあるものとして政令で定める物質（クロルピリホスおよびホルムアルデヒド）の区分に応じ，建築材料および換気設備について技術基準に適合すること。

確認テスト〔正しいものには○，誤っているものには×をつけよ。〕

□□(1)　共同住宅は，特殊建築物である。

□□(2)　煙突や広告塔は，建築物である。

□□(3)　継続的に使用される会議室は，居室である。

□□(4)　建築物の最下階の床は，主要構造部である。

□□(5)　機械室内の熱源機器や建築物内の配管全体を更新する工事は，大規模の修繕に該当する。

□□(6)　建築物のエレベーター機械室，装飾塔その他これらに類する屋上部分は，その部分の面積の合計が所定の条件を満たせば，建築物の階数に算入しない。

□□(7)　地階に居室を有する建築物に設ける換気設備の風道は，防火上支障がある場合，難燃材料で造らなければならない。

□□(8)　酸素の含有率は，建築物に設ける中央管理方式の空気調和設備において「建築基準法」上，空気調和設備の性能として定められている。

□□(9)　排水のための配管設備で，汚水に接する部分は，不浸透質の耐水材料で造らなければならない。

□□(10)　雨水排水立て管は，汚水排水管もしくは通気管と兼用し，又はこれらの管に連結してはならない。

確認テスト解答・解説

(1)　○

(2)　×：広告塔は工作物であり，建築設備ではない。

(3)　○

(4)　×：最下階の床は，除かれている。

(5)　×：大規模の修繕とは，建築物の主要構造部の1種以上について行う過半の修繕をいう（建築基準法第2条第十四号）。機械室内の設備機器や建築物内の配管全体を更新する工事は，建築物の主要構造部に該当しない。

(6)　○

(7)　×：不燃材料で造らなければならない。

(8)　×：対象は，浮遊粉じんの量，一酸化炭素の含有率，二酸化炭素の含有率，温度，相対湿度，気流の6項目を規定している。酸素の含有率は，定められていない。

(9)　○

(10)　○

関連法規

9·4 建 設 業 法

1. 建設業法の目的と用語の意味について覚える。
2. 建設業の許可の区分について覚える。
3. 一般建設業，特定建設業の下請負金額について覚える。
4. 営業所に必要な主任技術者の要件について覚える。
5. 請負契約書に関する原則および契約書の記載事項について覚える。
6. 主任技術者の資格要件および設置の要件について覚える。

9·4·1　目　　　的

　この法律は，建設業を営む者の資質の向上，建設工事の請負契約の適正化等を図ることによって，建設工事の適正な施工を確保し，発注者を保護するとともに，建設業の健全な発達を促進し，もって公共の福祉の増進に寄与することを目的とする。

9·4·2　用　　　語

（1）建 設 工 事

　土木建築に関する工事では29業種ある（表9・8を参照のこと）。

（2）建 　 設 　 業

　元請・下請その他を問わず，建設工事の完成を請け負う営業をいう。管工事は建設業に含まれる。

（3）建 設 業 者

　都道府県知事又は国土交通大臣の許可を受けて建設業を営む者をいう。

（4）下 請 契 約

　建設工事を他の者から請け負った建設業者と他の建設業者との間で，当該建設工事の全部又は一部について締結される請負契約をいう。　◀よく出題される

（5）発 　 注 　 者

　建設工事（他の者から請け負ったものは除く）の注文者をいう。　◀よく出題される

（6）元 請 負 人

　下請契約における注文者で建設業者である者をいう。　◀よく出題される

関連法規

（7）　下 請 負 人

　下請契約における請負人をいう。なお，一般建設業の許可で，請負金額の大小にかかわらず，工事を請け負うことができる。

9・4・3　建設業の許可

（1）　許可の区分

◀よく出題される

表9・6　許可の区分

許可の区分	区分の内容
国土交通大臣許可	2以上の都道府県の区域に営業所を設置している業者
都道府県知事許可	1の都道府県の区域内にしか営業所を設置していない業者

　「営業所」とは，本店または支店，もしくは常時建設工事の請負契約を締結する事務所のことをいい，国土交通大臣の許可と都道府県知事の許可では，どちらも工事可能な区域に制限はなく，その契約による建設工事の施工現場は，許可を得た都道府県でなくてもよい。

　また，大臣の許可と知事の許可は，受注可能な請負金額や下請契約できる代金額の総額も変わらない。

（2）　許可の種類

◀よく出題される

表9・7　一般建設業許可と特定建設業許可の種類

許可の種類	請け負った工事の施工形態
一般建設業	下請専門か，又は，下請に出す工事金額が4,000万円未満（建築一式工事で6,000万円未満）の形態で施工する者
特定建設業	元請で，下請に出す工事金額が4,000万円以上（建築一式工事で6,000万円以上）の形態で施工する者
許可を必要としない者（軽微な建設工事のみを請け負う場合）	工事1件の請負代金の額が500万円未満（建築一式工事は，1,500万円未満の工事または延べ面積が150 m² に満たない木造住宅工事）

　下請負人としてのみ工事を施工する場合でも，500万円以上は管工事業の許可が必要である。

　また，一般建設業の許可を受けた建設業者は，管工事を自ら施工する場合，請負金額の大小にかかわらず請け負うことができる。

　図9・7のA社は，特定建設業者（管工事業指定建設業），B社・C社・E社は，一般建設業または特定建設業の資格でよい。D社は軽微な工事なので，許可を必要としない。

関連法規

「例」　特定建設業，一般建設業（管工事の場合）

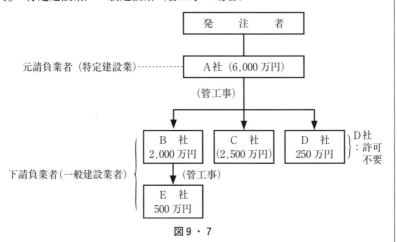

図9・7

（3）　建設工事の種類29業種

　建設業の許可は，一般建設業の許可，特定建設業の許可にかかわらず，表9・8に示す29業種に分けて受ける。

表9・8　建設工事の種類29業種

土木一式工事※	電気工事※	板金工事	電気通信工事
建築一式工事※	**管工事※**	ガラス工事	造園工事※
大工工事	タイル・れんが・ブロック工事	塗装工事	さく井工事
左官工事	鋼構造物工事※	防水工事	建具工事
とび・土工・コンクリート工事	鉄筋工事	内装仕上工事	水道施設工事
石工事	舗装工事※	機械器具設置工事	消防施設工事
屋根工事	しゅんせつ工事	熱絶縁工事	清掃施設工事
解体工事	─	─	─

　（注）　建設工事名に付した※の7業種は，「**指定建設業**」である。

（4）　営業所の専任技術者

　建設業の許可を受けた営業所ごとに，一定の要件を満たす専任の技術者を配置しなければならない。その専任の技術者の要件は，許可の種類により，表9・9に示すようになっている。一般建設業の営業所ごとに専任で置かなければならない技術者は，2級の技術検定に合格した者（2級管工事施工管理技士）でよい。　◀よく出題される

（5）　許可の失効

　一般建設業の許可を受けている者が同一業種の特定建設業の許可を受けたときは，一般建設業の許可を失う。また，5年ごとにその更新を受けなければ，その期間の経過によって，その効力を失う。　◀よく出題される

（6）　附帯工事

　建設業者は，許可を受けた建設業に係る建設工事を請け負う場合は，そ　◀よく出題される

の工事に附帯する他の工事を請け負うことができる。

表9・9 営業所に置く専任の技術者の要件

	特定建設業（29業種）		一般建設業（29業種）
	指定建設業（7業種）	指定建設業以外（22業種）	
営業所に置く専任の技術者の学歴と実務経験	① 1級施工管理技士 ② 1級建築士（管工事は不可） ③ 技術士 ④ 国土交通大臣の特別認定を受けた者	左記の①〜④ ⑤ 下記のいずれかに該当し，かつ発注者から直接請け負った4,500万円以上の工事に関し2年以上の指導監督的実務経験を有する者 ・高校・中等教育学校指定学科卒業後5年以上の実務経験 ・大学・高専指定学科卒業後3年以上の実務経験 ・**実務経験10年以上**	左記の①〜⑤ ⑥ 2級施工管理技士 ⑦ 2級建築士（管工事は不可）

注）②：建築・大工など6業種に限定（管工事業は含まれない）
　　⑦：建築・大工など5業種に限定（管工事業は含まれない）

9・4・4 建設工事の請負契約

（1） 建設工事の請負契約の原則

建設工事の発注者と請負人は，各々対等な立場における合意に基づいて公正な契約をし，相互の信義に従って誠実にこれを履行しなければならない。

（2） 請負契約の内容

建設工事の請負契約の当事者は，契約に際し，その内容および方法に関する定めを書面に記載し，署名または記名押印したうえ，これを相互に交付しなければならない。

契約書の最も基本的な内容の一部を示す。

① 請負代金額

② 着工および完工の時期

③ 工事完成後における請負代金の支払いの時期および方法

（3） 現場代理人の選任通知

工事現場に現場代理人を置く場合，通常，現場代理人の権限に関する事項等を書面により注文者に通知しなければならない。

（4） 現場代理人の任務

請負契約の履行を確保するため，請負人の代理人として工事現場の取締りを行い，工事の施工に関する一切の事項を処理する。

（5） 不当に低い請負代金および資材購入強制の禁止

① 注文者は，自己の取引上の地位を不当に利用して，通常必要と認められる原価に満たない金額の請負契約を締結してはならない。

②　注文者は，請負契約の締結後，自己の取引上の地位を不当に利用して，その注文した建設工事に使用する資材もしくは機械器具またはこれらの購入先を指定し，これらを請負人に購入させてその利益を著しく害してはならない。

（6）　建設工事の見積期間

建設業者は，建設工事の注文者から請求があったときは，<u>請負契約が成立するまでの間に，建設工事の見積書を提示しなければならない</u>。

やむを得ない事情があるときは，5日以内に限り短縮することができる。

（7）　一括下請負の禁止

①　建設業者は，その請け負った建設工事を，如何なる方法をもってするを問わず，<u>一括して他人に請け負わせてはならない。</u>

②　建設業を営む者は，他の建設業者から当該建設業者の請け負った建設工事を一括して請け負ってはならない。

③　元請負人があらかじめ発注者の書面による承諾を得た場合には適用されない。

　　ただし，<u>共同住宅および公共工事については，③は適用されない。</u>

（8）　元請負人の義務

⒜　**下請負人の意見の聴取**

請負人は，その請け負った建設工事を施工するために必要な工程の細目，作業方法などを定めようとするときは，あらかじめ下請負人の意見を聞かなければならない。

⒝　**検　査**

下請負人から請け負った工事が完成した旨の通知を受けたときは，通知を受けた日から20日以内のできる限り短い期間内に検査を完了する。

⒞　**引渡し**

完成を確認した後，下請負人が引渡しを申し出たときは，直ちに引渡しを受ける。

（9）　下請負人の変更請求

注文者は，請負人に対して，建設工事の施工につき著しく不適当と認められる下請負人があるときは，その変更を請求することができる。ただし，あらかじめ注文者の書面による承諾を得て選定した下請負人については，この限りでない。

9・4・5 施工技術の確保

(1) 工事現場の技術者資格要件

建設業者は，建設工事の施工の技術上の管理をする主任技術者を置かなければならない。

工事現場に置く監理技術者，主任技術者の設置と資格要件を表9・10に示す。なお，管工事施工管理を種目とする2級の技術検定に合格した者は，管工事の主任技術者になることができるが，1級建築士は主任技術者の要件に該当しない。

◀ よく出題される

表9・10 工事現場の技術者

許可区分	特定建設業				一般建設業
	指定建設業（7業種）		指定建設業以外（22業種）		（29業種）
工事請負方式	発注者から元請として直接請け負い，下請負金額が**4,000万円以上**建築一式：6,000万円以上	①発注者から元請として直接請け負い，下請負金額が**4,000万円未満**建築一式：6,000万円未満②**下請**③**自社施工**	発注者から元請として直接請け負い，下請負金額が4,000万円以上建築一式：6,000万円以上	①発注者から元請として直接請け負い，下請負金額が4,000万円未満建築一式：6,000万円未満②下請③自社施工	①発注者から元請として直接請け負い，下請負金額が**4,000万円未満**建築一式：6,000万円未満②下請③自社施工
現場に置く技術者	監理技術者	主任技術者	監理技術者	主任技術者	主任技術者
技術者の資格要件	・1級国家資格者・大臣特別認定者	・1級国家資格者・2級国家資格者・指定学科＋実務経験者・実務経験者（10年以上）	・1級国家資格者・2級国家資格者（4,500万円以上の元請工事で2年以上の指導監督的経験のある者）・実務経験者（同上）・大臣が上記と同等以上と認めた者	・1級国家資格者・2級国家資格者・指定学科＋実務経験者・実務経験者（10年以上）	・1級国家資格者・2級国家資格者・指定学科＋実務経験者・実務経験者（10年以上）

注）管工事の場合
　1・2級国家資格者：1・2級管工事施工管理技士
　大臣特別認定者：国土交通大臣が1級管工事施工管理技術検定に合格した者等と同等以上の能力を有するものと認定した者

主任技術者および監理技術者は，工事現場における建設工事を適正に実施するため，当該建設工事の施工計画の作成，工程管理，品質管理その他の技術上の監理および当該建設工事の施工に従事する者の技術上の指導監督の職務を誠実に行わなければならない。

管工事業などの建設業の許可を受けた建設業者は，次の要件が該当する。

① 発注者から直接請け負った建設工事を，下請契約を行わずに自ら施工する場合は，（監理技術者ではなく）主任技術者が当該工事の施工の技術上の管理をつかさどることができる。

◀ よく出題される

関連法規

②　管工事業などの建設業の許可を受けた建設業者は，他の建設業者と下請契約を締結する場合は，<u>許可の種類と下請契約の請負代金の額により，監理技術者または主任技術者を置かなければならない。</u>

③　<u>工事１件の請負代金の額が500万円未満の工事を施工する場合であっても，主任技術者を置かなければならない。</u>

◀ よく出題される

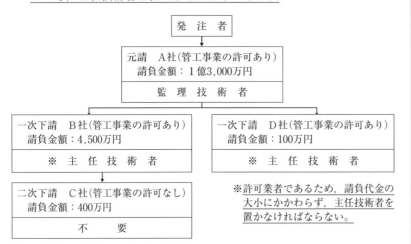

図9・8　監理技術者・主任技術者の設置例

（2）　専任技術者の設置

公共性のある施設又は多数の者が利用する民間施設の工事で，政令で定めるもの（3,500万円以上）については，<u>主任技術者または監理技術者は，工事現場ごとに専任の者でなければならない。</u>

表9・11　専任を要する工事

区　分	専任を要する工事
主任技術者を設置する現場	国，地方公共団体の発注する工事，民間のほとんどの施設，学校，共同住宅等の工事で3,500万円（建築一式工事については7,000万円）以上のもの
監理技術者を設置する現場	（個人住宅・長屋を除く。）

　密接に関連する２箇所以上の工事を同一の建設業者が行う場合に限って，同一の専任主任技術者が同時に複数の現場を監理することができるが，監理技術者は兼任できない。

（3）　国や地方公共団体が発注する工事と監理技術者の選任

監理技術者は専任のもので，監理技術者資格証の交付を受けている者のうちから選任しなければならない。

（4）　監理技術者資格者証の提示

発注者から監理技術者資格者証の提示が求められたときは，提示しなければならない。

（5）　監理技術者・主任技術者の現場代理人

建設工事現場に監理技術者を置く場合は，現場代理人を兼ねることができる。主任技術者についても同じである。

（6）　軽微な建設工事と主任技術者

軽微な建設工事を施工する場合にも，建設業の許可がある場合は主任技術者を置くことが適用されると解釈されるが，建設業の許可がなく軽微な工事をする場合は，主任技術者は必要ない。

9・4・6　その他

（1）　標識の掲示

建設業者は，その店舗および建設工事の現場ごとに，公衆の見やすい場所に，国土交通省令の定めるところにより，許可を受けた別表下欄の区分による建設業の名称，一般建設業または特定建設業の別，その他国土交通省令で定める事項を記載した標識を掲げなければならない。

　記載事項

①　一般建設業または特定建設業の別

②　許可年月日，許可番号および許可を受けた建設業の種類

③　商号または名称

④　代表者の氏名

⑤　主任技術者または監理技術者の氏名

　注）　店舗には①〜④，現場には①〜⑤の事項を記載する。現場代理人の氏名は不要である。

（2）　許可の取消し

国土交通大臣または都道府県知事は，許可を受けてから1年以内に営業を開始せず，または引き続いて1年以上営業を休止した場合は，当該建設業者の許可を取り消さなければならない。

関連法規

確認テスト〔正しいものには○，誤っているものには×をつけよ。〕

□□(1)　建設業法は，建設業を営む者の資質の向上，建設工事の請負契約の適正化等を図ることによって建設工事の適正な施工を確保し，受注者を保護することを目的とする。

□□(2)　2以上の都道府県の区域内に営業所を設けて営業しようとする場合は，それぞれの都道府県知事の許可を受けなければならない。

□□(3)　管工事業の許可を受けた者は，管工事に附帯する電気工事も合わせて請け負うことができる。

□□(4)　一般建設業の許可を受けている者は，発注者から直接請け負った工事を施工するために，下請代金の総額が4,000万円以上となる下請契約を締結することはできない。

□□(5)　都道府県知事の許可を受けた建設業者は，許可を受けた都道府県以外では，工事を請け負うことができない。

□□(6)　下請工事のみを請け負おうとするものであっても，請負金額が100万円以上のときは，管工事業の許可を受けていなければならない。

□□(7)　管工事業の許可は，3年ごとに更新を受けなければ，その効力を失う。

□□(8)　2級管工事施工管理技士は，管工事業に係る一般建設業の許可を受ける建設業者が営業所ごとに専任で置く技術者としての要件を満たしている。

□□(9)　請負人は，現場代理人を置く場合においては，当該現場代理人の権限に関する事項等を，書面又は情報通信の技術を利用する方法により，注文者に通知しなければならない。

□□(10)　管工事業の許可を受けた建設業者が下請負人として工事を請け負った場合は，主任技術者を置く必要はない。

確認テスト解答・解説

(1)　×：この法律は，建設業を営む者の資質の向上，建設工事の請負契約の適正化等を図ることによって建設工事の適正な施工を確保し，「発注者」を保護することを目的とする。

(2)　×：2以上の都道府県の区域内に営業所を設けて営業しようとする場合にあっては，国土交通大臣の許可を受けなければならない。

(3)　○

(4)　○

(5)　×：許可を受けた都道府県以外の都道府県においても営業活動や工事を行うことはできる。なお，請負契約は許可を受けた都道府県の営業所でなければならない。

(6)　×：500万円以上である。

(7)　×：更新は5年ごとである。

(8)　○

(9)　○

(10)　×：管工事業の許可を受けた建設業者は，請負金額の大小にかかわらず，主任技術者を置かなければならない。

9・5 消防法

学習のポイント

1. 非常電源の必要な消防用設備を覚える。
2. 屋内消火栓設備の種類と技術的基準について覚える。
3. 危険物の種別および指定数量を覚える。

9・5・1 消防用設備

消防用設備等の種類は，政令で，消防の用に供する設備，消防用水および消火活動上必要な施設とされている。

消火設備は，水その他消火剤を使用して消火を行う機械器具または設備であって，次に掲げるものとする。

一　消火器および次に掲げる簡易消火用具

　　イ　水バケツ　ロ　水槽　ハ～ニ　省略

二　屋内消火栓設備

三　スプリンクラ設備

四　水噴霧消火設備

五　泡消火設備

六　不活性ガス消火設備

七　ハロゲン化物消火設備

八　粉末消火設備

九　屋外消火栓設備

十　動力消防ポンプ設備

二～十の各消火設備には，非常電源が必要である。　　　　◀ よく出題される

消防用水は，防火水槽またはこれに代わる貯水池その他の用水とする。

消火活動上必要な施設は，排煙設備，連結散水設備，連結送水管，非常コンセント設備および無線通信補助設備とする。

連結散水設備には，非常電源が不要である。　　　　　　　◀ よく出題される

消防用設備等を工事する際には，消防法に基づく届出が必要であり，次に示す者が作成する。

①　工事整備対象設備等着工届出書は，消防設備士が作成する。

②　危険物製造所・貯蔵所・取扱所設置許可申請書は，その設置者が作

関連法規

成する。

③　消防用設備等設置届出書は，防火対象物の関係者が作成する。なお，消防計画作成届出書は，防火管理者が作成する。

9・5・2　屋内消火栓設備

（1）　屋内消火栓設備と防火対象物の規模

防火対象物（地上1階から地上3階建て）の区分が一般における屋内消火栓設備の設置を要する規模（延べ面積）は，イ）事務所・庁舎，ロ）共同住宅・学校，ハ）集会場で，それぞれ耐火構造で内装制限がある場合にイ）3,000 m² 以上，ロ）2,100 m² 以上，ハ）1,500 m² 以上準耐火構造がイ）2,000 m² 以上，ロ）1,400 m² 以上，ハ）1,000 m² 以上これ以外はイ）1,000 m² 以上，ロ）700 m² 以上，ハ）500 m² 以上である。

（2）　1号消火栓

1号消火栓には，2人で操作する1号消火栓と，1人で操作可能な易操作性1号消火栓とがある。

①　**設置場所**　全ての防火対象物に設置できる。倉庫・工場または作業場への設置もできる。

②　**放水圧力・放水量**　屋内消火栓の設置個数が最も多い階における設置個数（設置個数が2を超える場合は2とする。）を同時に使用した場合に，屋内消火栓のノズルの先端における放水圧力が0.17 MPa 以上0.7 MPa 以下となるように設け，かつ，放水量は130 L/min 以上の性能とする。

③　**ポンプの吐出し量**　ポンプの吐出し量は，屋内消火栓の設置個数が最も多い階における設置個数（設置個数が2を超える場合は2とする。）に150 L/min を乗じて得た量以上の量とする。

④　**ホース接続口までの水平距離**　屋内消火栓は，防火対象物の階ごとに，その階の各部分から1のホース接続口までの<u>水平距離が25 m 以下</u>となるように設けること。

⑤　**水源の水量**　水源の水量は，屋内消火栓の設備個数が最も多い階における当該設置個数（当該設置個数が2を超えるときは，2とする。）に2.6 m³ を乗じて得た量以上の量となるように設けること。

⑥　**加圧送水装置の起動**　加圧送水装置は，直接操作により起動できるものであり，かつ，屋内消火箱の内部またはその直近の箇所に設けられた操作部（自動火災報知設備のP型発信機を含む。）から遠隔操作できるものであること。易操作性1号消火栓は，直接操作により起動できるものであり，かつ，開閉弁の開放，消防用ホースの延長操作

等と連動して起動することができるものであること。

（3） 2号消火栓

2号消火栓には，従来型と広範囲型とがある。

① **設置場所**　倉庫・工場または作業場，指定可燃物の貯蔵，または取り扱う防火対象以外に設置すること。

② **放水圧力・放水量**　屋内消火栓の設置個数が最も多い階における設置個数（設置個数が2を超える場合は2とする。）を同時に使用した場合に，屋内消火栓のノズルの先端における放水圧力が0.25 MPa以上0.7 MPa以下（広範囲型は0.17 MPa以上0.7 MPa以下），かつ，放水量が60 L/min以上（広範囲型は80 L/min以上）の性能のものとすること。

③ **ポンプの吐出量**　屋内消火栓の設置個数が最も多い階における設置個数（設置個数が2を超える場合は2とする。）に70 L/min（広範囲型は90 L/min）を乗じて得た量以上の量とする。

④ **ホース接続口までの水平距離**　屋内消火栓は，防火対象物の階ごとに，その階の各部分から1のホース接続口までの<u>水平距離が15 m以下</u>（広範囲型は25 m以下）となるように設けること。

⑤ **水源の水量**　水源の水量は，屋内消火栓の設備個数が最も多い階における当該設置個数（当該設置個数が2を超えるときは，2とする。）に1.2 m³（広範囲型は1.6 m³）を乗じて得た量以上の量となるように設けること。

⑥ **加圧送水装置の起動**　加圧送水装置は，直接操作により起動できるものであり，かつ，開閉弁の開放，消防用ホースの延長操作等と連動して起動することができるものであること。

（4） 非常電源

<u>屋内消火栓設備には，非常電源を附置すること。</u>　◀ よく出題される

（5） 加圧送水装置の停止

加圧送水装置は，直接操作によってのみ停止されるものであること。

9・5・3 危 険 物

危険物とは，法別表第一の品名欄に掲げる物品で，同表に定める区分に応じて同表の性質欄に掲げる性状を有するものをいう（法第2条第7項）。

危険物の規制に関する政令は，法第3章の規定に基づいて制定された政令である（以下，政令という）。

危険物の指定数量とは，危険物についてその危険性を勘案して政令で定める数量（以下「指定数量」という）である。この数量は，政令別表第三

関連法規

に，類別・品名・性質ごとに示されているが，建築設備に関係深いものは，類別が第四類（引火性液体）の，第一石油類の非水溶性液体（ガソリンなど），第二石油類の非水溶性液体（灯油・軽油など）および第三石油類の非水溶性液体（重油など）であり，次の表9・12にそれらの指定数量を示す。

危険物が複数の場合には，各危険物の指定数量の倍数を合算して，1倍以上か未満かを判断する。倍数は，各危険物の取扱量をその危険物の指定数量で除した値である。

表9・12

◀ よく出題される

類　別	品　名	物質名	指定数量（L）
第四類	第一石油類	ガソリンなど	200
	第二石油類	灯油・軽油など	1 000
	第三石油類	重油など	2 000

確認テスト〔正しいものには○，誤っているものには×をつけよ。〕

□□(1)　屋内消火栓設備やスプリンクラ設備および泡消火設備には，非常電源を附置することが定められている。

□□(2)　1号屋内消火栓は，防火対象物の階ごとに，その階の各部分から一のホース接続口までの水平距離が15 m以下となるように設けなければならない。

□□(3)　1号消火栓は，ノズルの先端において，放水圧力が0.17 MPa以上で，かつ，放水量130 L/min以上の性能のものとする。

□□(4)　灯油は第三石油類で，指定数量は，1,000 Lである。

□□(5)　重油の指定数量は，2,000 Lである。

関連法規

確認テスト解答・解説

(1)　○

(2)　×：1号屋内消火栓は，防火対象物の階ごとに，その階の各部分から一のホース接続口までの水平距離が25 m以下となるように設けなければならない。

(3)　○

(4)　×：灯油は第二石油類で，指定数量は1,000 Lである。

(5)　○

9·6 廃棄物の処理及び清掃に関する法律（廃棄物処理法）

学習のポイント

1. 廃棄物の分類を覚える。
2. 産業廃棄物の種類を覚える。
3. 事業者の責務について覚える。
4. 産業廃棄物管理票（マニフェスト）について覚える。

9·6·1 廃棄物の分類

一般廃棄物とは，産業廃棄物以外の廃棄物をいう。

なお，建設残土は廃棄物に含まない。　◀ よく出題される

建設業に係る建物・工作物の除去，新築に伴って生じた木くず（伐採樹木を含む），紙くず，繊維くず，コンクリート破片などのがれき類，ガラスくず，陶磁器くず，金属くず，ゴムくずは，産業廃棄物として処理しなければならない。

日常生活に伴って生じた「ポリ塩化ビフェニル」を使用した廃エアコン　◀ よく出題される
ディショナ，廃テレビジョン受信機，廃電子レンジなどは，特別管理一般廃棄物である。

建築物等に用いられる材料（石綿をその重量の0.1%を越えて含有）で　◀ よく出題される
石綿建材除去事業により除去されたものは特別管理産業廃棄物である。

表 9・13　廃棄物の分類

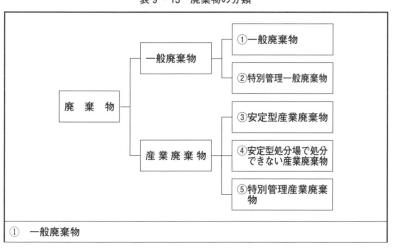

① 一般廃棄物

関連法規

家庭の日常生活による廃棄物（ごみ, 生ごみ等）, 現場事務所での作業, 作業員の飲食等に伴う廃棄物（図面, 雑誌, 飲料空缶, 弁当がら, 生ごみ等）	

② 特別管理一般廃棄物

日常生活により生じたもので, ポリ塩化ビフェニルを含む部品（廃エアコンディショナー, 廃テレビジョン受信機, 廃電子レンジ）	

③ 安定型産業廃棄物

がれき類	工作物の新築・改築および除去に伴って生じたコンクリートがら, アスファルト・コンクリートがら, その他がれき類
ガラスくず, コンクリートくずおよび陶磁器くず	ガラスくず, コンクリートくず（工作物の新築・改築および除去に伴って生じたものを除く。）, タイル衛生陶磁器くず, 耐火れんがくず, かわら, グラスウール
廃プラスチック類	廃発泡スチロール, 廃ビニル, 合成ゴムくず, 廃タイヤ, 硬質塩ビパイプ, タイルカーペット, ブルーシート, PPバンド, こん包ビニル, 電線被覆くず, 発泡ウレタン, ポリスチレンフォーム
金属くず	鉄骨鉄筋くず, 金属加工くず, 足場パイプ, 保安へいくず, 金属型枠, スチールサッシ, 配管くず, 電線類, ボンベ類, 廃缶類（塗料缶, シール缶, スプレー缶, ドラム缶等）
ゴムくず	天然ゴムくず

④ 安定型処分場で処分できない産業廃棄物

汚泥	含水率が高く粒子の微細な泥状の掘削物
ガラスくず, コンクリートくずおよび陶磁器くず	廃せっこうボード, 廃ブラウン管(側面部) 有機性のものが付着・混入した廃容器・包装機材
廃プラスチック類	有機性のものが付着・混入した廃容器・包装, 鉛管, 鉛板, 廃プリント配線盤（鉛, はんだ使用）
木くず	解体木くず（木造建屋解体材, 内装撤去材）, 新築木くず（型枠, 足場板材等, 内装・建具工事等の残材）, 伐採材, 抜根材
紙くず	包装材, 段ボール, 壁紙くず, 障子, マスキングテープ類
繊維くず	廃ウエス, 縄, ロープ類, 畳, じゅうたん
廃油	防水アスファルト等（タールピッチ類）, アスファルト乳剤等, 重油等
燃えがら	焼却残渣物

⑤ 特別管理産業廃棄物

廃石綿等	飛散性アスベスト廃棄物（吹付け石綿・石綿含有保温材・石綿含有耐火被覆板を除去したもの。石綿が付着したシート・防じんマスク・作業衣等）
廃PCB等	PCBを含有したトランス, コンデンサ, 蛍光灯安定器, シーリング材, PCB付着がら
廃酸 （pH2.0以下）	硫酸等（排水中和剤） （弱酸性なら産業廃棄物）
廃アルカリ （pH12.5以上）	六価クロム含有臭化リチウム（吸収冷凍機吸収液）
引火性廃油 （引火点70℃以下）	揮発油類, 灯油類, 軽油類

9・6・2　廃棄物の処理

（1）　事業者の責務

　事業者（建設業者等）は，事業活動によって生じた廃棄物を自らの責任において，適正に処理しなければならない。また，その事業活動に伴って生じた廃棄物の再生利用等を行うことにより，減量に努めなければならない。この法律に違反した場合には，廃棄物の収集若しくは運搬又は処分業者だけでなく委託した排出事業者も責任に問われる。

◀ よく出題される

（2）　事業者の処理

①　事業者は，自らその産業廃棄物の運搬または処分を行う場合には，政令で定める産業廃棄物の収集，運搬および処分に関する基準に従わなければならない。

②　事業者は，その産業廃棄物の運搬または処分を他人に委託する場合には，その運搬については産業廃棄物収集運搬業者に，その処分については産業廃棄物処分業者に委託しなければならない。

③　事業者は，産業廃棄物の運搬又は処分を委託する場合には，その契約は書面で行い，委託契約書は契約の終了の日から5年間保存しなければならない。

（3）　産業廃棄物処理業

①　産業廃棄物の収集又は運搬を業として行おうとする者は，当該業を行おうとする区域を管轄する都道府県知事の許可を受けなければならない。

②　事業者が自らその産業廃棄物を運搬する場合，専ら再生利用の目的となる産業廃棄物のみの収集又は運搬を業として行う者その他環境省令で定める者については，許可が不要である。

③　産業廃棄物処理委託業者が収集運搬と処分の両方の業の許可を有する場合，産業廃棄物の収集運搬及び処分は，その業者に一括して委託することができる。

（4）　産業廃棄物管理票（マニフェスト）

　事業者は，産業廃棄物の運搬または処分を受託した者に対して，当該産業廃棄物の種類・数量・受諾者氏名，その他政令で定める事項を記載した産業廃棄物管理票（マニフェスト）を交付しなければならない。

◀ よく出題される

①　排出事業者は，産業廃棄物の種類ごと，運搬先ごとに産業廃棄物管理票を交付しなければならない。

②　産業廃棄物の運搬受託者は，運搬の終了時に，交付された管理票に定められた事項を記載し，期間内に管理票交付者に写しを送付する。

関連法規

③　産業廃棄物の処分受託者は，処分の終了時に，交付された管理票に定められた事項を記載し，期間内に管理票交付者に写しを送付する。

④　産業廃棄物管理票交付者は，運搬，処分受託者から業務修了後に送付された産業廃棄物管理票の写しを5年間保存しなければならない。同じく，それぞれの受託者も産業廃棄物管理票の写しを5年間保存しなければならない。

⑤　事業者の特別管理産業廃棄物の運搬または処分もしくは再生を委託使用する者に対し，あらかじめ委託しようとする特別管理産業廃棄物の種類，数量，性状その他環境省令で定める事項を文章で通知すること。

⑥　情報処理組織使用事業者は，その産業廃棄物の運搬または処分を他人に委託する場合において，情報処理センタを経由して報告または登録をしたときは，管理票を交付することを要しない。

⑦　事業者は，専ら再生利用を目的となる産業廃棄物のみの収集もしくは運搬または処分を委託する場合には，産業廃棄物管理票の交付を要しない。

⑧　事業者は，産業廃棄物が運搬されるまでの間に自ら保管する場合は，産業廃棄物保管基準に従い，生活環境の保全上支障のないよう保管しなければならない。

⑨　産業廃棄物管理票（マニフェスト）を交付された運搬受託者および処分受託者は，当該運搬または処分が終了した日から10日以内に，当該管理票の写しを管理票交付者へ送付しなければならない。

確認テスト〔正しいものには○，誤っているものには×をつけよ。〕

□□(1)　建設に伴う残土は，産業廃棄物として処理しなければならない。

□□(2)　廃エアコンディショナー（日常生活に伴って生じたものに限る。）のポリ塩化ビフェニルを使用する部品は，特別管理一般廃棄物である。

□□(3)　金属くずは，特別管理産業廃棄物である。

□□(4)　事業活動による産業廃棄物は，事業者が自ら処理しなければならない。

□□(5)　産業廃棄物管理票（マニフェスト）は，産業廃棄物の種類にかかわらず，まとめて交付しなければならない。

関連法規

確認テスト解答・解説

(1)　×：建設残土は廃棄物ではない。

(2)　○

(3)　×：金属くずは特別管理産業廃棄物ではなく，安定型処分場で処理できる産業廃棄物である。

(4)　○

(5)　×：産業廃棄物管理票は，産業廃棄物の種類ごとに交付しなければならない。

9・7 建設工事に係る資材の再資源化に関する法律（建設リサイクル法）

学習のポイント

1. この法律の目的と用語を覚える。
2. 特定建設資材について覚える。
3. 工事の届出等について覚える。

9・7・1 目 的

　この法律は，特定の建設資材について，その分別解体等及び再資源化等を促進するための措置を講ずるとともに，解体工事業者について登録制度を実施すること等により，再生資源の十分な利用及び廃棄物の減量等を通じて，資源の有効な利用の確保及び廃棄物の適正な処理を図り，もって生活環境の保全及び国民経済の健全な発展に寄与することを目的とする（法第1条）。

9・7・2 用 語

（1） 建設資材

　土木建築に関する工事（建設工事）に使用する資材をいう。

（2） 建設資材廃棄物

　建設資材が廃棄物となったものをいう。

（3） 分別解体等

　① 建築物等の解体工事で用いられた建設資材廃棄物をその種類ごとに分別して計画的に施工することをいう。

　② 建築物等の新築工事等に伴い副次的に生じる建設資材廃棄物をその種類ごとに分別しつつ当該工事を施工することをいう。

（4） 再資源化

　① 分別解体等に伴って生じた建設資材廃棄物を，資材または原材料として利用することができる状態にすることをいう。

　② 分別解体等に伴って生じた建設資材廃棄物で，燃焼の用に供することができるものまたはその可能性あるものについて，熱を得ることに利用することができる状態にすることをいう。

（5）　特定建設資材

◀よく出題される

建設資材廃棄物となった場合に再資源化が資源の有効な利用および廃棄物の減量を図るうえで特に必要であり，かつ，その再資源化が経済性の面において制約が著しくないものとして定められた次の4種類をいう。

① コンクリート

② コンクリートおよび鉄からなる建設資材

③ 木材

④ アスファルト・コンクリート

プラスチックは含まれない。

（6）　縮　　減

焼却，脱水，圧縮，その他の方法により建設資材廃棄物の大きさを減ずる行為をいう。

分別解体等に伴って生じた木材については，再資源化施設が工事現場から50 km 以内にない場合には，再資源化に代えて縮減をすれば足りる。

（7）　再資源化等

再資源化および縮減をいう。

9・7・3　建設業者の行うべき業務

（1）　発注者または自主施工者

対象建設工事の発注者または自主施工者は，工事に着手する日の7日前までに，次に掲げる事項を都道府県知事に届け出なければならない。

一　解体工事である場合においては，解体する建築物等の構造

二　新築工事等である場合においては，使用する特定建設資材の種類

三　工事着手の時期および工程の概要

四　分別解体等の計画

五　解体工事である場合においては，解体する建築物等に用いられた建設資材の量の見込み

六　その他主務省令で定める事項

（2）　受注者・元請業者

対象建設工事受注者は，分別解体等に伴って生じた特定建設資材廃棄物について，再資源化をしなければならない。また，その一部を下請に出す場合においては，当該下請業者に対して対象建設工事を着手するに当たり都道府県知事等に届け出られた事項を告げなければならない。

対象建設工事の元請業者は，当該工事に係る特定建設資材廃棄物の再資源化等が完了したときは，完了した年月日，要した費用等について発注者

関連法規

に書面で報告し，その実施状況に関する記録を作成し，保存しなければならない。

（3）　解体工事業の登録等

建設業法上の管工事業のみの許可を受けた者が解体工事業を営もうとする場合は，当該業を行おうとする区域を管轄する都道府県知事の登録を受けなければならない。

対象建設工事を発注者から直接請け負おうとする者は，少なくとも分別解体等の計画等について，書面を交付して発注者に説明しなければならない。

9・7・4　分別解体等実施の対象建設工事

分別解体等を実施する必要のある建物等は，政令に規模の基準が定められている。その概要を表9・14に示す。

表9・14　分別解体等の規模

工事の種類	規模の規準	
建築物の解体	床面積の合計	80 m^2 以上
建築物の新築・増築	床面積の合計	500 m^2 以上
建築物の修繕・模様替え（リフォーム等）	請負金額	1 億円以上
その他の工作物に関する工事（土木工事等）	請負金額	500万円以上

(注1)　解体工事とは，建築物の場合，基礎，基礎ぐい，壁，柱，小屋組，土台，斜材，床板，屋根板または横架材で，建築物の自重もしくは積載荷重，積雪，風圧，土圧もしくは水圧または地震その他振動もしくは衝撃を支える部分を解体することをさす。

(注2)　建築物の一部を解体，新築，増築する工事については，当該工事に係る部分の床面積が基準にあてはまる場合について対象建設工事となる。
　　　また，建築物の改築工事は，解体工事＋新築（増築）工事となる。

関連法規

確認テスト〔正しいものには○，誤っているものには×をつけよ。〕

□□(1)　床面積の合計が80 m² 以上の建築工事（新築・増築）の副次的に生じた特定建設資材廃棄物は，再資源化等をしなければならない。

□□(2)　コンクリートは，建設工事に関する資材のうち，再資源化が必要な特定建設資材である。

□□(3)　プラスチックは，建設工事に使用する資材のうち，再資源化が必要な特定建設資材である。

□□(4)　木材は，建設工事に使用する資材のうち，再資源化が必要な特定建設資材である。

□□(5)　対象建設工事の元請業者は，工事に着手する日の7日前までに，都道府県知事等に届け出なければならない。

確認テスト解答・解説

(1)　×：床面積の合計は，新築・増築に伴うものが 500 m² 以上である。なお，建築物の解体に伴うものは 80 m² 以上である。

(2)　○

(3)　×：プラスチックは含まれない。コンクリート，コンクリートおよび鉄からなる建設資材，木材，アスファルト・コンクリートが規定されている。

(4)　○

(5)　×：都道府県知事に届け出るのは，元請業者ではなく，対象建設工事の発注者または自主施工者である。

9・8 その他の法律

学習のポイント

1. 浄化槽工事を行う場合の法規制について覚える。
2. 浄化槽設置後の水質検査に関する事項を覚える。
3. 特定建設作業の実施の騒音規制法に基づく届出の内容について覚える。
4. その他の法律についても覚える。

9・8・1　浄化槽法

(1)　浄化槽

　便所と連結してし尿およびこれと併せて雑排水（工場廃水，雨水その他の特殊な排水を除く。以下同じ。）を処理し，終末処理場を有する公共下水道（以下「終末処理下水道」という。）以外に放流するための設備または施設であって，公共下水道および流域下水道並びに廃棄物の処理及び清掃に関する法律の規定により定められた計画に従って市町村が設置したし尿処理施設以外のものをいう。したがって，終末処理下水道などで処理する場合を除き，浄化槽で処理した後でなければ，し尿を公共水域等に放流してはならない。浄化槽からの放流水の水質は，生物化学的酸素要求量を1 Lにつき20 mg以下としなければならない。

(2)　浄化槽工事業者

　浄化槽工事業を営もうとする者は，当該業を行おうとする区域を管轄する都道府県知事の登録を受けなければならない。浄化槽工事業者は，その営業所及び浄化槽工事の現場ごとに，その見やすい場所に，氏名又は名称登録番号その他の事項を記載した標識を掲げなければならない。

(3)　浄化槽設備士

　浄化槽工事を実地に監督する者として浄化槽設備士免状の交付を受けている者をいう。浄化槽工事業者は，浄化槽工事を行うときは，これを浄化槽設備士に実地に監督させ，またはその資格を有する浄化槽工事業者が自ら実地に監督しなければならない。ただし，これらの者が自ら浄化槽工事を行う場合は，この限りでない。

◀ よく出題される

(4)　設置後等の水質検査

　浄化槽の設置・変更する場合は，都道府県知事もしくは保健所のある市

又は特別区の長へ届けなければならない。

新たに設置され，またはその構造もしくは規模の変更をされた浄化槽については，環境省令で定める期間内に当該浄化槽の所有者，占有者その他の者で当該浄化槽の管理について権限を有するもの（以下「浄化槽管理者」という。）は，都道府県知事が指定する者（以下「指定検査機関」という。）の行う水質に関する検査を受けなければならない。　◀ よく出題される

その期間は，使用開始後３月を経過した日から５月間とする。浄化槽からの放流水の水質は，生物化学酸素要求量について測定する。

（5）型式認定

FRP 製浄化槽などの工場で製造される浄化槽は，国土交通大臣の型式　◀ よく出題される
認定を受けなければならない。

9・8・2　騒音規制法

（1）特定施設

特定施設とは，工場又は事業場に設置される施設のうち，著しい騒音を　◀ よく出題される
発生させる施設である。

原動機の定格出力が7.5 kW 以上の送風機，空気圧縮機，冷却塔（送風機のある）などは特定施設である。

指定地域間において，工場又は事業場（特定施設が設置されているもの）に特定施設を設置しようとする者は，その特定施設の設置の工事開始日の30日前までに，市町村長に届け出なければならない。

指定地域とは，特定工場において発生する騒音及び特定建設作業に伴って発生する騒音について規制する地域として指定された地域をいう。

規制基準とは，特定工場等において発生する騒音の特定工場等の敷地の境界線における大きさの許容限度をいう。

（2）特定建設作業

特定建設作業とは，著しい騒音を発生する作業で，建設工事として行われる作業のうち，政令で定めるものをいう。ただし，当該作業がその作業を開始した日に終わるものを除く（特定建設業者が行う作業ではない）。

① くい打機等を使用する作業

② びょう打機を使用する作業

③ さく岩機を使用する作業

④ 空気圧縮機（電動機以外の原動機を用いるものであって，その原動機の定格出力が15 kW 以上のものに限る。）を使用する作業

⑤〜⑧ 省略

関連法規

（3）　特定建設作業の届出

　都道府県知事が指定した区域内で，特定建設作業を伴う建設工事を施工しようとするときは，特定建設作業開始の日の7日前までに，市町村長にその事項等を所定の書式により届け出なければならない。

　届出事項は，施工者の氏名又は名称及び住所，ならびに法人代表者氏名，工事の施設又は工作物の種類，作業場所と実施期間，騒音の防止方法，作業開始と終了予定時刻など。

（4）　特定建設作業の規制基準

　騒音の大きさは，当該特定建設作業を行う敷地の境界線上での測定で85デシベル以下でなければならない（災害復旧作業でも守るべき値である）。

　特定建設作業が禁止されている時間帯等は次のとおりである。

1)　夜間または深夜作業（区域により午後7時から翌日の午前7時までと，午後10時から翌日の午前6時まで）の禁止。

2)　区域により1日の作業時間は，10時間または14時間を超えないこと。

3)　作業期間は，同一場所においては連続6日間を超えてはならない。

4)　日曜日またはその他の休日は，作業禁止日。

ただし，災害その他非常事態発生により特定建設作業を緊急に行う場合，および人命または身体の危険防止のため特に特定建設作業を行う必要のある場合は，作業時間，作業期間，作業禁止日の規制は除外される。

◀ よく出題される

9・8・3　振動規制法

（1）　特定建設作業

　特定建設作業とは，くい打機等4種類の著しい振動を発生する作業で，2日以上にわたるものをいう。

（2）　特定建設作業の届出

　都道府県知事が指定した区域内で，特定建設作業を伴う建設工事を施工しようとするときは，特定建設作業開始の日の7日前までに，市町村長にその事項等を所定の書式により届け出なければならない。

（3）　特定建設作業の規制基準

　騒音の大きさは，当該特定建設作業を行う敷地の境界線上での測定で75デシベル以下でなければならない。

　特定建設作業が禁止されている時間帯等は次のとおりである。

1)　夜間または深夜作業（区域により午後7時から翌日の午前7時までと，午後10時から翌日の午前6時まで）の禁止。

　2) 区域により1日の作業時間は，10時間または14時間を超えないこと。

　3) 作業期間は，同一場所においては連続6日間を超えてはならない。

　4) 日曜日またはその他の休日は，作業禁止日。

　ただし，災害その他非常事態発生により特定建設作業を緊急に行う場合，および人命または身体の危険防止のため特に特定建設作業を行う必要のある場合は，作業時間，作業期間，作業禁止日の規制は除外される。

9・8・4　建築物のエネルギー消費性能の向上に関する法律（建築物省エネ法）

　この法律は，建築物のエネルギー消費性能の向上に関する基本的な方針の策定について定めるとともに，一定規模以上の建築物の建築物エネルギー消費性能基準への適合性を確保するための措置，建築物エネルギー消費性能向上計画の認定その他の措置を講ずることにより，建築物のエネルギー消費性能の向上を図り，もって国民経済の健全な発展と国民生活の安定向上に寄与することを目的とする。

　エネルギー消費性能とは，建築物の一定の条件での使用に際し消費されるエネルギー（空気調和設備等）の量を基礎として評価される性能をいい，建築物エネルギー消費性能基準とは，建築物の備えるべきエネルギー消費性能の確保のために必要な建築物の構造及び設備に関する省令で定める基準をいう。

　また，空気調和設備等とは，空気調和設備，空気調和設備以外の機械換気設備，照明設備，給湯設備，昇降機をいう。　◀ よく出題される

9・8・5　液化石油ガスの保安の確保及び取引の適正化に関する法律

　液化石油ガスとは，プロパン，ブタン，プロピレン等の炭化水素を主成分とするガスを液化したものであり，充填容器は，常に温度を40℃以下に保たなければならない。

9・8・6　水質汚濁防止法

　工場または事業場から公共用水域に水を排出する者は，特定施設を設置しようとするときは，都道府県知事に対して特定施設の種類や汚水等の処理の方法等を届けなければならない。ただし，処理対象人員が500人以下のし尿浄化槽は除かれているため，届出の必要はない。

　なお，溶存酸素は測定項目に含まれない。

関連法規

9・8・7　大気汚染防止法

　この法律は，工場および事業場における事業活動並びに建築物等の解体等に伴うばい煙，揮発性有機化合物および粉じんの排出等を規制し，有害大気汚染物質対策の実施を推進し，並びに自動車排出ガスに係る許容限度を定めること等により，大気の汚染に関し，国民の健康を保護するとともに生活環境を保全し，並びに大気の汚染に関して人の健康に係る被害が生じた場合における事業者の損害賠償の責任について定めることにより，被害者の保護を図ることを目的とする。

　大気汚染防止法で定める物質は，次に掲げる物質とする。

①　いおう酸化物
②　ばいじん
③　カドミウムおよびその化合物
④　塩素および塩化水素
⑤　フッ素，フッ化水素およびフッ化ケイ素
⑥　鉛およびその化合物
⑦　窒素酸化物
⑧　揮発性有機化合物
⑨　粉じん
⑩　石綿などの特定粉じん
⑪　自動車排出ガス

9・8・8　建築物における衛生的環境の確保に関する法律（建築物衛生法）

　この法律は，多数の者が使用し，または利用する建築物の維持管理に関し環境衛生上必要な事項等を定めることにより，その建築物における衛生的な環境の確保を図り，もって公衆衛生の向上および増進に資することを目的とする。

　建築物における衛生的環境の確保に関する法律で定める建築物は，次の各号に掲げる用途に供される部分の延べ面積が3,000 m^{2}以上の建築物及び学校の用途に供される建築物で延べ面積が8,000 m^{2}以上のものとする。

　一　興行場，百貨店，集会場，図書館，博物館，美術館又は遊技場
　二　店舗又は事務所
　三　学校教育法第一条に規定する学校以外の学校（研修所を含む。）
　四　旅館

　同法で定める測定項目は，一酸化炭素，二酸化炭素，温度，湿度，浮遊粉じん，気流，ホルムアルデヒドの量である。

9・8・9　フロン類の使用の合理化及び管理の適正化に関する法律（フロン排出抑制法）

フロン排出抑制法の対象になる機器は，業務用エアコンディショナ・冷凍機・冷水機・冷蔵の機能を有する自動販売機などである。家庭用のエアコンディショナ・冷蔵庫・衣類乾燥機，使用を終了した自動車用カーエアコンは，法の対象外である。

業務用冷凍空調機器の管理者が，使用時や廃棄時に守るべき判断基準は次のとおりである。

① 機器を適切に設置，適切な使用現場を維持。

② 機器を点検（簡易点検の実施）

③ 機器からのフロン漏えい時，適切に対処（繰り返し充填の禁止）

④ 機器の整理に関する記録を保存。

9・8・10　測定項目と法律の組合せ

◀ よく出題される

次の測定項目は，各法律により規定されている。

① 浄化槽法：生物化学的酸素要求量（BOD），溶存酸素量（DO），水素イオン濃度（pH），塩化物イオン濃度，残留塩素濃度など

② 水質汚濁防止法：水素イオン濃度（pH），生物化学的酸素要求量（BOD），化学的酸素要求量（COD）など

③ 大気汚染防止法：硫黄酸化物（ばい煙濃度）

④ 建築物における衛生的環境の確保に関する法律：浮遊粉じん量，二酸化炭素の含有率，一酸化炭素の含有率，ホルムアルデヒドの量など

なお，溶存酸素量は，水中に溶存する酸素量で水中の微生物や魚介類にとって必要なものであるが，水質汚濁防止法には定められていない。また，浮遊物質量（SS）は大気汚染防止法には定められていない。

関連法規

確認テスト〔正しいものには○，誤っているものには×をつけよ。〕

□□(1)　浄化槽を設置した場合は，直ちに指定検査機関の行う水質検査を受けなければならない。

□□(2)　特定建設作業の騒音は，災害復旧などの緊急作業の場合，敷地境界線において85デシベルを超えてもよい。

□□(3)　特定建設作業とは，建設工事として行われる作業のうち，特定建設業者が行う作業をいう。

□□(4)　給水設備は，エネルギーの効率的利用のための措置を実施することが定められている。

□□(5)　水素イオン濃度の測定は，水質汚濁防止法により規定されている測定項目である。

確認テスト解答・解説

(1)　×：設置後等の水質検査は，浄化槽法第7条第1項に，「環境省令で定める期間内に」とされていて，その期間は，使用開始後3月を経過した日から5月間とする。

(2)　×：緊急作業であっても，85デシベルを超えてはならない。

(3)　×：特定建設作業とは，建設工事として行われる作業のうち，政令で定めるものをいう。

(4)　×：建築物のエネルギー消費性能の向上に関する法律（建築物省エネ法）におけるエネルギーの効率的利用のための措置は，空気調和，照明，給湯，昇降機設備である。給水設備は含まない。

(5)　○

第10章　第二次検定

第二次検定

10·1 最新6年間の出題傾向

	令和4年	令和3年	令和2年	令和元年	平成30年	平成29年
問題1	〔設問1〕 施工の良否（○×） (1) 縦横比の大きな屋内機器の頂部耐震措置 (2) 汚水槽通気管の接続方法 (3) 切断用パイプカッターの使用可能な配管 (4) 送風機用たわみ継手の両端フランジ間隔 (5) 長方形ダクトのかどの継目の数 〔設問2〕 適切でない部分の理由又は改善策 (6) 送風機回りダンパー取付け要領図 (7) パッケージ形空気調和機屋外機設置要領図 〔設問3〕 (8) 中間階便所平面詳細図　給水設備と排水設備の適切でない部分の理由または改善策	〔設問1〕 施工の良否（○×） (1) アンカーボルトのねじ山とナット (2) 硬質ポリ塩化ビニル管の接着接合 (3) 鋼管のねじ加工検査 (4) ダクト通過風量と送風動力 (5) 遠心送風機吐出ダクトの曲がり方向 〔設問2〕 適切でない部分の理由又は改善策 (6) カセット形パッケージ形空気調和機（屋内機）据付要領図 (7) 通気管末端の開口位置 (8) フランジ継手のボルトの締付け順序 〔設問3〕 (9) 飲料用高置タンク回り配管要領図における排水口空間の必要最小寸法	〔設問1〕 使用場所又は使用目的を記述 (1) つば付き鋼管スリーブ (2) 合成樹脂製支持受け付きUバンド 〔設問2〕 適切でない部分の理由又は改善策 (3) 汚水桝施工要領図 (4) 排気チャンバー取付け要領図 (5) 冷媒管吊り要領図	〔設問1〕 (1) テーパねじゲージ検査で合格となる加工ねじ管端面の位置について記述 〔設問2〕 施工不良の理由又は改善策 (2) 送風機吐出側ダクト施工要領図 (3) 保温施工のテープ巻き要領図 (4) 汚水桝平面図 (5) 水飲み器の間接排水要領図	〔設問1〕 (1) リセス付きねじ込み鋼管継手の名称及び用途を記述 〔設問2〕 (2) 長方形ダクトの継目の名称を記入 〔設問3〕 施工不良の理由又は改善策 (3) 冷媒管吊り要領 (4) 器具排水管要領 (5) 排水通気管末端の開口位置（外壁取付け）	〔設問1〕 (1) 湯沸室の機械換気方式の種別を記述 使用場所の記述 (2) ステンレス製フレキシブルジョイント 〔設問3〕 施工不良の理由又は改善策 (3) ポンプ吸込み管の施工要領 (4) 汚水ますの施工要領 (5) ループ通気管の施工要領
問題2	換気設備のスパイラルダクト（200mm亜鉛鉄板製）を施工する場合の留意事項を4つ	空冷ヒートポンプパッケージ形空気調和機の冷媒管（銅管）の施工する場合の留意事項を4つ	空冷ヒートポンプパッケージ形空気調和機（床置き直吹形）を事務室内に設置する場合の留意事項を4つ	換気設備のダクト及びダクト付属品を施工する場合の留意事項を4指定項目ごとに1つ	空調用渦巻ポンプを据え付ける場合の配置，基礎，設置レベルの調整，アンカーボルトに関する留意事項を各1つ	呼び番号3の多翼送風機を据え付ける場合の留意事項を4つ
問題3	給水管（硬質ポリ塩化ビニル管，接着接合）を屋外埋設する場合の留意事項を4つ	ガス瞬間湯沸器（屋外壁掛形24号）を住宅の外壁に設置し，浴室への給湯管（銅管）の施工する場合の留意事項を4つ	排水管（硬質ポリ塩化ビニル管，接着接合）を屋外埋設する場合の留意事項を4つ	車いす使用者用洗面器を軽量鉄骨ボード壁（乾式工法）に取り付ける場合の留意事項を4指定項目ごとに1つ	建物内の給水管を水道用硬質塩化ビニルライニング鋼管のねじ接合で施工する場合の管の切断，面取り又はねじ加工，管継手又はねじ接合材，ねじ込みに関する留意事項を各1つ	建物内の排水管を硬質塩化ビニル管で施工する場合の留意事項を4つ

問題4	バーチャート工程表と累積出来高曲線を作成して，当初の工期及び変更後の工期など	バーチャート工程表と累積出来高曲線を作成して，当初の工期及び変更後の工期など	バーチャート工程表と累積出来高曲線を作成して，当初の工期及び変更後の工期など	バーチャート工程表の作成および累積出来高曲線	バーチャート工程表の作成および累積出来高曲線	バーチャート工程表の作成および予定累積出来高曲線
問題5	「労働安全衛生法」の用語	「労働安全衛生法」の用語	「労働安全衛生法」の用語	「労働安全衛生法」の用語	「労働安全衛生法」の用語	「労働安全衛生法」の用語
問題6	施工経験記述	施工経験記述	施工経験記述	施工経験記述	施工経験記述	施工経験記述

※1：問題1および問題6は，必須問題である。　　※2：問題2と問題3は，いずれか1問を選択する。

※3：問題4と問題5は，いずれか1問を選択する。

10・2　施工経験記述の最新9年間の出題傾向

	令和4年	令和3年	令和2年	令和元年	平成30年	平成29年	平成28年	平成27年	平成26年	記述事項
工程管理	○	○		○	○			○		特に重要と考えた事項を1つあげ，それについてとった措置または対策を簡潔に記述
品質管理	○		○			○	○	○	○	
安全管理		○	○		○		○		○	

●施工経験記述は，受験者が2級管工事施工管理技士としての施工管理能力をもつ技術者かどうかを，記述された施工経験内容から判定する問題であり，実地試験の問題中では採点のウェイトも高いと推測される。この問題が解答できなければ，不合格となる。

●施工経験記述の内容は，試験会場で考えても合格基準に達するような答案はつくれない。したがって，あらかじめ過去に自分が経験した管工事を選び，いくつかの管理項目などを想定して，どのテーマが指定されても，内容が矛盾せず，一貫したもので記述できるように，事前に十分な準備・下調べと要点の整理をし，反復練習しておくことが必要である。

　※　記述した下書きを職場の上司や2級管工事施工管理技術者試験の合格者の方に読んでもらい，記述内容のチェックおよび矛盾する点を指摘してもらうなども効果的である。

●第二次検定の合格点は60％以上とし，採点の基準，配点等については，試験の実施状況を踏まえ変更する可能性があると一般に公表されている。しかし，第二次検定は，施工経験記述が解答できなければ合格できないが，他の問題との解答を総合して少なくとも70点を獲得することを目標とするのがよい。

第二次検定

10·3 令和4年度試験問題および解説·解答

問題1は必須問題です。必ず解答してください。解答は解答用紙に記述してください。

【問題1】　次の設問1〜設問3の答えを解答欄に記述しなさい。

〔設問1〕　次の(1)〜(5)の記述について，適当な場合には〇を，適当でない場合には×を記入しなさい。

(1)　自立機器で縦横比の大きいパッケージ形空気調和機や制御盤等への頂部支持材の取付けは，原則として，2箇所以上とする。

(2)　汚水層の通気管は，その他の排水系統の通気立て管を介して大気に開放する。

(3)　パイプカッターは，管径が小さい銅管やステンレス鋼管の切断に使用される。

(4)　送風機とダクトを接続するたわみ継手の両端のフランジ間隔は，50 mm以下とする。

(5)　長方形ダクトのかどの継目（はぜ）は，ダクトの強度を保つため，原則として，2箇所以上とする。

〔設問2〕　(6)及び(8)に示す図について，適切でない部分の理由又は改善策を記述しなさい。

〔設問3〕　(8)に示す図について，適切でない部分の理由又は改善策を，①に給水設備について，②に排水·通気設備について，それぞれ記述しなさい。ただし，配管口径に関するものは除く。

(6)　送風機回りダンパー取付け要領図

(7)　パッケージ形空気調和機屋外機設置要領図

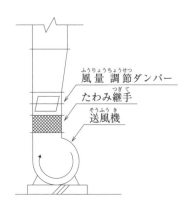

風量調節ダンパー
たわみ継手
送風機

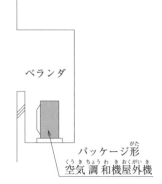

ベランダ

パッケージ形
空気調和機屋外機

(8)　中間階便所平面詳細図

【問題1】

【解説】【解答例】

〔設問1〕

番号	解 答 欄	解 説 欄
(1)	○	設問のとおり。
(2)	×	直接，大気に開放する。
(3)	○	設問のとおり。
(4)	×	原則として150 mm 以上とする。
(5)	○	設問のとおりであるが，長辺が750 mm 以下の場合には1箇所以上とする。

〔設問2〕

番号	適切でない部分の理由又は改善策
(6)	風量調節ダンパは，気流が安定し整流された直線部に設ける。
(7)	屋外機の設置方向を90度変更して，ショートサーキットの恐れがないように，吸込側と吐出側の壁面との適正な離隔距離を確保する。

【別解】

(7)　ショートサーキットの恐れがないように，天井にアングル製架台を設けて屋外機を設置する。

第二次検定

〔設問3〕

番号		解 説 欄
(8)	①	分岐バルブを器具の設置階で操作できるように，その階の床上PS内で立て管から分岐してから，操作がし易い位置にバルブ設け，その後，床貫通して床下まで立ち下げて，各器具に再度，床貫通して接続する。
	②	ループ通気管はPS内で，洗面器（又は最高位の器具）のあふれ縁よりも150mm以上立ち上げてから通気立て管に接続する。

【別解】

① 小便器への分岐部が，同時に左右へ分岐するＴ字分岐配管（しゅもく配管又はトンボ配管）になっている。左右どちらか片方に分岐後に次の分岐をする。

② 床下の通気管取り出し部は，もよりの壁面近くで天井内まで立ち上げてから，ループ配管として通気立て管に接続する。

問題2と問題3の2問題のうちから1問題を選択し，解答は**解答用紙**に記述してください。選択した問題は，解答用紙の**選択欄**に〇印を記入してください。

【問題2】 換気設備のダクトをスパイラルダクト（亜鉛鉄板製，ダクト径200mm）で施工する場合，次の(1)～(4)に関する留意事項を，それぞれ解答欄の(1)～(4)に具体的かつ簡潔に記述しなさい。ただし，工程管理及び安全管理に関する事項は除く。

(1) スパイラルダクトの接続を差込接合とする場合の留意事項
(2) スパイラルダクトの吊り又は支持に関する留意事項
(3) スパイラルダクトに風量調節ダンパーを取り付ける場合の留意事項
(4) スパイラルダクトが防火区画を貫通する場合の貫通部処理に関する留意事項（防火ダンパーに関する事項は除く。）

【解答例】

番号	解 答 欄
(1)	ダクト用テープは，差込長さ以上の幅を二層巻きとする。
(2)	横走りダクトの吊り間隔は，4m以下とし，12mごとに振れ止め支持とする。
(3)	ダンパーの開度指示が見易く，調節用ハンドルまたはレバーの操作が容易な位置に取り付ける。
(4)	貫通部のダクトは1.5mm以上の鋼板製とし，貫通部の隙間はモルタル等の不燃材料で埋める。

【解説】

(1) 「継手の外面にシール材を塗布して直管に差込み，片側2本以上の鉄板ビスで接合して継目をダクト用テープで二層に巻く。」としてもよい。

【問題3】　給水管（水道用硬質ポリ塩化ビニル管，接着接合）を屋外埋設する場合，次の(1)〜(4)に関する留意事項を，それぞれ解答欄の(1)〜(4)に具体的かつ簡潔に記述しなさい。
ただし，工程管理及び安全管理に関する事項は除く。
(1)　管の埋設深さに関する留意事項
(2)　排水管との離隔に関する留意事項
(3)　水圧試験に関する留意事項
(4)　管の埋戻しに関する留意事項

【解答例】

番号	解　答　欄
(1)	敷地内での埋設深さは，車両通行部分が600 mm 以上，その他は300 mm 以上とする。
(2)	排水管と平行する場合には，配管の外面間で500 mm 以上，かつ給水管を上方に配置する。
(3)	埋戻し前に水圧試験を行う。
(4)	埋戻しは，配管に損傷を与えないように，山砂で配管の周囲を埋戻した後に，良質の掘削土で埋戻す。

【解説】
(2)　「排水管と交差する場合には，給水管を排水管の上側にする。」としてもよい。

第二次検定

　　問題4と問題5の2問題のうちから1問題を選択し，解答は**解答用紙**に記述してください。選択した問題は，解答用紙の**選択欄**に〇印を記入してください。

【問題4】 ある建築物を新築するにあたり，ユニット形空気調和機を設置する空気調和設備の作業名，作業日数，工事比率が下記の表及び施工条件のとき，次の設問1～設問3の答えを解答欄に記述しなさい。

作業名	作業日数	工事比率
準備・墨出し	2 日	2 %
コンクリート基礎打設	1 日	3 %
水圧試験	2 日	5 %
試運転調整	2 日	5 %
保温	3 日	15 %
ダクト工事	3 日	18 %
空気調和機設置	2 日	20 %
冷温水配管	4 日	32 %

　　(注) 表中の作業名の記載順序は，作業の実施順序を示すものではありません。

〔施工条件〕
　① 準備・墨出しの作業は，工事の初日に開始する。
　② 各作業は，相互に並行作業しないものとする。
　③ 各作業は，最早で完了させるものとする。
　④ コンクリート基礎打設後5日間は，養生のためすべての作業に着手できないものとする。
　⑤ コンクリート基礎の養生完了後は，空気調和機を設置するものとする。
　⑥ 空気調和機を設置した後は，ダクト工事をその他の作業より先行して行うものとする。
　⑦ 土曜日，日曜日は，現場の休日とする。ただし養生期間は休日を使用できるものとする。

〔設問1〕 バーチャート工程表及び累積出来高曲線を作成し，次の(1)及び(2)に答えなさい。ただし，各作業の出来高は，作業日数内において均等とする。（バーチャート工程表及び累積出来高曲線の作成は，採点対象外です。）
　(1) 工事全体の工期は，何日になるか答えなさい。
　(2) ① 工事開始後18日の作業終了時点での累積出来高を答えなさい。
　　　② その日に行われた作業の作業名を答えなさい。

〔設問2〕 工期短縮のため，ダクト工事，冷温水配管及び保温の各作業については，下記の条件で作業を行うこととした。バーチャート工程表及び累積出来高曲線を作成

し，次の(3)及び(4)に答えなさい。ただし，各作業の出来高は，作業日数内において均等とする。（バーチャート工程表及び累積出来高曲線の作成は，採点対象外です。）

（条件）　①　ダクト工事は1.5倍，冷温水配管は2倍，保温は1.5倍に人員を増員し作業する。なお，増員した割合で作業日数を短縮できるものとする。

　　　　　②　水圧試験も冷温水配管と同じ割合で短縮できるものとする。

(3)　工事全体の工期は，何日になるか答えなさい。

(4)　①　工事開始後18日の作業終了時点での累積出来高を答えなさい。

　　　②　その日に行われた作業の作業名を答えなさい。

〔設問3〕　累積出来高曲線が，その形状から呼ばれる別の名称を記述しなさい。

〔設問1〕　作業用

作業名	工事比率(%)	月	火	水	木	金	土	日	月	火	水	木	金	土	日	月	火	水	木	金	土	日	月	火	水	木	金	土	日	月	火	水	累積比率
		1	2	3	4	5	6	7	8	9	10	11	12	13	14	15	16	17	18	19	20	21	22	23	24	25	26	27	28	29	30	31	100 / 90
準備・墨出し		■	■																														80
																																	70
																																	60
																																	50
																																	40
																																	30
																																	20
																																	10
																																	0

〔設問2〕　作業用

作業名	工事比率(%)	月	火	水	木	金	土	日	月	火	水	木	金	土	日	月	火	水	木	金	土	日	月	火	水	木	金	土	日	月	火	水	累積比率
		1	2	3	4	5	6	7	8	9	10	11	12	13	14	15	16	17	18	19	20	21	22	23	24	25	26	27	28	29	30	31	100 / 90
準備・墨出し		■	■																														80
																																	70
																																	60
																																	50
																																	40
																																	30
																																	20
																																	10
																																	0

第二次検定

【解答例】

〔設問1〕〔設問2〕

番号	解　答　欄
(1)	30日
(2)①	67%
(2)②	冷温水配管作業
(3)	23日
(4)①	87.5%
(4)②	保温作業

〔設問3〕

解　答　欄
S字カーブ

【解説】

　バーチャート工程表の作成については，別冊「令和2年度版2管工事施工管理技士　実践セミナー　実地試験」（市ヶ谷出版社）に詳細な作成方法の解説があるので，参考にされたい。

【問題5】　次の設問1及び設問2の答えを解答欄に記述しなさい。

〔設問1〕　クレーン機能付き油圧ショベルの運転業務に関する文中，　A　～　D　に当てはまる「労働安全衛生法」又は「労働基準法」に定められている語句又は数値を選択欄から選択して解答欄に記入しなさい。

　　クレーン機能付き油圧ショベルを操作して掘削作業を行う場合，操作する車両の重量（機体重量）が3トン以上の場合は，車両系建設機械の運転業務に係る　A　を修了した者等の有資格者が行わなければならない。また，クレーン機能を利用してつり上げ作業を行う場合は，つり上げ荷重に応じた　B　クレーン運転の有資格者が車両を操作し，つり上げ作業に伴う玉掛けの作業は，つり上げ荷重に応じた玉掛け作業の有資格者が行わなければならない。

　　なお，　C　歳未満の者をクレーンの運転業務，補助作業を除く玉掛けの業務及び高さが　D　メートル以上の墜落のおそれがある場所での業務に就かせてはならない。

選択欄

2，　5，　15，　18，　特別教育，　技能講習，　床上操作式，　移動式

〔設問2〕　建設工事現場における労働安全衛生に関する文中，　E　に当てはまる「労働安全衛生法」に定められている数値を選択欄に記述しなさい。

　　事業者は，足場（一側足場及び吊り足場を除く。）における高さ2メートル以上の作業場所に設ける作業床は，幅　E　センチメートル以上とし，床材間のすき間は3センチメートル以下としなければならない。

【解答例】【解説】

番号		解答欄	法　　　令
〔設問1〕	A	技能講習	労働安全衛生法施行令　第20条
	B	移動式	労働安全衛生法施行令　第20条
	C	18	労働基準法　第62条
	D	5	年少者労働基準規則　第8条
〔設問2〕	E	40	労働安全衛生規則　第563条

第二次検定

問題6は必須問題です。必ず解答してください。解答は**解答用紙**に記述してください。

【問題6】　あなたが経験した**管工事**のうちから，**代表的な工事を1つ選び**，次の設問1～設問
3の答えを解答欄に記述しなさい。

〔**設問1**〕　その工事につき，次の事項について記述しなさい。

(1)　工事名〔例：◎◎ビル（◇◇邸），□□設備工事〕

(2)　工事場所〔例：◎◎県◇◇市〕

(3)　設備工事概要〔例：工事種目，工事内容，主要機器の能力・台数等〕

(4)　現場でのあなたの立場又は役割

〔**設問2**〕　上記工事を施工するにあたり「**工程管理**」上，あなたが**特に重要と考えた事項**を解
答欄の(1)に記述しなさい。

　　　また，それについて**とった措置又は対策**を解答欄の(2)に簡潔に記述しなさい。

〔**設問3**〕　上記工事を施工するにあたり「**品質管理**」上，あなたが**特に重要と考えた事項**を解
答欄の(1)に記述しなさい。

　　　また，それについて**とった措置又は対策**を解答欄の(2)に簡潔に記述しなさい。

【解説】【解答例】

　各自の経験に基づき，記述を練習してください。

　施工経験記述については，10・4の記入例を参考にするとともに，別冊「令和2年度版2管工事
施工管理技士　実践セミナー　実地試験」（市ヶ谷出版社）に詳細な解説があるので，参考にされ
たい。

10・4 施工経験記述記入例

10・4・1 施工経験記述に対する記述上の留意点

Ⅰ．施工経験記述の要点

① 必須問題であり，必ず記述すること。

② 実施試験における施工経験記述の採点比重は公表されていないが，非常に大きく，他の問題で合格点をクリアしたとしても，施工経験記述が無記入であると，不合格となる。

③ 施工経験記述の狙いとするところは，受験者の管工事施工管理技術者としての実務経験と技術力および記述能力を判断することにある。

管工事の種別とおもな工事内容（実務経験として記述の対象となるもの）

工事種別	おもな工事内容
冷暖房設備工事	冷温熱源機器据付け工事，ダクト工事，蒸気配管等
冷凍冷蔵設備工事	冷凍冷蔵機器据付け工事，冷媒配管工事，自動計装工事等
空気調和設備工事	冷温熱源機器据付け工事，ダクト工事，冷温水配管工事等
換気設備工事	送・排風機据付け工事，ダクト工事等
給排水・給湯設備工事	給排水配管工事，給湯配管工事等
厨房設備工事	厨房機器据付け工事，給排水配管工事等
衛生器具設備工事	衛生器具取付け工事等
浄化槽設備工事	浄化槽設置工事
ガス管配管設備工事	都市ガス配管工事，LP ガス配管工事，LNG 配管工事等
管内更生工事	給水管・排水管ライニング更生工事
消火設備工事	屋内消火栓の配管工事，スプリンクラの配管工事等
上水道配管工事	給水装置の分岐を有する配水小管工事
下水道配管工事	施設の敷地内の配管工事（下水道本管は除く。）

（注）上記工事には増設・改修・補修工事も含まれる。

④ 論文を求めているのではないため，的確な表現で，簡潔に的を得た記述が求められる。

⑤ 管工事と判断されない内容の場合は，不合格となる。建築工事や土木工事と判断される工事内容は，不可である。その他，次ページの表を参照のこと。

⑥ 出題テーマがほとんど確定されているため，各テーマに対して事前に記述例を作成して用意しておくようにする。

⑦ 最近の事例について記述する。あまり遠い過去の事例は好ましくない。

⑧ 施工図作成時に発見された問題はよしとされるが，設計上の問題と解釈されるおそれがあるため，極力，避ける。

⑨ 失敗例は不可である。

第二次検定

管工事の施工に関する実務経験とは認められない工事

1．管きょ，暗きょ，開きょ，用水路，灌漑，しゅんせつ等の土木工事
2．敷地外の公道下等での上下水道の配管工事
3．プラント，内燃力発電設備，集じん機器設備，揚排水機等の機械器具設備工事，工場での配管プレハブ加工
4．電気，電話，電気計装，船舶，航空機等の配管設備
5．保守・点検，保安，営業，事務，積算
6．官公庁における行政および行政指導，教育機関および研究所における教育・指導および研究等

（注1）　3．で，プラント配管および機器据付け工事は認められていないため，プラント機器設備の経験のみの場合は，プラント工事を行うための仮設事務所内における給排水衛生設備，空調設備や換気設備について記述する。

⑩　ていねいな字で記述し，誤字・脱字，当て字は避ける。

⑪　専門用語をできるだけ使用し，正確な漢字を使用する。

Ⅱ．〔設問1〕に関する注意事項

(1)　**工事名**

①　実際に経験した工事であるため，実際の工事名称等を記入する。

②　正式工事名が，○○ビル新築工事，△△団地造成工事のような場合は，そのままの工事名でよいが，その名称の後に，括弧書きで（空調設備工事）（敷地内給排水管敷設工事）のように，設備工事名を記入するとよい。

〔記述例〕

・市ヶ谷ビル新築工事（給排水衛生設備工事）

・四谷ビル改修工事（空調設備工事）

(2)　**工事場所**

①　実存する建物の所在地を，都道府県，市町村名，番地まで記述する。

②　地域・場所から，その地域独特の仕様で施工しなければならない場合（寒冷地仕様等）がある。

〔記述例〕

・東京都新宿区市ヶ谷田町5丁目10番20号

(3)　**設備工事概要**

①　工事種目を記入する。(1)の工事名と重複する場合には，省略してもよい。

〔記述例〕

・空調設備工事，換気設備工事，給排水衛生設備工事，浄化槽設備工事，消火設備工事等

②　工事内容を記入する。

〔記述例〕

・ダクト工事，空調冷媒管工事，給排水配管工事，LPG配管工事，屋外排水管工事

③　設備の規模を記入する。

　　主要機器の能力・台数，配管延べ長さなど。

〔記述例〕

・工事で設置した主要機器等を2，3記述する。

　　空冷ヒートポンプパッケージ50 kW×1台，換気扇50台，衛生陶器20組

　　受水タンク10 m³×1台，高置タンク2 m³×1台，加圧給水ポンプユニット×1組

・配管延べ長さを記述する。

　　給水配管延べ1,400 m，排水・通気配管延べ250 m

上記の例のいずれかを記述する。

　ただし，工事規模に即した工事概要であること。工事規模に比較して過大な機器であったり，過小すぎて容量不足と誤解される記述とならないように留意する。

　④　建物用途（工事件名から判断できない場合），建物延べ面積，階数などを記入する。

　　　どの程度の規模の建物で施工経験をしたのかを見る。

〔記述例〕

・事務所ビル，延べ面積3,200 m²，3階建て

(4) 現場でのあなたの立場または役割

　①　「現場代理人」「工事主任」「主任技術者」「発注者監督員」等，施工上の立場を記述する。

　②　「主任技術者」は，管工事以外の指定国家資格や指定された実務経験者が選任されるもので，使用する場合は注意が必要である。

　③　「発注者監督員」という立場は，施主側の立場にあって現場を監理する場合に称されるので，請負業者の場合には使用しない。

　④　会社における役職とは無関係であるので，「設備課長」というような表現は不適当である。

Ⅲ．〔設問2〕および〔設問3〕に関する注意事項

(1) 特に重要と考えた事項（特に留意した事項）

　①　施工上「特に重要と考えた事項」（特に留意した事項）について，簡潔に記述する。(2)で記述を求められている「措置または対策」と混同しないようにする。(1)で「措置または対策」まで記述すると，(2)で記述する内容がなくなってしまう。

　②　指定された出題テーマと食い違わないようにする。「安全管理」のテーマに対し，記述内容が「工程管理」であったり，「品質管理」となったりしないように留意する。

　③　施工中の事項について記述する。設計上の問題や工事完成後発生した問題，クレーム等は不適当である。管工事施工管理技術者として施工管理をするのであるから，後日クレームとなるような問題は，事前に手を打って避けることができるはずである。

　④　完了した工事について記述する。施工中の工事は，その結果がまだ出ていないので，重要と考えた事項に対する措置または対策の結果が記述できない。

　⑤　特殊なケースはできるだけ避け，一般的な事例について記述するほうが好ましい。あまり特殊なケースだと，採点者がその工事の良否を判定できない場合がある。

　⑥　工事規模の大小は問われていないが，あまり小規模の工事では問題・課題等が見いだしにく

いため，ある程度の規模の工事のほうが記述しやすい。1件の工事請負金額が500万円未満はできるだけ避ける。

(2) 措置または対策

① 「特に重要と考えた事項（特に留意した事項)」に対する「措置または対策」を，簡潔に記述する。当然のことながら，その記述内容が(1)の事項と完全に整合していなければならない。

② 記述スペースにもよるが，全体スペースをはみ出さないように，また過小すぎないように記述する。箇条書きで2，3記述することもよい。

Ⅳ. 「品質管理」の記述例のヒント

■ 事例1 ■

(1) 特に重要と考えた事項

屋内機のドレン管からの漏水は商品に損傷を与えるため，漏水のないことを特に重要と考えた。

(2) とった措置または対策

① ドレン管はVP管で，継手などの接続部は作業者に差込みしろ管理用シールを使わせて，差込みしろの管理を徹底した。

② ドレン管の天井横走り部分を極力少なくして，室内機直近で立ち下げ配管とした。

③ ドレンパンからの漏水事故の可能性も考慮する必要があるため，室内機は商品棚上部を避け，通路部分に設けるようにした。

■ 事例2 ■

(1) 特に重要と考えた事項

屋上に設置したヒートポンプパッケージの屋外機からの騒音が，隣地境界線上で許容値以下におさまることを特に重要と考えた。

(2) とった措置または対策

机上の計算では，騒音値は隣地境界線上で許容範囲内であったが，騒音値が許容値に近かったため，近隣住宅側に防音壁を追加設置した。その結果，試運転で十分に許容騒音値を下回った。

■ 事例3 ■

(1) 特に重要と考えた事項

試運転調整不備による引き渡し後の客先および使用者からの苦情がないことを最重要テーマと考えた。

（2）　とった措置または対策

　竣工の3週間前から試運転調整を計画し，各機器および配管，ダクト系統の調整を行い，設計図書と整合していることを確認して記録をとった。また，機器相互間のインターロック・シーケンス制御の確認をとった。

V．「安全管理」の記述例のヒント
■ 事例1 ■

（1）　特に重要と考えた事項

　1階ホールの空調用ダクト工事が4m程度の高所作業となるため，足場から作業者の転落事故がないようにすることを特に重要と考えた。

（2）　とった措置または対策

① 　毎朝のTBMにおいて，足場・手すり・親綱・要求性能墜落制止用器具等の確認を指差呼称で行い，安全管理者を指名して巡回管理を徹底させた。
② 　脚立の単体使用による作業を全面禁止とし，TBM時に徹底して教育指導した。
③ 　単独での高所作業も同じく全面禁止とし，必ず複数の作業者で相互監視しながら作業を行わせるとともに，要求性能墜落制止用器具の使用も完全に習慣化させた。

■ 事例2 ■

（1）　特に重要と考えた事項

屋上設置機器を重機によって搬入・据付けするために，揚重時の重機転倒による周囲の作業員に対する事故防止を特に重要と考えた。

（2）　とった措置または対策

① 　重機の据付け位置は，堅固な地盤を選定して行い，地盤が少しでも不安定だと想定された場合は，鉄板を敷き，アウトリガーを完全に張り出して固定した。
② 　ブームの傾斜角は，所定の角度を絶対に超えないように確認させた。
③ 　揚重作業範囲にはバリケードを設け，監視員を配備して監視に当たらせた。
　　※ 　揚重に重機を必要としない作業には該当しない。

■ 事例3 ■

（1）　特に重要と考えた事項

配管施工のため，脚立やはしごの使用による作業員の転落事故を防止することが特に重要と考えた。

第二次検定

（2）　とった措置または対策

①　脚立を単独で使用する作業は原則禁止とし，可搬式作業台の使用を原則とし，朝礼時に周知徹底させた。

②　はしごを使用する場合は，はしごの脚部を固定するとともに，頭つなぎを必ず設け，監視員をつけた。

③　作業の都合上やむを得ず脚立の単独使用や，はしごを使用する場合には，たとえ高所作業とならない2m未満の高さであっても，必ず要求性能墜落制止用器具を使用することを習慣とするように教育した。

Ⅵ. 「工程管理」の記述例のヒント
■ 事例1 ■

（1）　特に重要と考えた事項

天候予測にもかかわらず，雨期が続いたため，屋上防水工事が大幅に遅れ，屋上設置のヒートポンプパッケージの屋外機の設置が遅れて，工期に間に合わないようにならないことを特に重要と考えた。

（2）　とった措置または対策

屋外機の基礎を，建築工事業者と打合わせを行い，防水立上げ用の顎(あご)のあるコンクリート基礎に変更して，機器の基礎周りの防水は，この顎下に巻き上げて止める工法とした。その結果，防水工事に先行して機器の据付けが可能となり，試運転調整のための時間も十分に確保でき，客先に引き渡すことができた。

■ 事例2 ■

（1）　特に重要と考えた事項

建築工程が厳しく，建物外周の足場の解体が竣工の1週間前となっていたため，わずかな工程の遅延により，建物周りの排水管を含めた設備配管埋設工事の工期が確保できなくならないことを，特に重要と考えた。

（2）　とった措置または対策

建築工事業者と打ち合わせを行い，外部足場掛けの前に，建物外周の排水管および給水管・ガス配管の一部を先行配管で施工し，犬走りのコンクリート打設も先行させた。その結果，足場解体時期が竣工間際まで延長されたが，設備工事工程に影響を与えることなく，無事に工事を完了させることができた。

※建物廻りの外部足場が，竣工間際まで残りそうな建物であることが読み取れる工事概要であることが重要である。平屋建てや2階程度の低層の建物規模では，あまり適当ではない。

令和4年度

2級管工事施工管理技士

第一次検定（後期）問題

令和4年度
2級 管工事施工管理技術検定
第一次検定（後期）試験問題

次の注意をよく読んでから解答してください。

【注 意】

1. これは「管工事」の試験問題です。表紙とも 12 枚 52 問題あります。

2. 解答用紙（マークシート）に間違いのないように、試験地、氏名、受検番号を記入するとともに受検番号の数字をぬりつぶしてください。

3. 問題番号 No. 1 から No. 6 までの 6 問題は必須問題です。全問題を解答してください。

   問題番号 No. 7 から No.23 までの 17 問題のうちから 9 問題を選択し、解答してください。

   問題番号 No.24 から No.28 までの 5 問題は必須問題です。全問題を解答してください。

   問題番号 No.29 から No.38 までの 10 問題のうちから 8 問題を選択し、解答してください。

   問題番号 No.39 から No.48 までの 10 問題のうちから 8 問題を選択し、解答してください。

   問題番号 No.49 から No.52 までの 4 問題は、施工管理法（基礎的な能力）の問題で、必須問題です。全問題を解答してください。

   以上の結果、全部で 40 問題を解答することになります。

4. 選択問題は、指定数を超えて解答した場合、減点となりますから十分注意してください。

5. 試験問題の漢字のふりがなは、問題文の内容に影響を与えないものとします。

6. 解答は解答用紙（マークシート）に HB の鉛筆又はシャープペンシルで記入してください。
   （万年筆、ボールペンの使用は不可）

   解答用紙は

問題番号	解答記入欄			
No. 1	①	②	③	④
No. 2	①	②	③	④
No. 10	①	②	③	④

   となっていますから、

   当該問題番号の解答記入欄の正解と思う数字をぬりつぶしてください。

   解答のぬりつぶし方は、解答用紙の解答記入例（ぬりつぶし方）を参照してください。

7. 解答を訂正する場合は、プラスチック消しゴムできれいに消してから訂正してください。
   消し方が不十分な場合は、解答を取り消したこととなりません。

8. この問題用紙の余白は、計算等に使用しても差し支えありません。
   ただし、解答用紙は計算等に使用しないでください。

9. 解答用紙（マークシート）は、退室する前に、必ず、試験監督者に提出してください。
   解答用紙（マークシート）は、いかなる場合でも持ち帰りはできません。

10. 試験問題は、試験終了時刻（12 時 40 分）まで在席した方のうち、希望者に限り持ち帰りを認めます。途中退室した場合は、持ち帰りはできません。

必 須 問 題

問題番号 No.1 から No.48 までの問題の正解は，1問について一つです。
当該問題番号の解答記入欄の正解と思う数字を一つぬりつぶしてください。
1問について，二つ以上ぬりつぶしたものは，正解となりません。

問題番号 No.1 から No.6 までの6問題は必須問題です。全問題を解答してください。

問題 1
空気環境に関する記述のうち，**適当でないもの**はどれか。
(1) 一酸化炭素は，炭素を含む物質の燃焼中に酸素が不足すると発生する気体である。
(2) 二酸化炭素は，直接人体に有害とはならない気体で，空気より軽い。
(3) 浮遊粉じん量は，室内空気の汚染度を示す指標の一つである。
(4) ホルムアルデヒドは，内装仕上げ材や家具等から放散され刺激臭を有する。

問題 2
水に関する記述のうち，**適当でないもの**はどれか。
(1) 軟水は，カルシウム塩，マグネシウム塩を多く含む水である。
(2) BOD は，水中に含まれる有機物質の量を示す指標である。
(3) 0℃の水が氷になると，体積は約やく10%増加する。
(4) pH は，水素イオン濃度の大小を示す指標である。

問題 3
流体に関する記述のうち，**適当でないもの**はどれか。
(1) 圧力計が示すゲージ圧は，絶対圧から大気圧を差し引いた圧力である。
(2) 毛管現象は，液体の表面張力によるものである。
(3) 流体が直管路を満流で流れる場合，圧力損失の大きさは，流体の密度と関係しない。
(4) 定常流は，流れの状態が，場所によってのみ定まり時間的には変化しない。

問題 4
熱に関する記述のうち，**適当でないもの**はどれか。
(1) 熱容量の大きい物質は，温まりにくく冷えにくい。
(2) 熱放射による熱エネルギーの伝達には，媒体が必要である。
(3) 熱は，低温の物体から高温の物体へ自然に移ることはない。
(4) 顕熱は，相変化を伴わない，物体の温度を変えるための熱である。

問題 5
電気設備において，「記号又は文字記号」とその「名称」の組合せのうち，**適当でない**ものはどれか。
（記号又は文字記号）　　（名称）
(1) EM—IE —— 600 V 耐燃性ポリエチレン絶縁電線
(2) PF —— 合成樹脂製可とう電線管
(3) MC —— 電磁接触器
(4) ELCB —— 配線用遮断器

問題6

鉄筋コンクリートの特性に関する記述のうち，**適当でないもの**はどれか。

(1) 鉄筋コンクリート造は，剛性が低く振動による影響を受けやすい。

(2) 異形棒鋼は，丸鋼と比べてコンクリートとの付着力が大きい。

(3) コンクリートはアルカリ性のため，コンクリート中の鉄筋は錆びにくい。

(4) コンクリートと鉄筋の線膨張係数は，ほぼ等しい。

選 択 問 題

問題番号 No.7 から No.23 までの17問題のうちから9問題を選択し，解答してください。

問題7

空気調和方式に関する記述のうち，**適当でないもの**はどれか。

(1) ファンコイルユニット・ダクト併用方式は，全空気方式に比べてダクトスペースが小さくなる。

(2) ファンコイルユニット・ダクト併用方式は，ファンコイルユニット毎の個別制御が困難である。

(3) パッケージ形空気調和方式は，全熱交換ユニット等を使うなどして外気を取り入れる必要がある。

(4) パッケージ形空気調和方式の冷媒配管は，長さが短く高低差が小さい方が運転効率が良い。

問題8

下図に示す暖房時の湿り空気線図のd点に対応する空気調和システム図上の位置として，**適当なもの**はどれか。

(1) ①

(2) ②

(3) ③

(4) ④

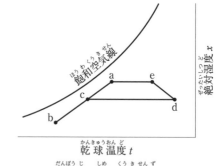

暖房時の湿り空気線図

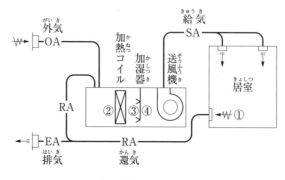

空気調和システム図

問題9

熱負荷に関する記述のうち，**適当でないもの**はどれか。

(1) 構造体の構成材質が同じであれば，厚さの薄い方が熱通過率は大きくなる。

(2) 冷房負荷計算で，窓ガラス面からの熱負荷を算定する時はブラインドの有無を考慮する。

(3) 暖房負荷計算では，一般的に，外気温度の時間的変化を考慮しない。

(4) 照明器具による熱負荷は，顕熱と潜熱がある。

問題10

エアフィルターの「種類」と「主な用途」の組合せのうち，**適当でないもの**はどれか。

（種類）	（主な用途）
(1) HEPA フィルター ———	クリーンルーム
(2) 活性炭フィルター ———	ガス処理
(3) 自動巻取形 ———	一般空調
(4) 電気集じん器 ———	厨房排気

問題11

放射冷暖房方式に関する記述のうち，**適当でないもの**はどれか。

(1) 放射冷暖房方式は，室内における上下の温度差が少ない。

(2) 放射暖房方式は，天井の高いホール等では良質な温熱環境を得られにくい。

(3) 放射冷房方式は，放熱面温度を下げすぎると放熱面で結露を生じる場合がある。

(4) 放射冷房方式は，室内空気温度を高めに設定しても温熱感的には快適な室内環境を得ることができる。

問題12

パッケージ形空気調和機に関する記述のうち，**適当でないもの**はどれか。

(1) マルチパッケージ形空気調和機には，1台の屋外機で冷房と暖房を屋内機ごとに選択できる機種もある。

(2) 業務用パッケージ形空気調和機は，一般的に，代替フロン（HFC）が使用されており，「フロン類の使用の合理化及び管理の適正化に関する法律」の対象となっている。

(3) パッケージ形空気調和機には，空気熱源ヒートポンプ式と水熱源ヒートポンプ式がある。

(4) マルチパッケージ形空気調和機方式は，ユニット形空気調和機を用いた空気調和方式に比べて，機械室面積等が広く必要となる。

問題13

換気に関する記述のうち，**適当でないもの**はどれか。

(1) 営業用厨房は，燃焼空気の供給のため室内を正圧とする。

(2) 第一種機械換気方式は，給気側と排気側の両方に送風機を設ける方式である。

(3) 駐車場の換気として，誘引誘導換気方式を採用する場合がある。

(4) 第三種機械換気方式では，換気対象室内は負圧となる。

問題14

換気に関する記述のうち，**適当でないもの**はどれか。

(1) 第二種機械換気方式は，建具等からの室への空気の侵入を抑制できる。

(2) 局所換気は，汚染物質を汚染源の近くで補そく・処理するため，周辺の室内環境を衛生的かつ安全に保つうえで有効である。

(3) 温度差を利用する自然換気方式では，換気対象室のなるべく高い位置に給気口を設

け る。
(4)　外気を導入し居室の換気を行う場合は，外気の二酸化炭素濃度も考慮する。

問題15

上水道施設に関する記述のうち，**適当でない**ものはどれか。
(1)　取水施設は，河川，湖沼又は地下の水源より原水を取り入れ，粗いごみや砂を取り除く施設である。
(2)　送水施設は，取水施設にて取り入れた原水を浄水施設へ送る施設である。
(3)　着水井には，流入する原水の水位変動を安定させ，その量を調整することで，浄水施設での浄化処理を安定させる役割がある。
(4)　結合残留塩素は，遊離残留塩素より殺菌作用が低い。

問題16

下水道に関する記述のうち，**適当でない**ものはどれか。
(1)　下水道本管に接続する取付管の勾配は，$\frac{1}{100}$以上とする。
(2)　公共下水道は，汚水を排除すべき排水施設の相当部分が暗きょ構造となっている。
(3)　段差接合により下水道管きょを接合する場合，原則として副管を使用するのは，段差が1.5 m以上の合流管きょ及び汚水管きょである。
(4)　下水道本管に放流するための汚水ますの位置は，公道と民有地との境界線付近とし，ますの底部にはインバートを設ける。

問題17

給水設備に関する記述のうち，**適当でない**ものはどれか。
(1)　揚程が30 mを超える給水ポンプの吐出し側に取り付ける逆止め弁は，衝撃吸収式とする。
(2)　受水タンクのオーバーフローの取り出しは，給水吐水口端の高さより上方からとする。
(3)　受水タンクへの給水には，ウォーターハンマーを起こりにくくするため，一般的に，定水位弁が用いられる。
(4)　クロスコネクションとは，飲料用系統とその他の系統が，配管・装置により直接接続されることをいう。

問題18

給湯設備に関する記述のうち，**適当でない**ものはどれか。
(1)　FF方式のガス給湯器とは，燃焼用の外気導入と燃焼排ガスの屋外への排出を送風機を用いて強制的に行う方式である。
(2)　60℃の湯60リットルと，10℃の水40リットルを混合した時，混合時に熱損失がないと仮定すると，混合水100リットルの温度は40℃となる。
(3)　逃し管は，加熱による水の膨張で装置内の圧力が異常に上昇しないように設ける。
(4)　湯の使用温度は，一般的に，給茶用，洗面用ともに50℃程度である。

問題19

衛生器具の「名称」と当該器具の「トラップの最小口径」の組合せのうち，**適当でない**ものはどれか。
　　　　　（名称）　　　　（トラップの最小口径）
(1)　大便器 ——————— 75 mm
(2)　掃除用流し ——————— 50 mm
(3)　汚物流し ——————— 75 mm

(4)　壁掛け小型小便器 ——— 40 mm

問題20

排水・通気設備に関する記述のうち，**適当でないもの**はどれか。
(1)　トラップの封水は，誘導サイホン作用，自己サイホン作用，蒸発，毛管現象等により損失する場合がある。
(2)　建物内で用いられる代表的な排水通気方式には，ループ通気方式，各個通気方式，仲頂通気方式等がある。
(3)　各個通気管は，器具のトラップ下流側の排水管より取り出す。
(4)　管トラップの形式には，Sトラップ，Pトラップ，Uトラップ及びわんトラップがある。

問題21

屋内消火栓設備において，加圧送水装置の方式として，**適当でないもの**はどれか。
(1)　水道直結による方式
(2)　高架水槽による方式
(3)　圧力水槽による方式
(4)　ポンプによる方式

問題22

ガス設備に関する記述のうち，**適当でないもの**はどれか。
(1)　貯蔵能力1,000 kg未満のバルク貯槽は，その外面から2 m以内にある火気をさえぎる措置を講じ，かつ，屋外に設置する。
(2)　液化石油ガス（LPG）用のガス漏れ警報器の有効期間は，5年である。
(3)　ガスの比重が1未満の場合，ガス漏れ警報設備の検知器は燃焼器等から水平距離10 m以内に設ける。
(4)　パイプシャフト内に密閉式ガス湯沸器を設置する場合，シャフト点検扉等に換気口を設ける。

問題23

浄化槽の構造方法を定める告示に示された分離接触ばっ気方式（処理対象人員30人以下）の処理フローとして，**正しいもの**はどれか。

(1)

(2)

(3)

(4)

必 須 問 題

問題番号 No.24から No.28までの5問題は必須問題です。全問題を解答してください。

問題24

空気調和機に関する記述のうち，**適当でないもの**はどれか。

(1) パッケージ形空気調和機は，圧縮機，熱源側熱交換器，利用側熱交換器，膨張弁，送風機，エアフィルター等が，屋外機や屋内機に収納される。

(2) ユニット形空気調和機の風量調節には，インバーター，スクロールダンパー及びインレットベーン方式があり，省エネルギー効果が最も高いのはインバーター方式である。

(3) ガスエンジンヒートポンプ式空気調和機は，エンジンの排ガスや冷却水の排熱の有効利用により高い冷房能力が得られる。

(4) ユニット形空気調和機は，冷却，加熱の熱源装置を持たず，ほかから供給される冷温水等を用いて空気を処理し送風する機器である。

問題25

設備機器に関する記述のうち，**適当でないもの**はどれか。

(1) 冷却塔は，冷凍機等で作る冷水を利用して冷却水の水温を下げる装置である。

(2) 遠心ポンプでは，吐出し量は羽根車の回転速度に比例して変化し，揚程は回転速度の2乗に比例して変化する。

(3) 軸流送風機は，軸方向から空気が入り，軸方向に抜けるものである。

(4) パン形加湿器は，水槽内の水を電気ヒーター等により加熱し蒸気を発生させて加湿する装置である。

問題26

配管材料及び配管附属品に関する記述のうち，**適当でないもの**はどれか。

(1) バタフライ弁は，仕切弁に比べ，取付けスペースが小さい。

(2) 逆止め弁は，チャッキ弁とも呼ばれ，スイング式，リフト式等がある。

(3) 硬質ポリ塩化ビニル管の接合は，接着接合，ゴム輪接合等がある。

(4) 硬質ポリ塩化ビニル管のVU管は，VP管に比べて設計圧力が高い。

問題27

ダクト及びダクト附属品に関する記述のうち，**適当でないもの**はどれか。

(1) ダクトの板厚は，ダクトの周長により決定する。

(2) 長方形ダクトのアスペクト比（長辺/短辺）は，原則として4以下とする。

(3) フレキシブルダクトは，一般的に，ダクトと吹出口等との接続用として用いられる。

(4) 変風量ユニットは，室内の負荷変動に応じて風量を変化させるものである。

問題28

「設備機器」と「設計図書に記載する項目」の組合せのうち，**適当でないもの**はどれか。

（設備機器）		（設計図書に記載する項目）
(1) 空気熱源ヒートポンプユニット	———	冷温水出入口温度
(2) 送風機	———	初期抵抗
(3) 冷却塔	———	騒音値
(4) 瞬間湯沸器	———	号数

選 択 問 題

問題番号 No.29から No.38までの10問題のうちからは8問題を選択し，解答してください。

問題29

公共工事の施工計画等に関する記述のうち，**適当でない**ものはどれか。

(1) 工事に使用する資機材は，石綿を含有しないものとする。

(2) 仮設計画は，設計図書に特別の定めがない場合，原則として請負者の責任において定める。

(3) 現場説明書と質問回答書の内容に相違がある場合は，現場説明書の内容が優先される。

(4) 工事写真は，後日の目視検査が容易でない箇所のほか，設計図書で定められている箇所についても撮影しなければならない。

問題30

下図に示すネットワーク工程表について，クリティカルパスの「本数」と「所要日数」の組合せとして，**適当な**ものはどれか。ただし，図中のイベント間のA～Hは作業内容，日数は作業日数を表す。

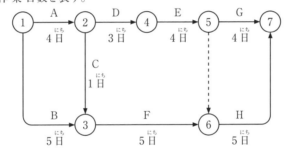

	（本数）	（所要日数）
(1)	1本 ———	15日
(2)	1本 ———	16日
(3)	2本 ———	15日
(4)	2本 ———	16日

問題31

品質を確認するための検査に関する記述のうち，**適当でない**ものはどれか。

(1) 抜取検査には，計数抜取検査と計量抜取検査がある。

(2) 品物を破壊しなければ検査の目的を達し得ない場合は，全数検査を行う。

(3) 不良品を見逃すと人身事故のおそれがある場合は，全数検査を行う。

(4) 抜取検査では，ロットとして，合格，不合格が判定される。

問題32

建設工事における安全管理に関する記述のうち，**適当でない**ものはどれか。

(1) 熱中症予防のための指標として，気温，湿度及び輻射熱に関する値を組み合わせて計算する暑さ指数（WBGT）がある。

(2) 回転する刃物を使用する作業では，手が巻き込まれるおそれがあるので，手袋の使用を禁止する。

(3) 労働者が，就業場所から他の就業場所へ移動する途中で被った災害は，通勤災害に該当しない。

(4) ツールボックスミーティングとは，関係する作業者が作業開始前に集まり，その日の作業，安全等について話合いを行うことである。

問題33

機器の据付けに関する記述のうち，**適当でないもの**はどれか。

(1) 飲料用受水タンクの上部には，排水設備や空気調和設備の配管等，飲料水以外の配管は通さないようにする。

(2) 送風機及びモーターのプーリーの芯出しは，プーリーの外側面に定規，水糸等を当て出入りを調整する。

(3) 汚物排水槽に設ける排水用水中モーターポンプは，点検，引上げに支障がないように，点検用マンホールの真下近くに設置する。

(4) 壁付洗面器を軽量鉄骨ボード壁に取り付ける場合は，ボードに直接バックハンガーを取り付ける。

問題34

配管及び配管附属品の施工に関する記述のうち，**適当でないもの**はどれか。

(1) 呼び径100の屋内横走り排水管の最小勾配は，$\frac{1}{200}$とする。

(2) 排水トラップの封水深は，50 mm 以上100 mm 以下とする。

(3) 便所の床下排水管は，一般的に，勾配を考慮して排水管を給水管より先に施工する。

(4) 3階以上にわたる排水立て管には，各階ごとに満水試験継手を取り付ける。

問題35

ダクト及びダクト附属品の施工に関する記述のうち，**適当でないもの**はどれか。

(1) 給排気ガラリの面風速は，騒音の発生等を考慮して決定する。

(2) ダクトの断面を変形させるときの縮小部の傾斜角度は，30度以下とする。

(3) 送風機の接続ダクトに風量測定口を設ける場合は，送風機の吐出し口の直後に取り付ける。

(4) 浴室等の多湿箇所の排気ダクトは，一般的に，その継目及び継手にシールを施す。

問題36

塗装に関する記述のうち，**適当でないもの**はどれか。

(1) 塗料の調合は，原則として，工事現場で行う。

(2) 塗装の工程間隔時間は，材料の種類，気象条件等に応じて定める。

(3) 塗装場所の気温が5℃以下の場合，原則として，塗装は行わない。

(4) 下塗り塗料としては，一般的に，さび止めペイントが使用される。

問題37

異種管の接合に関する記述のうち，**適当でないもの**はどれか。

(1) 金属異種管の接合でイオン化傾向が大きく異なるものは，絶縁継手を介して接合する。

(2) 配管用炭素鋼鋼管と銅管の接合は，絶縁フランジ接合とする。

(3) 配管用炭素鋼鋼管とステンレス鋼管の接合は，防振継手を介して接合する。

(4) 配管用炭素鋼鋼管と硬質塩化ビニル管の接合は，ユニオン又はソケットを用いて接合する。

問題38

空気調和設備の試運転調整における「測定対象」と「測定機器」の組合せのうち，

適当で**ない**ものはどれか。

（測定対象）　　　　　　　（測定機器）
(1) ダクト内圧力 ―――― 直読式検知管
(2) ダクト内風量 ―――― 熱線風速計
(3) 室内温湿度 ――――― アスマン通風乾湿計
(4) 室内気流 ――――――― カタ計

選択問題

問題番号 No.39から No.48までの10問題のうちから 8 問題を選択し，解答してください。

問題39

建設工事の作業所における安全衛生管理に関する記述のうち，「労働安全衛生法」上，**誤っている**ものはどれか。

(1) 事業者は，労働者の作業内容を変更したときは，当該労働者に対し，その従事する業務に関する安全又は衛生のための教育を行わなければならない。
(2) 事業者は，移動はしごを使用する場合，はしごの幅は30 cm 以上のものでなければ使用してはならない。
(3) 事業者は，可燃性ガス及び酸素を用いて行う金属の溶接，溶断又は加熱の業務に使用するガス等の容器の温度を40度以下に保たなければならない。
(4) 事業者は，酸素欠乏危険作業に労働者を従事させる場合は，当該作業を行う場所の空気中の酸素の濃度を15％以上に保つように換気しなければならない。

問題40

災害補償に関する記述のうち，「労働基準法」上，**誤っている**ものはどれか。

(1) 労働者が業務上負傷し，又は疾病にかかった場合においては，使用者は，その費用で必要な療養を行い，又は必要な療養の費用を負担しなければならない。
(2) 労働者が業務上負傷し，労働することができないために賃金を受けない場合においては，使用者は，平均賃金の$\frac{60}{100}$の休業補償を行わなければならない。
(3) 労働者が業務上負傷し，又は疾病にかかり，治った場合において，その身体に障害が存するときは，使用者は，その障害の程度に応じて，金銭的障害補償を行わなければならない。
(4) 労働者が重大な過失によって業務上負傷したときに，使用者がその過失について行政官庁の認定を受けた場合においても，休業補償又は障害補償を行わなければならない。

問題41

建築物の面積，高さ及び階数の算定方法に関する記述のうち，「建築基準法」上，**誤っている**ものはどれか。

(1) 建築物の外壁又はこれに代わる柱の中心線から水平距離1 m 突き出たひさしの水平投影面積は，当該建築物の建築面積に算入しない。
(2) 建築物の塔屋部分は，その用途と面積にかかわらず建築物の階数に算入しない。
(3) 延べ面積は，建築物の各階の床面積の合計である。
(4) 屋根の棟飾りは，建築物の高さに算入しない。

問題42

建築物に設ける中央管理方式の空気調和設備によって，居室の空気が適合しなければ

ならない基準として，「建築基準法」上，誤っているものはどれか。
(1) 浮遊粉じんの量は，おおむね空気1m³につき0.15mg以下とする。
(2) 一酸化炭素の含有率は，おおむね100万分の100以下とする。
(3) 炭酸ガスの含有率は，おおむね100万分の1,000以下とする。
(4) 相対湿度は，おおむね40%以上70%以下とする。

問題43

建設業の許可を受けた建設業者が，現場に置く主任技術者等に関する記述のうち，「建設業法」上，誤っているものはどれか。
(1) 主任技術者は，当該建設工事の施工計画の作成，工程管理，品質管理その他の技術上の管理及び当該建設工事の施工に従事する者の技術上の指導監督の職務を誠実に行わなければならない。
(2) 工事現場における建設工事の施工に従事する者は，主任技術者又は監理技術者がその職務として行う指導に従わなければならない。
(3) 発注者から直接建設工事を請け負った特定建設業者は，その工事の下請契約の請負代金の総額が一定額以上の場合，主任技術者の代わりに監理技術者を置かなければならない。
(4) 主任技術者は，請負契約の履行を確保するため，請負人に代わって工事の施工に関する一切の事項を処理しなければならない。

問題44

建設業に関する記述のうち，「建設業法」上，誤っているものはどれか。
(1) 建設業者は，建設工事の注文者から請求があったときは，請負契約の成立後，速やかに建設工事の見積書を交付しなければならない。
(2) 建設業者は，共同住宅を新築する建設工事を請け負った場合，いかなる方法をもってするかを問わず，一括して他人に請け負わせてはならない。
(3) 請負人は，現場代理人を置く場合においては，当該現場代理人の権限に関する事項等を，書面により注文者に通知しなければならない。
(4) 建設工事の請負契約の当事者は，契約の締結に際して，工事内容，請負代金の額，工事着手の時期及び工事完成の時期等を書面に記載し，相互に交付しなければならない。

問題45

消防の用に供する設備のうち，「消防法」上，消火設備に該当しないものはどれか。
(1) 消火器
(2) 屋内消火栓設備
(3) 防火水槽
(4) スプリンクラー設備

問題46

次の建設資材のうち，「建設工事に係る資材の再資源化等に関する法律」上，再資源化が特に必要とされる特定建設資材に該当しないものはどれか。
(1) コンクリート及び鉄から成る建設資材
(2) アスファルト・コンクリート
(3) アスファルト・ルーフィング
(4) 木材

問題47

「騒音規制法」上，特定建設作業に伴って発生する騒音を規制する指定地域内において，

災害その他非常の事態の発生により当該特定建設作業を緊急に行う必要がある場合にあっても，当該騒音について規制が適用されるものはどれか。
(1) １日14時間を超えて行われる作業に伴って発生する騒音
(2) 深夜に行われる作業に伴って発生する騒音
(3) 連続して６日間を超えて行われる作業に伴って発生する騒音
(4) 作業場所の敷地境界線において，85デシベルを超える大きさの騒音

問題48

廃棄物の処理に関する記述のうち，「廃棄物の処理及び清掃に関する法律」上，**誤って**いるものはどれか。
(1) 地山の掘削により生じる土砂は，産業廃棄物として処理する。
(2) 廃エアコンディショナー（国内における日常生活に伴って生じたものに限る。）に含まれるポリ塩化ビフェニルを使用する部品は，特別管理一般廃棄物である。
(3) 建築物の改築に伴い生じた衛生陶器の破片は，産業廃棄物として処理する。
(4) 建築物の改築に伴い除去したビニル床タイルに，石綿をその重量の0.1%を超えて含有する場合，石綿含有産業廃棄物として処理する。

必 須 問 題

問題番号 No.49から No.52までの問題の正解は，１問について二つです。
当該問題番号の解答記入欄の正解と思う数字を二つぬりつぶしてください。
１問について，一つだけぬりつぶしたものや，三つ以上ぬりつぶしたものは，正解となりません。

問題番号 No.49から No.52までの４問題は必須問題です。全問題を解答してください。

問題49

工程表に関する記述のうち，**適当でないもの**はどれか。適当でないものは二つあるので，二つとも答えなさい。
(1) ガントチャート工程表は，各作業の進行度合が把握しやすく，建築工事で頻繁に使用される。
(2) ガントチャート工程表は，各作業の前後関係が不明等の欠点があり，これを改善し発展させたものがバーチャート工程表である。
(3) バーチャート工程表は，作業間の順序関係が理解しやすく，大規模工事を管理するのに適している。
(4) ネットワーク工程表は，工期の短縮や遅れなどに速やかに対処・対応できる特徴を持っている。

問題50

機器の据付けに関する記述のうち，**適当でないもの**はどれか。適当でないものは二つあるので，二つとも答えなさい。
(1) ユニット形空気調和機の基礎の高さは，ドレンパンからの排水に空調機用トラップを設けるため150mm程度とする。
(2) 冷却塔を建物の屋上に設置する場合は，防振装置を取り付けてはならない。
(3) 冷凍機に接続する冷水，冷却水の配管は，荷重が直接本体にかからないようにする。
(4) 排水用水中モーターポンプは，ピットの壁から50mm程度離して設置する。

問題51

　配管及び配管附属品の施工に関する記述のうち，**適当でないものはどれか。適当でないものは二つあるので，二つとも答えなさい。**

(1)　雨水ますには，ます内に排水や固形物が滞留しないようにインバートを設ける。

(2)　排水用硬質塩化ビニルライニング鋼管の接続には，排水鋼管用可とう継手（MDジョイント）を使用する。

(3)　鋼管のねじ加工には，切削ねじ加工と転造ねじ加工がある。

(4)　樹脂ライニング鋼管を切断する場合には，ねじ加工機に附属するパイプカッターを使用する。

問題52

　ダクト及びダクト附属品に関する記述のうち，**適当でないものはどれか。適当でないものは二つあるので，二つとも答えなさい。**

(1)　ダクトを拡大する場合は，15度以下の拡大角度とする。

(2)　風量測定口の数は，一般的に，ダクトの長辺が700mmの場合は，1個とする。

(3)　防火区画と防火ダンパーとの間のダクトは，厚さ1.2mm以上の鋼板製とする。

(4)　外壁に取り付けるガラリには，衛生上有害なものの侵入を防ぐため，金網等を設ける。

令和4年度 第一次検定（後期） 解答・解説

番号	解答	解　　説
問題1	(2)	二酸化炭素は，直接人体に有害ではない気体で，空気より重い。
問題2	(1)	カルシウム塩，マグネシウム塩の多い水は，硬度が高いので硬水である。
問題3	(3)	ダルシー・ワイズバッハの式により，圧力損失は流体の密度に比例する。
問題4	(2)	熱放射による熱エネルギーの移動には，熱を伝える物質が不要である。
問題5	(4)	ELCB は漏電遮断器のことである。
問題6	(1)	鉄筋コンクリート造は，剛性が高く振動の影響を受けにくい。
問題7	(2)	ファンコイルユニット毎の個別制御が可能である。
問題8	(3)	d点は加熱コイル出口（加湿器入口）状態の③である。
問題9	(4)	照明器具は顕熱だけある。
問題10	(4)	電気集じん器は，内部で高電圧を用いるために，水蒸気や油脂分が多い厨房排気には使用できない。
問題11	(2)	放射熱は室内空気を媒体せずに，直接居住者に作用するので天井の高いホール等でも良好な温熱環境が得られる。
問題12	(4)	ユニット形空気調和機が機械室に設置するのに対して，マルチパッケージ形空気調和機は機械室に設置しないので，機械室面積等は狭くともよい。
問題13	(1)	厨房内を負圧にして，調理の臭気等が客席に拡散するのを防ぐ必要がある。
問題14	(3)	温度差による換気は，建物内において比重の軽い空気が上昇し，高い位置の排気口から排出するとともに，比重の重い外気が低い位置から建物内に侵入する。
問題15	(2)	送水施設は，浄水施設から配水施設まで浄水を送る施設である。
問題16	(3)	副管は段差が0.6 m以上の場合に使用する。
問題17	(2)	オーバーフローの取り出しは，吐水口端よりも低い下方とし，適切な吐水口空間を設ける。
問題18	(4)	給茶用は90℃程度，洗面用は40℃程度である。
問題19	(2)	掃除流しのトラップ最小口径は65 mmである。
問題20	(4)	わんトラップは管トラップの形式ではない。
問題21	(1)	水道直結による方式は含まれない。
問題22	(3)	水平距離8 m以内である。
問題23	(1)	(1)が正しい。
問題24	(3)	燃焼時の排熱を利用するために高い暖房能力が得られる。
問題25	(1)	冷却塔内で空気の熱を利用して冷却水の一部を蒸発させ水温を下げている。
問題26	(4)	VP管は肉厚が厚く，設計圧力も高い。
問題27	(1)	板厚はダクトの長辺により決定する。

番号	解答	解　　説
問題28	(2)	初期抵抗は関係がない。
問題29	(3)	質問回答書が優先される。
問題30	(2)	クリティカルパスは，①→②→④→⑤→⑥→⑦の1本，所要日数は16日である。
問題31	(2)	抜き取り検査とする。
問題32	(3)	通勤災害である。
問題33	(4)	ボードを張る前に，鉄板又はアングル材や堅木で枠を組んだ加工材を軽量鉄骨に取り付け，ボードの施工後にバックハンガーを所定の位置に固定して洗面器を取り付ける。
問題34	(1)	最小勾配は1/100である。
問題35	(3)	送風機吐出し口直後ではなく，気流が安定し整流された直線部に設ける。
問題36	(1)	塗料の調合は工事現場で行わずに，調合されたまま使用する。
問題37	(3)	絶縁フランジを介して接合する。
問題38	(1)	圧力は，マノメーターで測定する。
問題39	(4)	酸素濃度を18%以上に保つ。
問題40	(4)	過失が認定されれば，休業および障害補償は行わなくてもよい。
問題41	(2)	水平投影面積が当該建築面積の1/8以下であれば階数に参入しない。
問題42	(2)	100万分の10以下とする。
問題43	(4)	現場代理人のことである。
問題44	(1)	請負契約前に交付しなければならない。
問題45	(3)	防火水槽は消防水槽に規定されている。
問題46	(3)	アスファルト・ルーフィングは該当しない。
問題47	(4)	緊急作業であっても適用される。
問題48	(1)	地山の掘削により生じる土砂は，廃棄物ではない。
問題49	(1)	各作業相互の関連が明確でないので，工事現場ではほとんど使用されない。
	(3)	大規模工事にはネットワーク工程表が管理に適している。
問題50	(2)	冷却塔内の送風機によっては振動対策が必要になる場合もある。
	(4)	ピットの壁から200 mm以上離れた位置に据え付つける。
問題51	(1)	雨水ますには泥だまり，汚水ますにはインバートを設ける。
	(4)	ライニングが剥離する恐れがあるので，パイプカッターを使用してはならない。
問題52	(2)	2個である。
	(3)	板厚1.5 mm以上の鋼板製とする。

索　引

[監　　修] 前 島 健　Ken Maejima
　　　　　1959年　早稲田大学第一理工学部建築学科卒業
　　　　　元　（株）森村設計

[執 筆 者] 阿 部 洋　Hiroshi Abe
　　　　　1973年　山形大学工学部精密工学科卒業
　　　　　元　新日本空調株式会社

令和5年度版　**第一次検定・第二次検定**
2級管工事施工管理技士　要点テキスト

2023 年 2 月 15 日　初 版 印 刷
2023 年 3 月 1 日　初 版 発 行

　　　　　　　　監 修　前 　 島　　　　　健
　　　　　　　　執筆者　阿 　 部　　　　　洋
　　　　　　　　発行者　澤 　 崎　　明　　治

（印　刷）星野精版印刷　（製　本）　プロケード
（トレース）丸山図芸社　（装　丁）　加藤　三喜

　　　　発行所　　株式会社 市 ヶ 谷 出 版 社
　　　　　　　　　東京都千代田区五番町 5
　　　　　　　　　電話　03 − 3265 − 3711㈹
　　　　　　　　　FAX　03 − 3265 − 4008
　　　　　　　　　http://www.ichigayashuppan.co.jp

ⓒ 2023　　　　　　　　ISBN 978-4-87071-450-2